U0256648

编　委　会

核安全导论

INTRODUCTION TO NUCLEAR SAFETY

吴宜灿 等 编著

中国科学技术大学出版社

内 容 简 介

　　本书系统地介绍了核安全基本概念、理论方法及应用,并以核设施为主要对象介绍其设计、运行和退役等阶段的核安全技术与管理相关内容,具体包括核安全的起源与演进、核设施、反应堆安全设计、运行安全与管理、退役与放射性废物管理、确定论安全分析、概率安全评价、核应急、核安全监管、风险认知与公众接受、核安全发展趋势与展望。

　　本书既可以作为高等学校核科学与技术专业本科生和研究生教材使用,也可供核安全领域有关专业的工程技术人员与研究人员参考。

图书在版编目(CIP)数据

核安全导论/吴宜灿等编著. —合肥:中国科学技术大学出版社,2017.1(2020.8 重印)
ISBN 978-7-312-04148-8

Ⅰ.核…　Ⅱ.吴…　Ⅲ.核安全—高等学校—教材　Ⅳ.TL7

中国版本图书馆 CIP 数据核字(2017)第 037191 号

出版	中国科学技术大学出版社
	安徽省合肥市金寨路 96 号,230026
	http://press.ustc.edu.cn
	https://zgkxjsdxcbs.tmall.com
印刷	安徽国文彩印有限公司
发行	中国科学技术大学出版社
经销	全国新华书店
开本	787 mm×1092 mm　1/16
印张	14
字数	358 千
版次	2017 年 1 月第 1 版
印次	2020 年 8 月第 2 次印刷
定价	40.00 元

序

  核能是人类历史上一项伟大发现。从 1789 年德国科学家发现铀元素起,人类围绕铀元素的研究和发现从未停止,直到 1942 年费米等科学家在美国芝加哥大学成功启动了世界上第一座核反应堆并实现链式反应,人类才正式开启利用核能的新纪元。经过 70 多年的发展,核能已在世界范围内获得广泛应用。然而,在利用核能造福人类的同时,历史上三次重大核事故的阴影成为世界核能发展道路上驱不散的乌云,尤其是 2011 年日本福岛核事故,引发了公众的反核活动,还导致了一些国家弃核的能源战略转型。由此可见,确保核安全已是人类利用核能的先决条件。

  由于具有放射性,核安全自核能进入人们的视野以来就显得尤为重要。随着时代的发展与技术的进步,人们对核安全的认识和要求也在不断地发展与提高,加之新型核能技术的诞生,核安全研究面临新的挑战。此外,不同的角色(政府、核工业界、公众和专家学者等)对核安全的认识视角与风险认知也不尽相同。因此,它已不再是一个纯粹的技术问题,也是一个社会问题,甚至是国家安全的重要组成部分。我国政府对核安全十分重视,已将核安全写入国家安全法,明确了核安全在国家安全中的战略地位。

  核安全不仅涉及中子物理、热工、力学和辐射化学等自然学科,还包括风险管理以及公众沟通等社会学科,是一个多学科深度融合交叉的领域。《核安全导论》是以吴宜灿研究员为首的作者团队,长期活跃在世界核能与核安全研究领域所取得的一系列有重要影响的成果的基础上编写而成的。本书从核安全的基本概念、核安全技术、核安全监管、公众接受等方面系统阐述了核安全相关问题,同时也介绍了热点领域的最新研究成果。这体现了作者团队特别是吴宜灿研究员在核能与核安全领域具有广博的知识和很深的造诣。

  对于初涉核安全的研究人员而言,通常需要阅读大量文献才能逐渐勾勒出核安全的全貌。而这本书以导论的形式系统描述了核安全的起源与发展过程,概括介绍了核安全涉及的众多领域及其关联性,从而对相关研究人员或学生进行快速引导,并尝试对国内外已经取得的相关研究成果和经验进行系统的总结。从本书中既能学习到核安全相关的基本理论知识,又能学习到我国的核安全及核应急管理体系,还能够了解到多种核安全分析和管理技术,以及核能风险与公众接受等核安全领域的新研究热点。本书可作为高等学校核科学与技术专业教材，也可供核安全领域相关专业的工程技术人员与研究人员参考。

我国核安全领域有此著作是可喜可贺的，非常高兴能够为本书写序并向大家推荐这本著作。最后衷心祝愿我国核能事业能够安全健康发展，让核能利用既能造福人民，又能保护公众与环境。

前　　言

　　20世纪四五十年代,人类揭开了核能利用的序幕,短短几十年间,核能与核技术的和平利用为各国人民带来了巨大福祉。然而风险如影随行,美国三哩岛核事故、苏联切尔诺贝利核事故和日本福岛核事故的教训是极其深刻和惨痛的。怀着对核安全的敬畏之心,各国都坚持不懈地投入大量人力、物力推进核安全研究,在核安全的原则与目标、反应堆的安全设计、运行安全与管理、退役与放射性废物管理、核事故应急、确定论与概率论安全分析方法、风险认知与公众接受等领域取得了众多的研究成果。

　　然而,核安全本身错综复杂,涉及的学科门类繁多,研究内容十分广泛,涉及核物理、核工程、辐射防护、安全评价、核应急、安全监管、安全文化、风险认知与公众接受等众多领域。为了让人们更加全面地认识核安全、理解核安全,《核安全导论》试图以导论的形式为入门者提供引导。全书围绕核安全基本概念、理论方法与应用,重点介绍核设施设计、运行及退役等阶段的核安全技术与管理相关知识。本书内容紧密结合我国国情,力求深入浅出、通俗易懂,同时也尽可能概括本领域相关最新研究成果。本书既适合作为高等学校核科学与技术专业教材使用,也可供核安全领域有关专业的工程技术人员与研究人员参考。

　　全书共分为11章:第1章介绍核安全的基本概念及发展历史,第2章至第5章介绍核设施及其设计、运行与退役阶段的核安全问题,第6章和第7章分别介绍确定论和概率论安全分析方法,第8章至第10章介绍核事故应急、核安全监管及核安全的公众接受等问题,第11章对当前的核安全发展现状与挑战进行简要总结并对核安全的未来发展进行了展望。

　　书稿也从一个侧面体现了作者团队多年研究成果的积累和沉淀。在成书过程中,作者团队查阅了大量文献和报告,进行了系统的梳理和总结概括,力求书中介绍的内容全面详实。在本书撰写过程中,以下老师、同学在素材收集整理和书稿校核等方面给予了大力支持和帮助:柏云清、毕璇璇、陈刘利、陈愿、陈志斌、范言昌、傅娟、甘倅、姜志忠、金鸣、李春京、李廷、林韩清、龙鹏程、尚雷明、宋勇、孙国民、孙明、王大桂、汪建业、吴庆生、夏冬琴、熊厚华、袁润、于淼、张赛(按拼音排序),在此表示诚挚的感谢。同时,也向成书过程中给予无私帮助的其他同行专家表示衷心的感谢!

　　核安全是一项系统工程,涉及诸多学科,有许多问题待进一步探索,书中存在的不足之处还请各位专家、读者不吝赐教。

　　谨以此书纪念中国科学院核能安全技术研究所成立五周年。

目　　录

第1章 核安全起源与演进

安全是一个自人类诞生以来就一直要面对的问题,由于放射性危害及可能造成的社会、经济和政治影响,核安全受到广泛关注。随着时代发展和技术进步,公众对核安全的认识不断发生变化,核安全理念也不断演进。核安全是一个相对的概念,绝对安全是不存在的,因此需要确定能被广泛接受的核安全目标。在核能与核技术利用过程中,需要遵守核安全的相关基本原则,从而实现核安全目标,减少对人员、环境和社会的损害。

本章从核安全及其相关概念出发,介绍核安全相对于其他安全问题的特殊性,以及核安全的目标与基本原则,并以三次核事故为主线阐述核安全的演进过程。

1.1 核安全概念

核安全的概念在不同场合有不同的定义,涉及的范畴也有所不同。为了更好理解核安全,需要先理解安全的概念。本节从安全的定义出发,对核安全及其相关概念进行介绍。

1.1.1 什么是安全

通常,安全被认为是"没有危险和没有损害"。《职业健康安全管理体系》(GB/T 28001)中给出的安全定义是"免除了不可接受的损害风险的状态"。国际民航组织对安全的定义是"安全是一种状态,即通过持续的危险识别和风险管理过程,将人员伤害或财产损失的风险降低并保持在可接受的水平或其以下"。总体而言,安全的基本概念可以总结归纳为:控制风险达到可接受的水平。

从辩证的观点来看,安全是一个相对的概念,绝对安全是不存在的。也就是说,衡量一件事情是否安全,只能放在具体环境中与其他事情比较才有意义,孤立地讨论其安全与否无法得出有意义的结论。

1.1.2 核安全的定义

在不同的工业和生产领域,对安全的表述形式不同,但其基本内涵是一致的。核安全,顾名思义,是指在核能与核技术领域涉及的安全问题。

与其他能源相比,核能在军事上的应用使得人们对核武器与核材料的扩散问题尤为关注,核辐射还会对人与环境产生放射性危害。为此,2003 年国际原子能机构(International Atomic Energy Agency, IAEA)为帮助成员国在监管核能与电离辐射的和平利用方面建立法律体系,出版了《核法律手册》(Handbook on Nuclear Law)。手册中提出核法律的基本原则是"安全原则"和"安保原则"。2011版手册进一步提出了"N3S"概念,并以"N3S"概念作为该手册的指导方针。所谓"N3S"是指"核安全(Nuclear Safety)、核安保(Nuclear Security)和核保障(Nuclear Safeguard)"。

通常所说的核安全有狭义和广义之分,上述所说的"Nuclear Safety"即狭义的核安全,而广义的核安全通常是指"N3S"。下面分别从这两个层面加以介绍。

1. 狭义的核安全

通俗地说,狭义的核安全是指采取适当的措施确保核设施和核活动的安全,保护人类和环境免遭辐射危险,包括核设施安全、辐射安全、放射性废物管理安全和放射性物质运输安全等。核设施是生产、加工、使用、处理、贮存或处置核材料的设施,是人类开展核能与核技术利用的主要载体。辐射安全问题主要来自核设施及相关核活动或其他辐射源。放射性废物管理安全和放射性物质运输安全是某些特定核活动的安全。本书重点关注核设施安全,辐射安全、放射性废物管理安全和放射性物质运输安全将不作为本书的重点介绍内容。

对于核设施安全,较为广泛使用的定义是"核设施能运转在适当的状况下,并能有效地预防事故发生,一旦事故发生也能适当地减轻事故后果,可以保护工作人员、公众以及环境免于遭受过量的放射性危害"。核设施包括核电厂、各种核燃料循环装置、研究堆和临界装置、放射性废物处理和处置设施等。IAEA在其安全相关的术语中对核电厂安全的描述是"实现正常的运行工况,防止事故或减轻事故后果,从而保护工作人员、公众和环境免受不正当的放射性危害"。本书将重点围绕核电厂(反应堆)安全开展论述,其他核设施安全仅作简要介绍。

2. 广义的核安全

除了上述核安全的概念,广义的核安全还包括核安保与核保障。核安保是指防止、侦查和应对涉及核材料和其他放射性物质或相关设施的偷窃、蓄意破坏、未经授权的接触、非法转让或其他恶意行为。核保障主要指通过对核材料的有效控制,确保其不用于非和平目的,它以防止核武器扩散为基本目的。

核安全、核安保和核保障三者关系密切,又有所区别。主要区别包括:

(1) 三者关注的对象不同。核安全专注于核设施与核活动的安全,核安保重点关注核材料实物保护、衡算等,核保障重点关注的是核材料的扩散问题。

(2) 三者涉及的范围不同。核安全涉及无论何种原因的辐射对人或环境造成的危害,核安保涉及可能对他人造成威胁或伤害的蓄意或疏忽行为,核保障涉及核材料扩散对整个国际社会带来的危害。

(3) 三者实施的手段不同。核安全针对核设施和核活动的固有特征,实施过程是透明的;核安保的实施过程一般是保密的,通过安全保卫的手段保障核安保;核保障通过保障协定实施,保障协定是IAEA与一个或多个成员国缔结的载有该国或多个成员国承诺不利用某些物项推进任何军事目的和授权IAEA监督履行这种承诺的协定。

回顾国际核安全法制建设的发展历史,可以看到国际上对核安全的关注大致经历了3个阶段:

(1) 早期核能与核技术主要用于军事,这一阶段重点关注的是核保障问题。核保障作为核安全领域的关键问题,最早出现在核安全领域的国际法律范畴,即1963年签订的《部分禁止核武器条约》和古巴导弹危机后 1968 年签订的《不扩散核武器条约》。

（2）当核能从军用扩展到民用，由于其涉及的范围更广，人们开始进一步关注核安全问题。核安全问题通过法律规制的形式加以重视是从 20 世纪 70 年代的三哩岛核事故以及 20 世纪 80 年代的切尔诺贝利核事故开始的，如 1986 年的《及早通报核事故公约》和《核事故或辐射紧急情况援助公约》等。

（3）对核安保的关注则是在"9·11"恐怖袭击之后。"9·11"恐怖袭击引发了人们对核恐怖的重视。如何防止核材料被用于犯罪或其他非法用途，特别是用于生产核武器或其他爆炸装置，逐步成为国际社会热切关注的焦点问题。2005 年修订并发布的《核材料和核设施实物保护公约》和 2007 年通过的《制止核恐怖行为国际公约》，都是围绕核安保问题制定的国际法。

广义的核安全概念中安全、安保和保障三者紧密结合，共同构成了核安全这一学科的三个研究方向。由于核安保与核保障更多针对某些特殊问题的考虑，因此不作为本书重点介绍内容。

1.1.3　相关基本概念

为了更好地理解核安全，需要理解与核安全相关的若干基本概念，下面将对这些基本概念逐一介绍。

1. 风险

同"安全"一样，"核安全"也是一个相对的概念，绝对安全是不存在的，对于政府、核电建设者以及公众，都需要一种合理的度量，为核设施确定一个可接受的安全水平。为了比较不同事情的安全水平，要建立一个安全的度量，人们通常将风险（Risk）作为安全的度量指标。

风险通常可以表示为某一特定环境下，在某一特定时间段内，发生某种不良事件的后果及其可能性的函数。化工行业认为：风险是在特定的时间或特定的环境下，一个特定的不受欢迎事件发生的可能性，根据不同的环境，它可能是频率或者是概率。职业健康安全评价系列标准（Occupational Health and Safety Assessment Series，OHSAS）给出的风险定义是：导致不良事件的危害发生的可能性与该事件严重程度的一个结合。

随着人类所处环境的变化，人们对一件事情的安全评判也会发生变化，人们可接受的风险水平也会随之改变。核安全问题是所有安全问题的一类特定案例，也必须按照同样的方式思考问题。

在核安全领域，IAEA 给出的风险内涵包括：① 表示危害、危险或与实际照射或潜在照射有关的损害或伤害后果发生概率的多属性量，它涉及可能产生特定有害后果的概率以及这类后果的严重程度和特性；② 对某一特定后果（通常是不受欢迎的）进行适当量度的数学均值（预期值）；③ 辐射照射导致个人或人群组中产生特定健康效应的概率。

2. 核设施

核设施指生产、加工、使用、处理、贮存或处置核材料的设施，包括相关建筑物和设备，通常包括核动力厂（核电厂、核热电厂、核供汽供热厂）和其他反应堆（研究堆、临界装置等），这些设施若遭受破坏或干扰可能导致显著量辐射或放射性物质的释放。核燃料生产、加工、贮存和后处理设施；放射性废物处理和处置设施等。

IAEA 对核材料的解释是：钚（但 ^{238}Pu 浓度超过 80% 者除外）；^{233}U；浓缩 ^{233}U 或浓缩 ^{235}U；非矿石或矿渣形式的含天然存在的同位素混合物的铀；任何含有上述一种或多种成分的材料。我国《核安全法》草案中核材料包括：浓缩 ^{235}U 材料及其制品；^{233}U 材料及其制品；^{239}Pu 材料及其制品；氘、氚、含氘、氚的化合物及其制品；需要管制的 ^{6}Li 及其他需要管制的核材料。

放射性物质（Radioactive Material）：因其放射性而被国家法律或监管机构认定为需要接受监管控制的材料。

放射性（Radioactivity）：原子进行自发随机衰变的现象，通常伴随辐射发射。此外，放射性的（Radioactive）表示物质具有发射或涉及发射电离辐射或粒子的特性。

3. 固有安全

固有安全（Inherent Safety）是与安全相关的一个概念。

在 IAEA 术语中，固有安全指的是通过对材料以及设计概念的选取，从物理上消除特定的危害，如采用防火材料实现防火就是固有安全。对于反应堆而言，固有安全性指的是当反应堆发生异常工况时，只是由堆的自然安全性、后备安全性和非能动安全性，不依靠任何外部设备或人为操作的强制性干预，移出堆芯热量并控制反应性，使反应堆实现安全运行和停闭。国际核能界提出：应把固有安全的概念贯穿于反应堆安全设计中。

自然安全是指反应堆的燃料多普勒效应、内在的负反应性温度系数和控制棒依靠重力落棒等遵守自然法则的安全性，事故情况下这些设计可以控制反应堆的反应性或使裂变反应自动终止，确保堆芯的安全。

后备安全是指由冗余系统的可靠度或多道屏障提供的安全性保证。

非能动安全（Passive Safety）指的是安全系统、结构和设备的功能实现不依赖于外部机械、电力、信号或力等。它是建立在重力法则、热传递法则和惯性原理等基础上的非能动设备的安全性。例如，二次侧非能动余热导出系统在全厂失电情况下，利用蒸汽发生器的自然循环导出堆芯余热，这就是非能动安全。

与非能动安全相对应的概念是能动安全（Active Safety），能动安全指的是安全系统、结构和设备的功能实现依赖于外部机械、电力、信号或力等。例如，电动辅助给水泵由应急柴油机供电，它的功能需要借助外部电力来实现，这就是能动安全。

4. 运行、事故与退役

（1）运行

运行指的是为实现经批准的设施的建造目的而开展的所有活动。就核电厂而言包括维护、换料、在役检查和其他相关活动，可分为正常运行和异常运行（预计运行事件）等几类。

正常运行：在规定的运行限值和条件范围内的运行。就核电厂而言，这包括启动、功率运行、停堆、关闭、维护、试验和换料。

预计运行事件：在设施的运行寿期内预计至少出现一次，但是由于设计中已采取适当措施而不会引起安全重要物项的明显损坏或导致事故工况偏离正常运行的运行过程。预计运行事件的例子包括正常断电、汽轮机跳闸和主冷却泵断电等事故。

（2）事故

事故指的是任何意外事件，包括运行误差、设备故障和其他偶然事件，其后果或潜在后果从防护或安全角度看不可忽略。

事故工况:比预计运行事件更严重地偏离正常运行的工况,包括设计基准事故和设计扩展工况。

设计基准事故:按照确定的设计准则在设施的设计中采取了针对性措施,且燃料损坏和放射性物质释放保持在限值内的事故工况。

设计扩展工况:不在设计基准事故考虑范围但在设计过程中根据"最佳估算"方法加以考虑的事故工况,且放射性物质的释放应被保持在可接受限值以内。

（3）退役

为允许取消对一个设施的部分或全部监管控制而采取的管理和技术行动。这些行动包括放射性材料、废物、部件和构筑物的去污、拆卸和移走;退役也指导致处置设施以外的核设施解控的所有步骤,包括去污和拆除过程。

放射性废物:指含放射性核素的浓度或活度高于监管机构确定的清洁解控水平或受到放射性核素污染的废物。

5. 安全分析与安全评价

（1）安全分析（Safety Analysis）

对与某种活动行为有关的潜在危害进行评价。

危害（Hazard）:特定环境下对生命、财产或环境造成威胁的一种状态。在化工行业,危害是指潜在的人员受伤、财产损失、环境损坏以及这些融合的一个物理状态。在核安全领域,危害是指潜在的伤害或其他损害,尤其是对于辐射风险,是对核安全不利的一个因素或者状态。值得注意的是,在 IAEA 术语中,危害与事故（Accident）的概念不同,尽管危害可能会导致事故的发生。

确定论分析（Deterministic Analysis）:对于关键参数使用单一数值（取概率为1）从而导致结果为单一数值的分析。在核安全中,确定论分析集中考虑事故类型、释放和后果,而不考虑事件序列的发生概率,通常称这种方法为确定论安全分析（Deterministic Safety Analysis,DSA）。

（2）安全评价（Safety Assessment）

对防护和安全（Protection and Safety）相关实践的所有方面进行评价,就一个经批准的设施而言,它包括该设施的选址、设计和运行等过程中的安全评价。

在 IAEA 术语中,评价与分析的概念有所不同,评价的目的是提供用以构成就某些措施是否令人满意作出决定之依据的资料,在进行评价过程中可以采用各种分析工具,一项评价可以包括若干分析。

概率安全评价（Probabilistic Safety Assessment,PSA）:一种全面的结构性评估,用以确定故障假想方案并得出危险数字估计值的一种概念性和数学手段。

6. 核应急与核安全文化

（1）核应急

在 IAEA 术语中,应急表示某些非常规情况,需要迅速采取行动,首要的是缓解对人体健康和安全、生活质量、财产或环境的危害或不利后果。核应急或放射性应急（Nuclear or Radiological Emergency）,是由于核链式反应或链式反应产物的衰变能量或射线照射已造成或预计将造成危害的紧急情况。

我国《国家核应急预案》的相关描述为"需要立即采取某些超出正常工作程序的行动,以避免事故发生或减轻事故后果的状态,有时也称为紧急状态;同时也泛指立即采取超出正常工作程序的行动"。

（2）核安全文化

在组织和工作人员中建立将防护和安全问题根据其重要性确定为最高优先事项的特征和态度的集合。

1.2　核安全的特点

核安全相对于其他工业和生产领域的安全问题,之所以更加受到人们的广泛关注,其中的一个重要原因在于核安全涉及放射性危害,且影响范围广,核设施各类事件还容易引发公共安全问题,并进一步对社会、经济乃至政治产生影响。

本节将从放射性危害和社会影响两个方面展开介绍。

1.2.1　放射性危害

核设施中主要存在裂变产物、锕系元素和活化产物等放射性物质,这些放射性物质在衰变中会发射中子、α粒子(氦原子核)、β粒子(电子)和γ射线(光子)等,造成放射性危害。

在正常运行期间,反应堆安全壳是密封的,且保持负压,以防止气体从安全壳内流出,人体受到的剂量基本可以忽略。在大修期间,安全壳会被打开,相关工作人员会受到一定辐射,但必须保证低于国家规定水平,实际情况远低于该水平。

在事故工况下,这些放射性物质可能会被释放到厂区及环境中,并通过以下辐射途径对职业人员和附近居民造成影响:

（1）放射性烟云及烟云地面沉积的外照射:放射性烟云会通过衰变释放γ和β射线,对淹没在放射性烟云中的个人造成外照射。

（2）吸入空气中的放射性造成的内照射:在放射性烟云经过期间,一部分放射性物质被吸入人体体内。吸入人体的各种放射性核素,由于其物理和化学性质不同,往往会经过不同的途径在体内迁移,迁移过程中会以不同的份额滞留在各器官组织中。例如,碘吸入后由肺进入血液,其中一部分滞留在甲状腺中。

（3）通过食物链造成的内照射:放射性核素在土壤中沉积,通过植物根系进入农作物,并通过食物链进行转移和浓积,人员由于食入含有放射性物质的植物或动物,会造成放射性摄入。比较典型的情况是放射性碘在牧草上沉积,被奶牛食入后转移到牛奶中,人员饮用牛奶后放射性碘进入到人体,由此造成的内照射剂量往往高于其他照射途径对人体产生的剂量。

这些放射性物质通过电离辐射对生物体产生辐射损伤,形成辐射生物效应。辐射生物效应的分类方法有两种:按辐射效应的发生与剂量大小的关系分为随机性效应和确定性效应;按电离辐射危害的显现性分为躯体效应和遗传效应。

人体受到不同大小剂量水平照射,都有可能发生随机性效应,其发生概率与剂量大小有关,像辐射诱发癌症和白血病就属于随机性效应。然而,一旦这种效应发生,其后果的严重程度与所受剂量大小无关,而且不存在剂量阈值。由于随机性效应发生的概率非常低,放射性工作人员在受到小剂量的情况下,一般极少发生这种效应。从大剂量和高剂量率情况下的辐射损伤结果外推,通常可以认为随机性效应的发生概率与所受剂量之间呈线性关系,已有资料表明上述假设对一般小剂量水平下的危险估计偏高,是偏安全的做法。由于任何微小的剂量都可能诱发随机性效应,因此应尽可能降低人们受到的剂量水平。

辐射的确定性效应是一种严重程度随剂量而变化且存在"阈值"的效应,剂量越大,损伤越严重,而且受到的剂量必须大于某个阈值,这种效应才会发生。但是具体阈值大小与个体情况有关。确定性效应的发生率与剂量的关系为:在相当窄的剂量范围内,发生概率从 0 到 1。确定性效应严重性与剂量有关,但对不同个体严重程度有差别,对于阈值低的个体,在比较低的剂量水平下即可达到病理阈值。

躯体效应是由辐照引起的显现在受照者本身所产生的辐射效应,又可分为早期效应(受照后 60 天以内出现的变化,包括全身效应,造血组织、消化系统和中枢神经系统的效应)和晚期效应(受照后几个月、几年或更长时间才出现的变化,包括恶性肿瘤、寿命缩短、不育症、白内障、胎内受照者生长发育障碍、局部损伤等)。其中晚期效应需要经过很长时间的潜伏才能显现在受照者身上,典型表现为癌症,辐射可能诱发癌症已为实际调查材料证实。

遗传效应是指由于受照者的遗传物质受到损伤而造成其后代产生辐射效应,如死胎、死产、先天性畸形、新生儿死亡等。遗传效应表现为受照者后代的身体缺陷,是一种随机性效应。动物实验结果表明,辐射可以引起细胞基因突变。如果这种突变发生在母体的生殖细胞上,而且突变的基因没有得到正确修复,或者没有导致该生殖细胞直接死亡,则可能会通过形成受精卵而在后代个体上产生某种特殊的变化,这就是辐射的遗传效应。

电离辐射对机体影响按受照部位分为如下两种情况:一是全身均匀照射,照射至局部不一定产生致死效应的剂量,而用于全身则可能引起机体的死亡;二是不均匀照射,即事故时身体个别部分接受的剂量不均匀,这种不均匀照射往往导致局部损伤和全身损伤程度不一致,早期症状偏重且以后病情不一致,外周血相各项之间变化不一致。

1.2.2　社会影响

一般来说,由于放射线的物理特性,在核设施(例如核电厂)内发生放射性物质外泄的事故,都属于影响较大的公共危机事件。公共危机事件是一种严重威胁社会系统基本结构或基本价值规范,并在时间压力和不确定性极高的情况下必须对其作出关键决策的事件。公共安全主要就是研究应对公共危机事件的科学,由核设施各类事件引发的公共安全问题,是核安全与公共安全学科共同关注的一个研究内容。

公共安全是指公众享有安全和谐的生活和工作环境以及良好的社会秩序,最大限度地避免各种灾害的伤害,其生命财产、身心健康、民主权利和自我发展有着安全保障。影响公共安全的主要因素有自然因素、卫生因素、社会因素、生态因素、环境因素、经济因素、信息因素、文化因素和政治因素等,这使得公共安全成为一个可以从多角度、多侧面进行分析研究的复杂系统和体系。尽管具有众多不同的影响因素,各类公共安全问题仍可以归结出若干共有的特征,包括发生的突然性、危害的灾难性、范围的广泛性、影响的关联性、原因的复杂性和演变的隐蔽性等。从影响因素及本质特征上来看,核事故属于影响公共安全的事件。

公共安全领域一般比较强调公共危机管理。所谓公共危机管理,是一种有组织、有计划、持续动态的管理过程，针对潜在的或者当前的危机，在危机发展的事前、事中、事后和后危机等四个不同阶段采取一系列的控制行动，以期有效地预防、处理和消除危机。世界各国也都建立了专门的行政机构通过有效利用社会资源进行预防和控制公共安全事件，形成了一整套机制。在核安全研究领域，核应急就是为了应对可能发生的核事故而进行的公共危机管理。公共安全应急机制中的"潜态"和"实态"两种运行状态，以及依法、效率、透明、人权、灵活和整合等原则，都在核应急中有相应的体现。核安全不仅是一个技术问题，还是一个社会问题。涉及核安全的事件，特别是严重核事故，所引发的社会影响是不容忽视的。然而，社会、经济和政治是一个密不可分、互相影响的耦合体，任何问题都不是孤立存在的。社会舆论会进一步引发更深层次的社会问题和政治问题，并通过影响政府核能政策而引发经济问题。随着现代信息技术的进步和多种新型信息传播手段的迅猛发展及其应用，核安全问题引发的社会舆论对核能发展的影响和作用将越来越大，例如核电的技术选择、经济性等都会表现出与社会舆论之间的密切相关性。

"邻避效应"是核安全社会影响的典型表现，即居民因担心建设项目对身体健康和环境质量等带来的负面影响，而激发出嫌恶情结，并采取强烈、坚决和高度情绪化的集体反对甚至抗争行为。2013年7月发生的江门鹤山反核事件，警方统计超过2万人参与了该事件，最终市政府宣布该事件针对的核燃料产业园项目不予立项。2016年8月爆发的连云港"核废料厂"事件，最终也是由于当地群众反对而被暂停，与江门反核事件不同的是，本次事件爆发时最终选址并没有完全确定，可见公众对核安全问题的高度敏感。正是由于此类事件，各国政府在核安全问题上也显得特别谨慎，这给国家核能政策也带来了一定的影响。

切尔诺贝利核事故发生后，苏联政府担心事故可能引发大范围的社会问题，严格控制和垄断消息发布，苏联媒体几乎全体失声。然而随着传统媒体的深刻变革和新兴媒体的迅猛发展，信息的传播方式日益多样化，人们能够即时发出个性化的信息内容，并通过短时间的交流互动迅速形成网络舆论。在福岛核事故发生的初期，由于大规模放射性废物泄漏引发了社会恐慌，加之新兴媒体推波助澜，导致网络谣言散播，我国各地都出现了不同程度的抢盐风波，甚至出现食盐脱销的情况，严重影响社会秩序。

正是由于核安全的上述特点，我国十分重视核安全问题，将核安全列为国家安全的重要组成部分，近年来以国家名义发布各类政策声明，例如2015年发布的《核安全文化政策声明》，2016年发布《中国的核应急》白皮书，以及公布在中国人大网公开征求意见的《中华人民共和国核安全法（草案）》等。

1.3　核安全目标与基本原则

为了保护人类和环境免受放射性危害，减轻核安全问题对公众和社会的不良影响，需要确定一个合理的核安全目标。核安全目标在核设施的选址、设计、建造及运行的全过程必须贯彻一整套基本原则，确保选址及电厂状态遵循普遍接受的健康和安全原则。

本节将从核安全目标和核安全基本原则两个层面进行介绍。

1.3.1 核安全目标

在三哩岛核事故与切尔诺贝利核事故发生之后,IAEA 针对两次核事故出版了《核电厂基本安全原则》(INSAG—3,1999 年修订为 INSAG—12),从基本安全目标、辐射防护目标和技术安全目标等层次全面描述了核安全目标。

1. 核安全目标定义

目前,对于核安全目标,国际上还没有形成一个被广泛接受的定义。IAEA 对建立和实施安全目标的目的给出了如下解释:安全目标是对核设施所能达到的安全水平的高度概括,是人们期望达到的安全水平,包括设计、建造、调试、运行和管理等方面,对这一安全水平的描述可能是抽象的或是具体的。

美国在其安全目标政策声明中,将核安全目标定义为:核设施在运行过程中对公众产生的可接受的辐射风险水平。

2. 核安全目标分类

核安全目标可以是定性的和定量的。考虑到影响核设施的复杂因素及其不确定性,安全目标的层次越高,它越可能是定性的。核设施的安全目标目前一般认为有三个:一个实质上就是核安全的总目标(基本安全目标),其余两个是解释总目标的辅助性目标,包括辐射防护目标和技术安全(概率安全)目标。三者之间不是彼此孤立而是相互联系的,从而确保核安全目标的完整性。

(1)核安全的总目标

核安全的总目标是指建立并维持一套有效的防护措施,以保证工作人员、公众及环境免遭放射性危害。具体而言,核安全的总目标包括两个方面的含义:① 核设施必须安全可靠,不得给工作人员及公众的健康带来明显的附加风险;② 核设施事故对社会的附加风险应尽可能低,尤其应比其他类型电厂的风险低,至多是相当。

需要注意的是,在核安全的总目标的表述中突出了放射性危害,但这并不意味着核设施不存在一般工业生产活动都会造成的其他危害,如热排放对环境的影响、由于设备损坏所造成的经济损失等。这些危害同样值得重视,但为了突出核设施的特殊性,它们不属于核安全的研究范畴,因此核安全的总目标并不关注这些危害。

(2)辐射防护目标

辐射防护目标是指采取一切合理可行的手段保证工作人员和公众任何情况下受到的辐射照射都保持在尽量低的水平并低于规定限值,无论是计划排放还是在核设施的各种运行状态下都应满足上述要求,如果发生核事故,应减轻所有事故的放射性后果。

辐射防护目标要求在核设施正常运行情况下具有一整套完整的辐射防护措施,在预计运行事件工况和任何事故工况下都有一套减轻事故后果的措施,包括场内和场外的对策,从而保障工作人员、公众及环境尽量免受放射性危害。

(3)技术安全目标

技术安全目标是指通过一切合理可行的技术手段或措施预防并缓解核事故,减轻事故后果,在核设施设计中考虑所有可能的事故,对于概率很低的事故应确保其放射性后果很小且在规定限值内,对于放射性后果严重的事故应保证其发生的可能性极低。

美国在其安全目标政策声明中确定了两个"千分之一"附加风险的安全目标:"对紧邻核电厂的正常个体成员来说,由于反应堆事故所导致急性死亡的风险不应该超过美国社会成员所面对的其他事故所导致的急性死亡风险总和的千分之一;对核电厂邻近区域的人口来说,由于核电厂运行所导致的癌症死亡风险不应该超过其他原因所导致癌症死亡风险总和的千分之一。"

以上是定性的目标,为了更好实施,人们制定了定量目标。现有核电厂安全分析中常用的相当于这个技术安全目标的定量技术安全指标是:发生堆芯损伤频率(Core Damage Frequency,CDF)低于1×10^{-4}/(堆·年),放射性早期大规模释放的频率(Large Early Release Frequency,LERF)低于1×10^{-5}/(堆·年)。需要指出的是,考虑到技术与社会因素,目前国际上有提高安全目标的趋势。如,美国电力研究所(EPRI)要求将上述两个指标分别下降至1×10^{-5}/(堆·年)与1×10^{-6}/(堆·年)。

1.3.2　核安全基本原则

围绕上述核安全目标,在核设施的选址、设计、建造及运行的全过程必须贯彻一整套基本原则。核安全的基本原则是为达到核安全目标所必须遵循的、具有普遍应用意义的规则,是具体安全原则的基础。

1. 基本安全原则

三哩岛核事故与切尔诺贝利核事故在相当长一段时间内影响了世界核电的发展,核能界对事故作了深刻的反思和总结。2006 年 IAEA、联合国环境规划署和世界卫生组织等 9 个国际组织出版了基本标准"基本安全原则"(《安全标准丛书》第 SF—1 号),形成一套新的基本安全原则,是 IAEA 安全标准计划中确定防止电离辐射安全要求的基础,也为针对更广泛的安全相关计划提供了依据。这套原则主要包括 10 个方面:

(1) 安全责任

对于带来辐射危险的任何设施或活动或对于实施减轻辐射照射的行动计划负有责任的人员或组织必须对安全负有主要责任;没有明确的政府授权,不能免除对设施或活动负有责任的人员或组织对安全的责任;应对运行设施或进行活动的组织或个人实施许可证管理,许可证持有者对设施或活动的安全负主要责任,而且不能将这种责任转托给他人;设计者、制造商和建造商、雇主、承包商以及托运方和承运方也对安全负有法律、专业或职能上的责任;鉴于放射性废物管理时间跨度大,因此必须考虑许可证持有者和监管者对现有的和今后可能出现的操作所履行的责任;必须对责任延续和长期的资金准备作出规定。

(2) 政府职责

必须建立和保持有效的安全相关法律框架和政府组织框架,并包括独立的监管机构。国家的法律和政府框架应对带来辐射危险的设施和活动作出监管规定,并明确责任分工;政府当局必须制订减少辐射危险的行动计划(包括紧急行动计划),监测放射性物质向环境的释放,以及放射性废物的处置;政府当局必须对任何其他组织均不负责的辐射源(如某些天然源、"无看管源"和过去一些设施和活动所产生的放射性残留物)实施控制。

(3) 对安全的领导和管理

核安全有关的机构、核设施和活动必须确立和保持对安全的有效领导和管理,必须通过有效的管理体系来实现和保持安全。管理体系必须整合所有管理要素,以便确定对安全的要求,并将安全要求与人力绩效、质量和保安等要求协调一致地加以使用,不会因为任何其他要求而损害安全水平;此外还必须确保推进安全文化,对安全绩效开展定期评价,并借鉴经验和汲取教训。

（4）设施和活动的正当性

带来辐射危险的设施和活动必须从总体上讲是有利的。对于正当的设施和活动,其产生的效益必须超过它们所带来的辐射危险;为了评估效益和危险,必须考虑运行设施和进行活动所产生的一切重要后果。

（5）最优化防护

通过最优化防护将安全水平提升到合理可行的最高级别。为了确定辐射危险是否处于合理可行尽量低(As Low As Reasonably Achievable,ALARA)的水平,必须事先采用分级方案对无论正常运行还是异常工况或事故工况所造成的所有危险进行评价;在设施和活动的整个寿期内定期进行再评价,如果相关行动之间或与其有关的危险之间存在相互依赖关系,也必须考虑这些相互依赖关系,还必须考虑到认识方面的不确定性。

（6）限制对个人造成的危险

必须确保任何控制辐射危险的措施不会给个人带来无法接受的危险,并将剂量和辐射危险控制在规定的限值内;由于剂量限值和危险限值代表着法律上的可接受上限,在这种情况下其本身不足以确保实现最佳可行的防护必须通过防护最优化来加以补充。

（7）保护当代和后代

必须为当前和今后的人类和环境进行辐射危险的防护;在判断控制辐射危险的措施是否充分时,必须考虑当前行动对现在和未来可能产生的后果;安全标准不仅要适用于当地民众,而且还要适用于远离设施和活动的人群;在辐射危险的效应可能跨越几代人的情况下,必须使得后代人无需采取任何重要的防护行动,而得到充分的保护;对于放射性废物的管理,必须避免给后代造成不应有的负担,采取实际可行的手段尽量降低放射性废物的产生量。

（8）防止事故

必须做出一切努力预防和缓解核事故。对于可能引发危害的核事故,为确保核事故发生的可能性尽量低,必须采取合理措施预防故障、异常工况和违反安保要求的行为,从而防止核反应堆堆芯、核链式反应、放射源或其他辐射源失控;若故障、异常工况和违反安保要求的行为发生,应防止其逐步升级;预防和缓解事故后果的主要手段必须遵循纵深防御原则。

（9）应急准备和响应

必须为核事故的应急准备和响应做出各项安排。确保在核事故情况下对现场的应急响应做出安排,适当时还需对地方、地区、国家和国际各个级别的应急响应做出安排;对于可预见的事件,确保将辐射危险控制在较低水平;对于已经发生的任何事故,应当采取一切合理可行的措施,减轻对人类生命健康和环境造成的任何影响;在制订应急计划时,必须考虑到所有可合理预见的事故;必须定期进行应急计划演习,以确保对应急响应负有责任的组织随时做好准备。

（10）减少现有的或未受监管控制的辐射危险

为减少现有的或未受监管控制的辐射危险而采取的防护行动必须是合理的和优化过的。在被监管的设施和活动以外,如果辐射危险较大,就必须考虑是否可以合理地采取防护行动,以减轻辐射照射并对不利条件进行补救;只有在防护行动产生的效益足以超过采取这些行动所带来的辐射危险和其他损害的情况下,才可以认为这些防护行动是合理的;此外,还必须对防护行动实施优化,以便取得合理可行且相对于成本而言有最大的效益。

2. 核电厂安全基本原则

在 INSAG—12(INSAG—3 的修订版)中对核电厂安全基本管理原则、纵深防御原则、技术原则做出了全面描述。

(1)基本管理原则

鉴于核安全的重要性、核设施事故有超越国界影响的可能性以及对国际社会的重要性,核安全的责任由核设施所在国承担。核设施所在国需要建立安全文化,在政策制定者、管理者和个人三个层面推进安全文化的建设。为此必须立法确立国家监管体制,明确划分核安全责任和建立独立的核安全监管机构,具体包括:政府必须负责建立和维持一个核安全法律框架,为核安全国家监管提供法律基础;政府必须建立一个核安全监管机构,独立行使核安全监督管理职权,负责制定核安全法规和建立许可证制度;立法必须确定核安全的首要责任由核设施营运组织承担。营运组织依法对所营运的核设施承担首要的安全责任,负责申请和持有核安全许可证,开展核安全管理,从而保障核设施的安全,在开展核安全管理工作时必须遵循下列原则:建立和保持责权明确、合理高效的组织机构;制定和贯彻安全优先的政策;保证有足够数量的合格人员;执行质量保证制度;做好核事故应急计划与准备。

(2)纵深防御原则

纵深防御(Defense in Depth,DID)被视为核安全的基本原则,其核心理念是通过设置多层次保护来实现反应性控制、堆芯热量导出和放射性包容等基本安全功能,从而保障工作人员、公众和环境的安全。在所有与安全有关的组织、人员行为和设计等活动中都做多层重叠设置,以保证这些活动均置于多重措施的防御之下,即使有一种措施失效,也将由适当的其他措施探测、补偿或纠正,从而对由厂内设备故障或人员活动及厂外事件等引起的各种瞬变、预计运行事件及事故提供多层次的保护。因此,纵深防御原则的根本目的是补偿人类活动中由于认识不足而产生的不确定性。纵深防御原则发展到今天,已经不仅仅是一种安全理念,更是一种方法、一种哲学。

纵深防御作为一种策略,起初应用在军事上。在芝加哥 1 号反应堆建设过程中,工程师们坚持保留设计裕度,采用冗余等手段,这被视为"纵深防御"概念应用于核设施设计的起源。早期的纵深防御理念只有三个层次,即事故预防、保护和缓解。随着三哩岛核事故、切尔诺贝利核事故和福岛核事故等的发生及经验反馈,人类对核安全的认识和研究逐步加深,相应的安全措施日渐成熟,纵深防御的安全理念不断被拓展,形成了今天的纵深防御体系。

应用纵深防御的安全理念,核设施设计中应提供多级防御层次,设置多道实体屏障。以轻水堆为例,五级防御层次通常依次如下:

第一层防御的目的是防止反应堆偏离正常运行和系统失效,通过保守设计、提高建造质量和运行管理等手段实现,对应的运行工况为正常运行;第二层防御的目的是检测出系统失效的状态,并对偏离正常运行的事件进行纠正,通过设置控制和保护系统及其他监督设施等手段实现,对应的运行工况为预计运行事件;第三层防御的目的是把事件控制在设计基准事故范围内,通过专设安全设施和事故处理程序等手段实现,对应的运行工况是事故工况;第四层防御的目的是控制严重事故进程和缓解事故后果,通过应急运行规程、严重事故管理指南和场内应急计划等补救措施和管理手段实现,对应的运行工况是严重事故;第五层防御的目的是减轻潜在放射性物质大量释放造成的严重后果,通过场外应急计划等手段实现。

（3）技术原则

纵深防御是核安全技术原则的基石，为了贯彻纵深防御原则基本理念，核电厂需采用成熟的技术与规范标准，相关技术与标准需经过测试和工程经验的验证；核电厂内所有项目的交付、服务与任务等活动的实施必须满足相关要求，以确保所开展活动的质量具有高可信度；对核电厂内所有安全与性能相关的重要活动都需要自我评估，并进行独立的同行评议；充分考虑人因失误；实行安全审评与验证；遵循辐射防护原则；开展运行经验与安全研究活动；总结、分析和交流运行经验，提高营运绩效；加大概率安全评价技术的运用和扩展严重事故管理的实施。除此之外，在核电厂选址、设计、建造、调试、运行、事故管理、退役和应急准备等方面的活动还需遵循一整套相关具体技术原则。

综上所述，核安全要求体现在核设施设计、制造、建造、运行和监督管理过程中，应该在所有运行状态及事故情况下，确保公众和工作人员的健康不遭受比已确立的限值更严重的放射性后果，并且使其达到合理可行尽量低的水平。核事故不但会影响核设施本身，而且还会波及周围环境和公众，甚至可能造成跨国界的严重后果。因此，所有有关人员应始终关注核安全，必须基于对核安全根本目标与原则的理解，正确认识它们之间的相互联系，不忽视任何可能的措施，将风险降至现实可行的最低水平。

1.4　核事故与核安全演进

人们对核安全的认识是随着核设施运行经验积累以及科技进步而不断变化的，特别是与世界范围内影响较大的核事故密不可分。从最早的核能应用开始，核能经历了大规模发展，同时也在若干次严重核事故后跌入低谷，在此过程中人们对核安全的认识也在不断演进。

本节以三哩岛核事故、切尔诺贝利核事故和福岛核事故三大严重事故为主线，介绍核安全的演进过程。

1.4.1　三次核事故

核事故一般是指各类核设施发生放射性物质泄漏的严重事件。核电厂发生的放射性物质泄漏事故是目前世界范围内影响最为广泛的核事故，了解核电厂事故的过程可以给人更直观的核事故认识和对核安全的理解。

1. 三哩岛核事故

1979 年 3 月 28 日，美国三哩岛核电厂 2 号机组（TMI—2）发生了严重的反应堆堆芯熔化事故，自丧失蒸汽发生器供水引起的瞬变经过一系列多重故障的叠加，最终导致堆芯熔化，大量放射性物质进入安全壳，一些放射性物质经由各种途径泄漏至环境。

事故发生两天后，3 月 30 日下午，宾夕法尼亚州州长发布撤离劝告，劝告离电站 5 英里半径范围内的孕妇和学龄前儿童撤离，并关闭这个地区内的所有学校。事故中核电厂运行人员受到了略高的照射，有一段时间内必须佩戴呼吸罩，但总剂量仍是有限的，做主冷却剂取样的人员可能受到 30～40 mSv 的照射。最大厂外剂量是事故早期释放出的放射性氙气造成的。事故中,无人员受伤和死亡。场外 80 千米半径内约 200 万人群集体剂量估计为 33 Sv,平均的个体剂量为 0.015 mSv。

三哩岛核事故中放射性物质由于安全壳的阻止而避免了向环境释放,虽然安全壳并不能保证放射性物质绝对不泄漏,但在事故中基本上没有受到机械损伤,泄漏率较低。由于安全壳喷淋液中添加了 NaOH,绝大多数碘和铯被捕集在安全壳内。因此,三哩岛核事故对环境的放射性释放以及对运行人员和公众造成的辐射后果很小。

2. 切尔诺贝利核事故

1986 年 4 月 26 日,苏联切尔诺贝利核电厂 4 号机组发生了严重的反应堆堆芯解体和放射性物质大量释放事故,事发地点离乌克兰普里皮亚季小镇 3 千米,离切尔诺贝利 18 千米,离乌克兰首府基辅市以北 130 千米。切尔诺贝利电站 4 号机组的反应堆是石墨慢化、沸水冷却压力管式热中子反应堆(简称 RBMK—1000 型石墨堆)。

该事故的发生是由于在反应堆安全系统试验过程中发生了功率瞬变,并引起瞬发临界,造成堆芯解体。事故发生后,反应堆堆芯、反应堆厂房和汽轮机厂房被摧毁,大量放射性物质被释放到大气中。切尔诺贝利核事故当天,释放出的放射性物质包括由于爆炸能量和大火产生的气体、可挥发裂变产物等,这些物质形成的烟云有 1 000～2 000 米高,4 月 27 日该烟云移到波兰的东北部,该烟云在东欧上空上升到 9 000 米高。在事故后的 2～6 天,烟云扩展到东欧、中欧和南欧,以及亚洲 1 000 米高空。

经济合作与发展组织核能署(OECD-NEA)评价了切尔诺贝利核事故对欧洲其他国家的影响,指出西欧各国个人受到的剂量超过一年自然本底照射剂量的可能性不大,由社会集体剂量推算出的潜在健康效应也没有明显的变化。据估计,晚期癌症致死率约增加 0.03%。但是发生核事故后最初几小时,部分事故处理人员由于参加了抢险工作,因而受到了大剂量照射。

从本质上说,切尔诺贝利核事故是由于过快地引入反应性而造成的。此次事故主要归咎于人误操作,操作人员在操作过程中严重违反了运行规程,管理混乱和严重违章是这次严重事故发生的主要原因(INSAG—1)。INSAG—7 报告认为,不安全的反应堆设计也是酿成此次严重事故的另一方面原因,包括反应堆中子物理设计中 RMBK 反应堆正的反应性空泡系数,以及缺少能够缓解事故后果的坚固的安全壳厂房。

3. 福岛核事故

2011 年 3 月 11 日,日本发生了 9.0 级地震,引起的大海啸导致了福岛第一核电厂发生堆芯熔化的严重事故。事故导致大量放射性物质被释入土地与大海,45 000 名居民紧急疏离,有 6 名工作人员受到的辐射剂量超过了"终身摄入限度",约有 300 名员工也受到了超过正常限值的较大量辐射剂量。

纵观整个福岛核事故的进程可以看出,导致堆芯熔化和放射性物质大量外泄的主要原因是极端外部事件及其叠加效应,此外早期反应堆设计理念的缺陷和事故后的人为不当处理也加重了事故后果。具体原因包括:强海啸远超设计标准(自然因素)、设计方案和理念存在缺陷(技术因素)、运营公司核安全文化不足和政府监管及应对不力(管理因素)等。

福岛核电厂事故的影响是多方面的,既有对人类健康和环境的影响,也有对全球社会经济的影响。福岛核事故虽与切尔诺贝利核事故属同级别,但福岛核电厂泄漏的放射性物质要低一个数量级,同时日本政府采取了防护措施,如及时组织电厂周围人员疏散至安全地区等,也大大降低了核辐射对公众的危害。然而福岛核事故引发了世界范围内的社会恐慌,核事件在一定时期内将对世界核电的发展产生重要影响。

1.4.2　核安全演进

核裂变一经发现就被研究如何从实验室中的核反应转变为威力巨大的能量源,在美苏争霸的冷战大背景下,原子核反应在军事领域得到了极致的尝试和探索。美国出于在与苏联军备竞赛中确保核威慑优势的初衷,开启了核能民用的序幕。苏联在 1954 年建成世界第一座容量为 5 MW 的石墨水冷堆核电厂。1957 年,美国在希平港建成了世界第一座商业核电厂。出于在核能应用中保护工作人员和公众的考虑,出现了一批与核安全相关的基本理念。

然而三次核事故的发生,改变了人们对核安全的认识,特别是对核安全理念影响深刻,下面以这些核事故为主线,讲述核安全的发展历史及演进过程。

1. 20 世纪 40～50 年代

这一时期的核安全理念是从核反应基本原理出发而采用的较为简单的安全防护措施和经验法则,技术方面比较著名的是安全控制棒斧头人和设计裕度的概念,监管方面采用的是考虑了最坏的可想象事故而制定的远距离厂址政策。由于一些非安全因素的考虑,当反应堆需要建在城市附近时,需要利用安全壳等工程安全设施来弥补厂址选择上的不足,监管方面则出于保守考虑用可信事故代替了最坏的可想象事故,并实行安全审查。

（1）防止链式反应失控

1942 年,在建设世界上第一座反应堆芝加哥 1 号时,费米等核物理学家担心链式反应被触发后失控,所以反应堆设置了两套自动控制和一套手动控制系统,同时安排了一个安全控制棒斧头人（Safety Control Rod Axe Man, SCRAM）,时刻准备砍断吊挂着安全控制棒的绳索,以"防止链式反应失控"。

SCRAM 开启了人类确保反应堆安全的探索之门,从此人们认识到反应堆的三个独有特性:第一,反应堆没有固定的功率水平,有出现功率剧增的可能;第二,在反应堆停闭后一段时间内,堆芯仍产生热量;第三,反应堆运行一段时间后,堆芯含有大量放射性物质。

与现在的安全系统相比较,芝加哥 1 号的安全系统缺少余热排出系统,也没有类似于安全壳之类防止放射性物质泄漏的包容系统。后来,出于民用或者军用的目的,建立了许多反应堆,但由于建设地点偏远,也都没有类似于安全壳的系统。

（2）"纵深防御"的起源

在芝加哥 1 号建设时,位于汉福特的军用生产堆也在紧张建设过程中。虽然核物理学家们对自己的计算都很有信心,但承建反应堆的化学工程师们则根据工业经验表示质疑,他们把物理学家设计的反应堆分隔成一个个更小且相对独立的子系统,相当于在各子系统之间设置了一道"屏障",以防止其中一个子系统的故障波及另一个子系统。他们还坚持在工程中保留设计裕度,特别是在重要系统和部件的建造和安装过程中,有意识地留有安全裕量。这种对裕量的事前考虑及功能上和结构上的独立性设计后来成为确保纵深防御有效性的重要手段——冗余性原则和独立性原则,被视为"纵深防御"概念的起源。

（3）远距离厂址政策

核电发展初期人们最关心的安全要素是选址问题,早期的研究堆和生产堆主要服务于军事用途,且主要位于偏远地区,为保证公众安全,核安全管理采取的策略是考虑"最坏的可想象事故(Maximum Postulated Accident,MPA)",即全堆芯熔化,并且不考虑任何包容来评估所需要的禁区半径。20 世纪 50 年代美国原子能委员会(Atomic Energy Commission,AEC)创建了"反应堆安全防护协会"。1950 年 AEC 发布了 WASH—3 报告,即《反应堆安全防护协会报告摘要》,他们认为,对于没有安全壳的反应堆必须建立一个隔离区,方便事故发生时紧急撤离。以反应堆为圆心,半径为 R 的周边内不应有居民。R 的计算为

$$R = 0.016 \sqrt{P_{th}} \ (km) \tag{1.1}$$

式中,P_{th} 代表反应堆的功率。这个公式被称为"指数原则"。毫无疑问,为满足指数原则,厂址必须选择在远离居民区的地方,所以这时的核安全管理又称为"远距离厂址政策"(Remote Siting)。

(4) 安全壳

1952 年,美国要在离纽约州圣莱克迪镇 19 英里的克诺斯原子能实验室建设一座潜艇用原型钠冷反应堆,这不能够满足远距离厂址政策。因此反应堆采用了球型钢制安全壳作为安全措施,AEC 接受了这一做法,但此时仍然不将这样的措施作为距离隔离政策的有效替代。由于这是采用"工程措施"解决"安全问题",因而产生了一个术语——"工程安全设施(Engineering Safety Facilities,ESF)"。1960 年左右,西方国家新的标准规定反应堆必须做好防泄漏措施,并安装和巩固安全壳。

此外,在三哩岛核事故发生之前,人们还关注防止非自然因素破坏,例如防止恐怖分子通过飞机来撞击反应堆,德国、比利时、瑞士和意大利以防范 20 吨左右战斗机撞击的标准来设计安全壳。

(5) 可信事故

1953 年,美国开始考虑核电厂建设。即使考虑了安全壳这样的"工程安全设施",后果仍然不能承受,此时 AEC 开始用"可信事故"的概念替代"最坏的可想象事故"。可信事故的选择基于 AEC 专家的判断,但一个基本前提是只考虑单一设备的损坏,如某根管道的破裂或某个泵的故障。可信事故构成了"设计基准事故"概念和"确定论安全要求"的重要基础,可信事故和工程安全设施概念的采用使核电厂的建设成为可能。对轻水堆核电厂,由于认为大破口失水事故(Large Break Loss of Coolant Accident,LBLOCA)导致的后果最严重,LBLOCA 成为所谓"最大可信事故(Maximum Credible Accident,MCA)"。没过多久,"最大可信事故"的概念便被"设计基准事故(Design Basis Accident,DBA)"的概念所取代,成为了后来反应堆安全分析领域使用最频繁的专业名词之一。

1955 年,第一艘核潜艇"鹦鹉螺"号下水。由于核潜艇的特殊性,发生事故时潜艇工作人员在水下逃生空间非常有限,即使停留在港口也位于人口中心范围内,不大可能采取远距离厂址原则,此外,由于潜艇尺寸和空间的限制,不太可能在反应堆的外面安装一个安全壳,因此,海军只有依靠事故预防策略来确保安全,在操纵员培训、质量控制、系统和部件试验等方面制定了严格的程序,预防可信事故的发生。事实证明,这种事故预防策略达到了预期的效果,对核潜艇反应堆的运行安全起到了重要的保障作用。

(6) 安全审查

核电厂的建设时间和建设成本随着反应堆安全防护措施的增多而增加。因此,对于核电产业,原本就认为那些事故假设是多余的,更加不会接受这些额外的安全措施。在三哩岛核事故发生前,并不是所有的专家都认为现有的事故假设是合理的。1954 年美国的《原子

能法》通过后,AEC 主席 Lewis Strauss 曾经说过,"核电的成本是微不足道的"。建立反应堆就是为了获得便宜的电力,但不断增加的安全措施,使核电成本越来越高,也使得反应堆变得更加复杂,渐渐违背了建立核电产业的初衷。

另一方面,AEC 部分成员也在 1955 年意识到安全是促进核能发展不可或缺的组成部分,一个事故就可能摧毁整个核工业。从此,AEC 开始对希平港核电厂的建造申请进行安全审查,并于 1956 年颁布了联邦法规《生产和应用设施的民用许可》(10CFR50),从此每个美国核电厂都需要从 AEC 获取建造许可证(Construction Permit,CP)和运行执照(Operating License,OL),即所谓的"两步法"许可程序。

2. 三哩岛核事故前

自 20 世纪 60 年代中期起,美国核电厂如雨后春笋般发展起来,世界各国也纷纷进入了核电发展的浪潮中。这一时期建设了大量的核电厂,AEC 开始探索安全审查过程的标准化改造,陆续颁布大量监管法规和管理导则,如选址源项、质量保证准则、通用设计准则等,并由于其在安全审查中的失职行为而丧失社会公信力,引发了人们对核安全监管独立性的思考。

另一方面,随着反应堆尺寸和功率的不断增大,带来了很多复杂的安全问题,如压力容器的完整性、"中国综合征"、应急堆芯冷却系统的有效性等,逐步形成了包含单一故障准则的一整套完整确定论安全要求。

(1) 选址源项

建设核电还有其他需要确定的问题,如事故工况下的放射性源项。1962 年,AEC 发表了针对轻水堆的源项报告 TID—14844,假设在事故工况下堆芯 100% 的惰性气体、50% 的放射性碘,以及 1% 的其他放射性产物进入安全壳,而 50% 的放射性碘因为沉积等原因去掉 50%,按 0.1% 安全壳体积泄漏率释放,用以评价核电厂址的适宜性。

(2) 应急堆芯冷却系统

20 世纪 60 年代中期,核电开始向大型化方向发展,这时美国反应堆安全防卫咨询委员会(Advisory Committee on Reactor Safeguards,ACRS)开始质疑,堆芯熔化后安全壳能否真正起到包容作用。一个关心的焦点是堆芯熔融物可能熔穿安全壳底板。由于开玩笑地说最终会熔穿地球从而到达中国,这种现象又被称为"中国综合征"。

为了避免中国综合征,需要避免堆芯熔化,所以应急堆芯冷却系统非常重要。为此,开展了大量的试验研究,其中最著名的是"LOFT"(Loss of Fluid Test),即对失水事故(Loss of Coolant Accident,LOCA)下堆芯冷却剂丧失工况开展试验研究,研究的结果被用于改进应急堆芯冷却系统的设计。

(3) 单一故障准则

为了进一步改进应急堆芯冷却系统的可靠性,1967 年,在德累斯顿 2 号机的应急堆芯冷却系统上采用了冗余设计。这种做法最后被发展为确定论安全要求中著名的"单一故障准则"。

1971 年,单一故障准则被纳入联邦法规。丧失全部交流电源事故(Station Block Out,SBO)和未能紧急停堆的预期瞬态事故(Anticipated Transients without Scram,ATWS)表明,单一故障准则的要求并不平衡,但由于其简明性、可操作性、经济可接受性,目前仍然是确定论安全要求的一个重要准则。但近些年美国正在考虑在风险指引基础上对其进行修改。

（4）质量保证准则

20 世纪 60 年代末期，ACRS 在勃朗费里核电厂的听证中，开始关注安全系统的可靠性和质量问题。为此 AEC 借鉴美国军方在核武器研发过程中的经验，提出对安全系统和设备的"质量保证"要求，要求核电厂要对安全构筑物和系统进行"质量分组"。

1970 年，质量保证条款被正式列入联邦法规。美国机械工程师协会（American Society of Mechanical Engineers，ASME）也制订了相关的"安全级"设备标准以满足"质量分组"要求。在反应堆的设计、建设与运行中引入质量保证系统，从这个管理系统可知，生产过程的控制对产品质量的影响要大于对产品本身控制对产品质量的影响。

（5）通用设计准则

1971 年，美国联邦法规 10CFR50 APPENDIX A 正式颁布。APPENDIX A 确立了 58 个通用设计准则（General Design Criterion，GDC），这标志着"确定论安全要求"基本形成。

安全要求演化到此时，人们的认识是堆芯熔化的事故已经不可能发生，或者说不可信，直到三哩岛核事故才开始改变认识。

（6）核安全监管的独立性

LOFT 试验的结果表明，早期核电厂应急堆芯冷却系统的注入水可能被破口大量旁路，以至于堆芯不能得到足够的冷却。这个结果使 AEC 陷入困境，因为已有数十个核电机组建成或在建。AEC 质疑试验结果的合理性，要求将结果保密，但结果还是被泄露，AEC 丧失了社会公信力。

1974 年，美国通过"能源重组法"将 AEC 分解为能源研究与开发管理局（Energy Research and Development Administration，ERDA）和美国核管理委员会（Nuclear Regulatory Commission，NRC），ERDA 也就是现在美国能源局（Department of Energy，DOE），NRC 于 1975 年 1 月正式成立。NRC 刚成立便遭遇了布朗斯·费里核电厂的大火灾，以及 5 年后的三哩岛核事故。作为 AEC 反应堆安全研究项目遗产的继承者，NRC 对 AEC 发布的 WASH—1400 报告引发的业界争议和诘难始料未及，以至于作出了前后矛盾的结论和决策。

3. 从三哩岛核事故到切尔诺贝利核事故前

三哩岛核事故影响深远，它彻底改变了所有人们对核安全的态度，让人们认识到严重事故是可信的，让"纵深防御"的概念深入人心，同时也验证了 WASH—1400 报告的预见性和合理性，从而引入了一种全新的核安全视角——概率安全评价。事故后，世界上对当时所有的核电厂进行了改进，概率安全评价技术得到重视。此外，ATWS 和 SBO 事故表明确定论安全要求存在逻辑缺陷，因此这一时期出现了确定论为主、概率论为辅的思想。

另一方面，事故使核工业和监管部门对核安全的认识发生了重大变化，美国核安全监管机构做了深刻的机构重组与变革，同时也出现了政府、工业界、公众以外的第三方非营利组织。事故发生后的电力公司与各级政府的响应缓慢，应急计划质量参差不齐，使得人们开始重视应急计划与响应。三哩岛核事故还极大打击了公众对核电安全的信心，也彻底改变了政府对核电的态度，人们开始寻求多安全才足够安全的答案。

（1）WASH—1400 的命运

1975 年，AEC 发表了 WASH—1400《反应堆安全研究》（拉斯穆森报告）。WASH—1400 率先全面使用 PSA 方法来研究核电厂的安全，其主要结论包括核电厂的风险主要来自于严重事故的剩余风险，多重故障可能导致堆芯熔化，小破口事故可能风险更大等。由于

PSA 方法与确定论安全要求有着很大差异,且其本身存在着不确定性(确定论安全要求也存在很大不确定性),WASH—1400 引起了很大的争议。

报告的出版在社会上引发了激烈的批评,许多人认为这个报告是荒诞的,那些极小概率事件完全不可能发生,而且委员会的总结与主要报告自相矛盾,数据的完整性也受到质疑,后续成立的 NRC 被迫宣布收回 WASH—1400 报告。但 PSA 方法为观察核安全问题提供了一个全新的、系统的和更全面的视角,时至今日产生了广泛而深刻的影响。

（2）概率安全评价的兴起

1979 年,美国宾西法尼亚州的三哩岛核电厂发生了严重事故,三哩岛事故的发生让 NRC 如梦方醒,发现 WASH—1400 报告的价值远未被充分地挖掘,PSA 技术所体现出来的科学预见性是传统的确定论分析技术所无法比拟的。凯米尼委员会建议应对核电厂事故的概率和厂内厂外后果开展持续而深入的研究,包括小破口 LOCA 和多重故障事故,特别关注人因失误。

由于 WASH—1400 中曾经预言了与三哩岛事故相类似的事故序列,PSA 技术重新得到高度重视。为此,NRC 随即开展了声势浩大的 PSA 应用活动,为其后来的核安全监管转型奠定了坚实的技术基础。1979～1982 年间,NRC 实施了两个 PSA 补充研究项目,1981 年发布了 NUREG—0492 报告《故障树手册》,1983 年发布了 NUREG/CR—2300 报告《PSA 实施导则》,1984 发布了 NUREG—1050 报告《PSA 参考文件》。

（3）严重事故是可信的

三哩岛核事故导致了约 2/3 的堆芯熔毁,在此之前,除了 WASH—1400 报告中给出的一些事故场景,人们关于严重事故的知识基础可谓相当匮乏。虽然三哩岛核事故并没有导致"可察觉的厂外影响",但三哩岛核事故让严重事故从假想情景变成现实,严重冲击了以往的观念,即堆芯熔化事故是不可能发生的。

三哩岛核事故后,安全研究的重点集中在小破口失水事故(Small Break Loss of Coolant Accident，SBLOCA)、人因和规程等方面,特别是核电厂严重事故的研究。事故发生后,NRC 启动了"三哩岛行动计划",直到 1985 年该行动计划基本完成的时候,NRC 发布了关于反应堆严重事故的政策声明,认为严重事故现象仍存有很大的不确定性,应对此予以持续而更深入的研究,另外 NRC 建议通过开展 PSA 及严重事故薄弱环节评估并满足特定的准则和程序要求,以确认反应堆设计在严重事故情况下的可接受性。

在纵深防御理念外加拉斯穆森报告和三哩岛事故影响下,反应堆的设计都考虑了严重事故可能带来的影响。20 世纪 80 年代左右,各国都不同程度地制定了严重事故管理程序。

（4）监管机构的重组和第三方机构的诞生

三哩岛核事故说明了人们对核安全的态度是不重视的或者是盲目自信,回顾历史可以发现,如果人们重视核安全,那么三哩岛核事故完全可以避免,这也可以认为是人们思考安全文化概念的起源。当三哩岛核事故的经验总结分发给所有技术人员时,仍有一些乐观人士认为,让那些经验丰富的优秀操作员来操控反应堆就不会有任何安全问题了。为了总结经验教训,总统委派出的凯米尼委员会和 NRC 派出的特殊调查组和教训汲取工作组均发布了事故调查报告,报告都对 NRC 和核工业界提出了严肃的批评。

为此,NRC 实施了大刀阔斧的机构重组与监管改革。首先 NRC 把工作重心从新建电厂的审批转移到了在运电厂的监管。NRC 于 1980 年实施了执照持有者绩效系统评估项目,从运行、维修、工程管理和电厂支持四个方面把核电厂的绩效分为三个档次。另外,一个独立于 NRC 的特别组织运行数据分析和评价司(Analysis and Evaluation of Operation Data，AEOD)诞生,它专门分析和分享核电厂运行数据与安全绩效系统评价。

事故后不到 1 年,为了交流反应堆的操作经验和促进核安全领域的发展,美国核电运行研究所(Institute of Nuclear Power Operations，INPO)应运而生。INPO 是一个非盈利组织,被定位为核工业界的"警察"组织,帮助成员单位更安全地运行核电厂。随后,核工业界又成立了核事业管理与资源理事会(Nuclear Utility Management and Resources Council，NUMARC),致力于解决通用、基础的监管和技术问题。另外,美国电力研究院(EPRI)内部还成立了核安全分析中心(Nuclear Safety Analysis Center，NSAC),为降低未来反应堆的事故概率制定技术策略和研究分析通用、基础的反应堆安全问题。

(5) 应急计划与响应

在三哩岛核事故之前,人们普遍认为严重事故发生的可能性微乎其微,这是由于核电厂已采取了一切充分的安全措施来预防事故,并加上安全壳作为放射性释放的最后一道屏障。因此几乎没有公众紧急防护措施,各部门疏于应急计划的制订以及应急能力的保持,以至于事故发生后参与应急响应的各方行动混乱,公众无所适从,各部门的应急计划质量参差不齐,甚至有的部门应急计划是事发后临时编制的。现在人们能清楚地认识,对于在数小时内要采取应急响应和紧急防护措施的事故,缺乏充分研究好的应急计划可能是极其不利和被动的。

1979 年 12 月,联邦应急管理局(Federal Emergency Management Agency，FEMA)被指定为核电厂场外应急的牵头机构,1980 年 NRC 修订了应急计划法规,在运核电厂必须补交应急计划,新建核电厂必须提交应急计划供审查认可后方可获取运行许可证。同时 NRC 要求每个营运单位都必须在核电厂附近建造专用的应急运行设施,并精心维护和定期试验。

(6) 确定论安全要求的困境

1980 年代,由于发生了若干起控制棒下落故障,人们开始研究 ATWS 问题。ATWS 表明,即使保护系统满足了安全分级和冗余的要求,其可靠性仍然不足。ATWS 发生的频率约 10^{-4}/(堆·年),大大高于设计基准事故发生频率的下限,但由于设计基准事故基于单一设备失效的考虑,特别是为避免核电厂设计的极端复杂化,对 ATWS 的缓解提出了变通的要求。

SBO 的情况也类似。如果将 SBO 划为设计基准事故,按照确定论安全要求的保守处理,则需设置额外的安全级和冗余的应急电源。这些事例表明,确定论安全要求存在内在的逻辑缺陷和不自洽,但是改变确定论安全要求又存在极大的困难和挑战。依赖于 PSA 技术,NRC 解决了一批久拖未决的超设计基准事故安全问题,如 ATWS 和 SBO。以确定论安全要求为主、概率论方法做补充的思想是这一段时间所产生的。

(7) 多安全是足够的

三哩岛核事故表明,由于不存在绝对安全,期望使用一种"确定的"表述方法向人们表达核电厂的安全水平最终会陷入困境。对于政府、核电建设者以及公众,都需要一种合理的度量,为核电厂确定一个可接受的安全水平。1986 年,NRC 发表了有关安全目标的政策声明,确定了两个"千分之一"附加风险的定量安全目标,用以衡量可接受的安全水平(风险),而所谓"堆芯损坏频率""大规模放射性释放频率"成为辅助指导值。

4. 从切尔诺贝利核事故到 20 世纪末

1986 年,苏联切尔诺贝利核电厂发生了严重事故,事故导致极其严重的环境和健康影响。事故后,人们对核事故发生的可能性和后果表现出了极大的关注,并逐渐认识到了从风险的角度看问题将引起核安全理念和管理模式的巨大改变。同时,事故造成了巨大的社会、政治和经济损失,严重打击了公众对核电的支持和信心,使公众产生了"核风险厌恶症",导致全球核电行业进入了几十年之久的寒冬。

另一方面,除了其先天的设计缺陷,运行人员多次严重违反运行规程是导致该事故发生的重要原因之一,这使得人们开始认识到核安全文化的重要性。此外,切尔诺贝利核事故促进了全球核工业界加强合作,打破国家意识形态的人为限制,通过合作、交流、分享和反馈等手段提高全球范围的核电厂运行安全。

(1) 核安全文化的诞生

IAEA 专家组在调查切尔诺贝利核电厂事故原因时,认为苏联从体制层面到人员观念上存在着极大的欠缺,这种体制和人员观念的欠缺被称之为缺乏"安全文化"。1988 年,IAEA 在 INSAG—3《核电安全的基本原则》中明确提出了"安全文化"的概念。"安全文化"是指在所有与核能有关的活动中,在信念、知识和行为上都将安全置于最高的地位。

目前公认的导致切尔诺贝利事故的主要原因之一是反应堆设计和运行时对安全过于乐观。实际上,在低功率或者在压力管道低蒸汽含量运行时,反应堆相当不稳定。因此,当增加功率或者丧失冷却时都会引入正反应性。由于安全壳没有将反应堆最重要的一部分包括在里面,同时燃料通道直接放在一个普通的建筑里面,这导致切尔诺贝利事故泄漏出大量的放射性物质。这些都反映了安全文化对保障核安全的重要作用。

(2) 公众的"核风险厌恶症"

公众对核电的信心早在三哩岛核事故之后就开始摇摇欲坠,切尔诺贝利核事故则彻底击垮了公众信心。尽管核电专家再三解释,当时在运的大部分轻水堆核电厂设计不同于苏联的 RBMK,不会出现类似的核事故,然而公众不愿意了解这些差别,坚持认为核电不安全。相比于技术专家客观和理性的角度,公众对风险的认知更加感性和情绪化,严重依赖其个人知识、价值观、个人经历和心理等因素。

在公众眼里,核电是一种极其恐怖且风险高度未知的技术。首先,人们对核电技术的起源——核武器存在的恐惧难以消退,日本爆炸的两颗原子弹让人们至今"谈核色变";其次,放射性看不见、摸不着,还存在导致遗传效应等随机性伤害的可能性,让人感到神秘莫测,无法感知其风险;另外,核事故的应急处置技术复杂,容易导致全球心理影响,让公众认为核技术难以驾驭。因此,公众对核安全问题异常敏感。

核领域工作者需要不断改进与公众沟通的方式,用公众听得懂的语言和认同的逻辑去化解公众的疑虑,核电才能有未来。对于风险沟通的理念,人们经历了一个认识、实践和不断深化的过程。由于核技术的独特性和公众对核风险厌恶的原因,在核能领域如何有效地开展风险沟通,任重而道远。

(3) 从风险的角度看问题

随着运行经验的积累、PSA 知识和方法的掌握,NRC 于 1986 年启动了反应堆安全研究(RSS)升级项目,选取了 5 个典型的核电厂进行 PSA 分析,最终于 1990 年发表了NUREG—1150 报告,以替代 WASH—1400 报告。这个报告成为继 WASH—1400 报告之后又一个里程碑,是 PSA 领域的经典报告,也为许多安全要求的制订提供了基础。NRC 于1988 年要求各营运单位对严重事故下各电厂的薄弱环节进行检查评价,1991 年又要求对外部事件导致的严重事故风险进行评价,即 IPE(Independent Plant Evaluation)和 IPEEE(IPE for External Events)计划。

　　鉴于 PSA 的普及与提高,NRC 认为在核安全监管活动中应用 PSA 技术的条件已经成熟,因此于 1995 年发表了有关在核安全监管中更多使用 PSA 的政策声明,鼓励在核安全事务中更多地采用 PSA 技术。1990 年代末,NRC 发布了 RG1.174～1.178,对风险准则、在役检查、质量保证、维修、在役试验和技术规格书等方面使用 PSA 技术给出指导。当时 NRC 正致力于建立基于性能的(Performance-based)、"知风险的"(Risk-informed)的核安全法规体系。

　　(4) 国际合作

　　核安全是没有国界的,任何一个国家发生核事故,都会影响到全球环境,从而影响到其他国家。因此核安全问题是一个全球共同面对的问题,需要加强国际合作,以共同提高全球核安全水平。

　　为了交流反应堆的操作经验和促进核安全领域的发展,1989 年,世界核电运营者协会(World Association of Nuclear Operators, WANO)在莫斯科应运而生。WANO 组织与国际原子能机构不同,它是一个非官方组织,其使命是通过互相协助、信息交流和良好实践推广等活动来评估、比较和改进电厂的业绩,并最终提高全球核电厂的安全性和可靠性。

5. 从 21 世纪初到福岛核事故发生前后

　　由于世界上的核电厂大部分都建于 20 世纪 70 年代和 80 年代初期,进入 21 世纪后集中面临老化管理与延寿问题。获得延寿许可的福岛第一核电厂发生的严重事故再一次刷新了人们对核安全的认识。加强应对极端外部事件,提出更高的核安全要求,倡导合理可达尽量高的核安全理念,显得尤为重要。为了重拾公众对核电的信心,福岛核事故也引发了人们对纵深防御的反思,应当如何简化设计甚至发展完全革新型的反应堆是核电领域工作者的下一步目标。

　　(1) 老化管理与延寿

　　毋庸置疑,随着时间的延长,所有的系统和设备都会产生性能或功能上的退化,其中承担安全功能的相关构筑物、系统和部件(Structures, Systems and Components, SSC)上出现的老化效应尤其需要引起人们的重视。为了确保核电厂运行中的安全裕量,需要对运行过程中的 SSC 的老化效应进行有效的管理。进入 21 世纪后的美国,将迎来核电厂运行许可证到期的高峰,集中面临老化问题。出于经济性考虑,多数核能发展国家都积极考虑核电厂的延寿。

　　美国从 20 世纪 70 年代开始就着手研究核电厂延寿问题。1982 年启动的核电厂老化研究项目前后持续了 10 年,产生的大量研究结果影响深远。在此基础上,NRC 开始制定核电厂运行执照更新的要求。美国在进行核电厂延寿管理的一个重要策略是将能动 SSC 和非能动 SSC 区别对待,对于能动部件的劣化程度可以通过性能监测及趋势分析来探测。NRC 发现在核电厂运行过程中出现的停机或降功率运行事件与设备的维修作业有关,为此 NRC 于 1996 年颁布了联邦法规 10CFR50.65《核电厂维修有效性监测的要求》,该法规是 NRC 基于绩效与风险指引监管策略的成功样本。由于 NRC 的大力支持和积极参与,IAEA 也发布了一系列核电厂老化管理方面的导则。

　　作为世界上较早发展核电的国家之一,日本同样也面临核电厂老化问题,并且从老化管理与延寿的实践中受益颇多。日本福岛核事故正是发生在当日本福岛第一核电厂刚获得继续运行 10 年的延寿许可不久,然而一场 9.0 级大地震改变了一切。

（2）极端外部事件

2011 年 3 月 11 日,福岛第一核电厂采用的沸水堆堆型由于不具有非能动安全性,当遇到紧急情况停堆后,须启用备用电源驱动冷却水循环散热,但极端严重灾害(地震、海啸)及其叠加会导致堆芯失去强迫冷却手段,最终导致堆芯熔化和放射性泄漏。人们难以预期也难以阻止自然灾害,但可以在核电厂设计阶段加强多重极端灾害的安全评估工作,尽最大可能预防并减轻其危害。人们普遍认识到,未来核电厂厂址选择、设计和运行的安全评价中,应该考虑多重自然灾害或极端自然灾害叠加事故的可能性。

极端自然灾害及其次生灾害的叠加,或者恐怖袭击与人为破坏,往往具有很大的不确定性。例如,在发生极端外部事件同时又丧失安全系统,核电厂安全将面临极大的挑战。如何采取有效的技术策略处置这些外部事件诱发产生的严重事故,是福岛核事故给核能界带来的现实挑战。

（3）灵活的缓解策略

在超设计基准外部事件产生的各种影响中,长时间丧失交流电源(Extended Loss of Alternating Current Power, ELAP)和丧失最终热阱(Loss of Ultimate Heat Sink, LUHS)对反应堆安全冲击最大。福岛核事故后,美国 NRC 采取了一系列的安全改进行动,如 2012 年发布的《关于超设计基准外部事件缓解策略要求的许可证修改命令》(EA-12—049),要求美国核电厂提供一个增加缓解策略的综合计划,以增强超设计基准外部事件场景下应对厂址多台机组同时发生 ELAP 和 LUHS 的纵深防御能力。为此,美国核工业界开发了名为 FLEX 的缓解策略,核能研究院(Nuclear Energy Institute,NEI)牵头编制了《灵活多样的缓解策略(FLEX)实施导则》,被 NRC 采纳作为工业界落实 EA-12—049 要求的具体指导方法。

FLEX 策略的核心思想是不论事故初因和损害状态如何变化,关键在于采取一切可行的手段和可用的设备保持或恢复堆芯冷却、安全壳完整性和乏燃料冷却等关键安全功能。它与核电厂应急运行规程中采用的征兆导向的方法一脉相承,以便于利用 FLEX 策略对运行和应急响应体系中的规程提供支持。FLEX 策略的两个基本准则是,每个核电厂都应建立应对 ELAP 和 LUHS 同时发生的能力,应考虑厂址适用的外部灾害所致的威胁对 FLEX 的保护和部署策略实施评估。

FLEX 实施导则发布之后,美国各核电厂都提交了 FLEX 综合计划,并配备了相应的应急设备。其他各核能大国也都加强了国家危机应急组织、应急队伍和应急物资的建设和准备。中国各核电集团也于 2014 年签署了《核电集团公司核电厂事故应急场内支援合作协议》,中国政府于 2016 年发布了《中国的核应急》白皮书,建设了国家核应急救援队和国家核应急技术支持体系。

（4）纵深防御的反思

福岛核事故与以往发生的核事故相比,显著特点在于极端外部事件导致了厂址多台机组同时受损。它不仅反映出人们对极端自然现象认识的不足,也揭示了人们对纵深防御的认识还不够全面,主要表现在原来的纵深防御体系对严重事故的后果缓解研究不够,而过分注重事故预防,导致事故后的应急响应能力严重不足,在贯彻纵深防御过程中没有充分注意"安全措施的均衡性"。福岛核事故还揭示了人们在应用独立性和多样性原则来满足纵深防御各保护层次的可靠性要求方面尚存不足。在福岛核事故中各层保护并没有实现真正的独立,它们都被同一事件影响甚至损坏,属于典型的共因故障。

为此,各国纷纷对纵深防御这一核安全基本原则进行反思和研究。西欧核监管协会(Western European Nuclear Regulatory Association,WENRA)2013 年发布报告《新建核电厂设计安全》,重新建立核电厂的纵深防御体系,加强各防御层次的独立性,此外还通过多样性措施尽可能合理地实现整体上强化纵深防御的目的。如将堆芯熔化事故作为一个特定层次,将多重故障事件的应对由原来的第四层次调整到第三层次,与单一始发事件实现一个共同安全目标的两种状态。IAEA 在 2012 年出版的《核电厂安全:设计》中明确提出了"设计扩展工况(Design Extension Condition,DEC)"的概念,未来的设计基准范畴可能包含现在属于超设计基准事故范畴的某些事故,同时随着 PSA 技术的质量提升和大规模应用,可以更多地为评估纵深防御措施的适当性提供合理的技术基础。

(5) 合理可达尽量高

对严重事故进程的研究表明,所有内外部事件引发的严重事故都可以由 SBO 和 LUHS 来包络。为了进一步提高核安全水平,国内核安全领域业内人士建议在核电厂工况分类中应该体现对设计扩展工况和剩余风险的考虑。核电厂设计的包络范围应当扩大到设计扩展工况,包括核电厂系统设备多重故障状态,如 SBO 和 LUHS,除此之外还包括选定的严重事故和极端外部事件。对于剩余风险,需在核电厂安全设计中倡导合理可达尽量高(As High As Reasonably Achievable,AHARA)的核安全理念,即核电厂不应仅停留在满足法规要求的安全水平,应采取一切合理可达的现实有效措施,尽可能地提高核电厂安全水平。AHARA 是未来核安全持续改进的动力和基础,有利于促进最新技术和研究成果被用于持续提高核安全。福岛核事故后,我国把核安全提升到了国家安全的战略高度,明确采用国际最高的安全标准。

(6) 未来核安全之路

在核能技术方面,由于反应堆不断加入附加安全设施而变得越来越复杂,因此简化设计变得越来越重要。先进反应堆设计充分采用"非能动"安全系统,一旦遭遇紧急情况,不需要依靠交流电源和应急发电机,仅利用地球引力和重力等自然现象就可驱动核电厂的安全系统,带走堆芯余热,从而保证核电厂处于安全状态。逐步使用更安全的核电技术是必然的选择,这是在设计理念上的新认识。应加快革新核能系统研究,如四代堆、聚变堆,小型化和固有安全等设计理念应被更多应用到未来反应堆概念中,从而保证即使是最严重的事故,造成的事故后果和影响也能控制在有限的范围,甚至经过人们的努力彻底消除场外放射性释放可能。

在核文化方面,福岛核事故给安全文化再次敲响了警钟,一座核电厂能否安全运行不仅取决于其设计和技术,而且与其建造质量、运行管理和操作人员的能力素质密切相关。此外,任何事故的预防与缓解不仅取决于事先制定的应对策略,还取决于应急计划的执行能力和执行态度。除了加强核电行业从业人员的教育,提高公众对核安全的认知也是非常重要的任务。公众由于不了解核能而充满了恐惧感,由此引发的社会恐慌可能比直接危害更加严重,不仅影响经济发展,还可能会影响社会稳定。

对公众而言,什么样的核电厂是安全的? 未来的核安全,不仅要保护公众免受辐射伤害,还应最小化事故情况下放射性物质大量释放所带来的环境、社会、经济和政治后果,此时的核安全才可能是公众接受的。无论什么样的严重事故,只有不给场外人员和环境带来放射性危害,才可能改变人们心中对核电由来已久的成见。

综上所述,核安全是指保护人类和环境免遭辐射危害。它是一个相对的、变化的概念。

当我们衡量一件事情是否安全时,我们要对安全设定一个尺度。一个人在生活中可能遇到许多危险,比如地震、火灾、交通事故、爆炸、医疗事故和触电等。IAEA 在 INSAG—3 中指出,"无论怎样努力,都不可能实现绝对安全。就某种意义来说,生活中处处有危险"。正因如此,核安全的本质是控制风险达到可接受的水平。

实质上,核安全自"纵深防御概念"提出伊始就是哲学问题,几十年来人们从未放弃对于"多安全才是足够安全(How safe is safe enough)"问题的深入探讨。细致剖析核安全,不难发现其有如下几个方面内涵:

(1) 相对性。同安全概念本身一样,绝对的核安全是不存在的,这一点必须有所认识,否则可能有所误读。例如,2015 年国务院总理李克强在视察"华龙一号"时,强调核电发展必须"绝对保证安全"。需要注意的是"绝对保证安全",而非"保证绝对安全",两者存在着本质区别。

(2) 演进性。主要体现在安全目标、安全措施随时代发展和技术进步而变化,安全目标从第二代反应堆的 CDF 小于 10^{-4}/(堆·年)、LERF 小于 10^{-5}/(堆·年),到第三代反应堆安全目标为 CDF 小于 10^{-5}/(堆·年)、LERF 小于 10^{-6}/(堆·年),再到"实际消除大规模放射性释放可能性";纵深防御的层级从最初的三层逐步扩展到五层,以及扩展到五层后的进一步细化。为此,脱离时代发展和技术进步,妄谈核安全没有任何意义。

(3) 对象性。核安全具有明显的对象性,核安全的对象可以是设施周边人员、社会公众也可以是更大范围的生态环境,而且需要明确关注的究竟今日还是未来可持续。正是由于核安全明确的对象性带来了其"价值判断"的特点,关于其研究具有明显的伦理学、社会学和经济学等社会科学的特点。

(4) 可度量性。研究核安全必须为其提供一种可度量的、并且可以和其他进行比较的方法,可度量性也是核安全"事实判断"特点的体现。

从上述核安全内涵可以看出:核安全是一门融合自然科学和社会科学,以决策为根本目的的综合性学科,涉及伦理、社会、技术、经济等多层面。特别是后福岛时代,人们更加深刻认识到核安全不仅仅是技术问题,而且是社会问题,也是人类需要共同面对的问题。因此,人们往往通过设计手段提高核设施本身的安全,并保障其安全运行与退役,预防核事故的发生或降低其发生的可能性,即使发生核事故也通过严重事故管理和应急措施尽量缓解事故并降低其后果,在此过程中需借助相应安全分析方法(包括确定论和概率论)对核设施各阶段、各工况下的安全水平进行评价,同时加强对核安全的监管并推进安全文化建设,加强与公众沟通,提高公众的风险认知能力。

参 考 文 献

[1]　IAEA. Terminology Used in Nuclear Safety and Radiation Protection[R]. IAEA Safety Glossary 2016 Revision,2016.

[2]　Petrangeli G. Nuclear Safety[M]. Burlington:Elsevier Butterworth-Heinemann,2006.

[3]　Lee J C,Mccormick N J. Risk and Safety Analysis of Nuclear Systems[M]. John Wiley & Sons,Inc,2011.

［4］　Misumi J，Wilpert B，Miller R. Nuclear Safety：A Human Factors Perspective［M］. Taylor & Francis e-Library，2005.

［5］　朱继洲. 核反应堆安全分析［M］. 西安：西安交通大学出版社，2004.

［6］　濮继龙. 压水堆核电厂安全与事故对策［M］. 北京：中国原子能出版社，1995.

［7］　IAEA. Basic Safety Principles for Nuclear Power Plants［R］. INSAG—12，1999.

［8］　IAEA. Basic Safety Principles for Nuclear Power Plants［R］. INSAG—3，1988.

［9］　IAEA. Fundamental Safety Principles［R］. IAEA Safety Standards Series，Safety Fundamentals No. SF—1，2006.

［10］　IAEA. Summary Report on the Post-accident Review Meeting on the Chernobyl Accident［R］. INSAG—1，1986.

［11］　IAEA. The Chernobyl Accident：Updating of INSAG—1［R］. INSAG—7，1992.

［12］　范育茂. 核反应堆安全演化简史［M］. 北京：中国原子能出版社，2016.

［13］　吴宜灿. 福岛核电站事故的影响与思考［J］. 中国科学院院刊，2011，26(3)：271－277.

［14］　吴宜灿，等. 辐射安全与防护［M］. 合肥：中国科学技术大学出版社，2017.

第 2 章 核 设 施

核设施是人类为利用核能而建造的各种核能装置和燃料循环等设备设施。纵观核能发展历程,安全性和经济性始终是主导核能利用与核电生产的两个主要因素。每一次核事故的发生,都会引起人们对核安全的强烈关注,考验核设施结构设计与功能的安全性和可靠性,进而推动核能系统结构及其相关功能的不断升级换代。

本章从核设施及其分类开始,介绍典型核设施及代表性反应堆,在对反应堆原理进行介绍后,接着讲述核动力设施发展历程和趋势,最后引出人们在未来革新型反应堆方面的研究。

2.1 核设施分类

按照核能利用的过程及目的可将核设施分为:核动力厂(核电厂、核热电厂、核供汽和供热厂等);其他反应堆(研究堆、临界装置等);核燃料循环设施(核燃料生产、加工、储存及后处理等设施设备);放射性废物的处理和处置设施。

2.1.1 核动力厂

核动力厂(主要指核电厂)是指利用核能产生热能和电能的工厂。根据 IAEA 相关报告统计,截至 2016 年全球拥有核电厂 400 多座,见图 2.1(a),在建核电厂 60 多座,见图 2.1(b)。全世界运行的核电厂中压水堆占据了 60% 以上,其次为沸水堆和重水堆。这三种类型核电厂占在运核电厂数目的 90% 以上,其余主要是气冷堆及少量在研究中的实验快堆。

压水堆(Pressurized Water Reactor,PWR)核电厂是采用加压轻水作为冷却剂和慢化剂的热中子反应堆。压水堆的燃料一般采用低浓度铀。压水堆热传输通常采用两个循环体系,一回路将堆芯热量带出,并通过蒸汽发生器与二回路进行热交换;二回路水在受热后会产生蒸汽并带动汽轮机进行发电。

沸水堆(Boiling Water Reactor,BWR)核电厂与压水堆核电厂相同,均采用轻水作为冷却剂和慢化剂,冷却剂从堆芯下部流进,在堆芯内部受热变成蒸汽和水的混合物,然后经过汽水分离器和蒸汽干燥剂,用分离出的高温蒸汽来推动汽轮发电机组发电。

重水堆(Pressurized Heavy Water Reactor,PHWR)核电厂按其结构不同可以分为压力壳式和压力管式两种。真正实现工业推广的重水堆只有加拿大 CANDU 堆,用重水作为中子慢化剂,冷却剂可以采用重水、轻水、气体或有机化合物等。与压水堆不同,CANDU 重水堆采用压力管替代压力容器,能够在运行过程中直接进行换料。重水堆冷却剂在压力管中流动,带走热量,并在蒸汽发生器中与二回路交换热量,二回路则产生蒸汽推动汽轮机进行发电。

核动力厂是核设施中最重要的组成部分,是人们研究的焦点,其余大多数核设施都是依附于核动力厂而存在或者以为核动力厂提供服务功能为目的而进行研究和建造的。

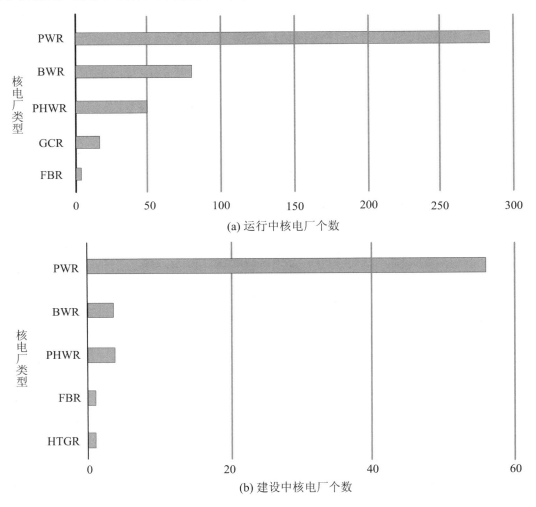

(a) 运行中核电厂个数

(b) 建设中核电厂个数

图 2.1　全球核电厂数量及类型分布

2.1.2　研究堆和临界装置

研究堆是用于进行核物理和粒子物理、放射化学、活化分析、材料测试、生产工业和医用放射性同位素等方面研究的反应堆。临界装置是专用于测量处于设计阶段堆芯布置方案的临界特性实验装置,广义上说研究堆包含临界装置。

研究堆主要包括试验堆和实验堆。试验堆全称研究试验堆,主要功能是从反应堆中引出中子和伽马射线,为科学试验和材料考验等提供支持。试验堆重要特征是其内部中子通量密度可以进行高低调整,用以满足不同试验研究要求。实验堆则是在商用或军用反应堆投入使用之前,验证其运行特性和材料性能的反应堆装置。建造实验堆有两个目的:一是积累反应堆电站设计、建造和运行经验;二是考验堆内结构材料辐照性能和燃料的燃耗性能等。通过实验堆可以与理论研究互相印证,对各种反应堆计算程序进行验证。

一个新型堆的开发要经过实验堆、原型堆和商业堆三个阶段,实验堆是最开始的一个阶段,只有在原型堆阶段,该堆型的设计方案才算成熟。在通过严格的许可证评审之后,就可以批量建设商业堆,创造经济价值。

根据潜在的放射性风险大小,研究堆和临界装置主要分为三类(表 2.1):

第一类"低风险"研究堆在事故状态下,只需利用停堆手段或负反馈效应就可以使反应堆可靠停堆并保持在安全停堆状态,不要求专设堆芯冷却系统。这类研究堆即使在厂房倒塌、堆水池或其他包容结构破损、堆芯或乏燃料裸露以及堆芯燃料存在重大破裂情况下也不违背相关研究堆安全目标。

第二类"中风险"研究堆在事故状态下,反应堆必须能可靠停堆并保持安全停堆状态,必须保证堆芯在限定时间内得到冷却。这类研究堆只要厂房不倒塌、堆芯水池或容器不丧失正常的密闭性、反应堆堆芯不裸露,堆芯流道不堵塞,就不违背相关研究堆安全目标。

第三类"高风险"研究堆在预计运行事件如厂用电源丧失的情况下,必须设置应急冷却,以保证堆芯余热的有效排出。在事故状态下,反应堆必须可靠地保持停堆状态,必须保证堆芯在规定时间内得到冷却。这类研究堆只有在反应堆厂房或包容体、堆芯或容器或其他包容结构不丧失正常的完整性与密闭性的情况下才能满足研究堆安全目标。

表 2.1 研究堆和临界装置分类及特点

类别	特点	功率范围	冷却方式
第一类:"低风险"类,又称常规的"工业风险"类,具有一般的厂内放射性潜在风险	功率低、剩余反应性低、裂变产物少的研究堆	小于 500 kW,如果具有较高的安全特性,功率范围可扩展至 1 MW	通常在自然对流冷却方式下运行
第二类:"中风险"类,具有较明显的厂内放射性潜在风险	功率、剩余反应性和裂变产物总量属于中等的研究堆	500 kW～10 MW	根据不同热功率水平,在自然对流方式或强迫循环冷却方式下运行
第三类:"高风险"类,具有较明显的厂内、外放射性潜在风险	功率、剩余反应性和裂变产物总量都较高的研究堆	10 MW 以上	一般在强迫循环下进行

2.1.3 核燃料循环装置

核燃料循环贯穿于核能利用的全过程,完善且先进的核燃料循环工业体系是核能可持续健康发展及高效利用的必备条件,可以对核废料等进行安全处置,减少排放。因此需要构建一套完整的核燃料循环体系,以满足核能的可持续发展性。

核燃料循环过程主要是指从核燃料矿石的勘探、开采到核燃料的"燃烧"利用,到核废物从反应堆中卸出,再到核废料的最终处置等一系列工业制备、生产利用和后处理过程。有两种循环类型:闭式循环和一次通过循环,以反应堆为界分为前段和后段。这两种循环在反应堆的前段没有太大不同,主要过程是矿源勘探、矿石开采、矿石冶炼、转化、浓缩提纯和燃料元件及组件的加工制造。在反应堆后面的阶段里,闭式循环的流程主要是首先从反应堆中卸出乏燃料、进行中间储存、后处理、对燃料进行回收再循环、对放射性废物进行处理和最终处置。回收的燃料可以在热中子堆(主要是轻水堆)和快中子堆(主要是快堆或加速器驱动次临界系统)中进行循环利用。对于"一次通过"循环流程来说乏燃料从反应堆中卸出后仅经过中间贮存和相应的包装之后便直接进行地质掩埋处理。

核燃料"一次通过"循环方式相对简单和经济,有利于防止核扩散,但存在核燃料资源得不到充分利用(铀资源利用率为 0.6%)、需要地质掩埋处理废物的体积太大及对环境安全构成长期威胁等问题。对于闭式循环(以铀为例),热中子堆乏燃料后处理可以将铀资源的利用率提高到20%～30%,同时显著减少需要地质处置高放废物的体积及其放射性毒性。采用快堆闭式循环可以使铀资源的利用率提高约 100 倍,计算表明,经过 12～18 次循环周期后,铀资源利用率可以从 0.6%提高到 60%。由此可以看出,大力发展快堆技术,利用其高效的燃料循环特性,能够充分利用稀缺的铀资源。

根据放射性物质总量、形态和潜在事故风险或后果,核燃料循环装置可分为四类,如表2.2 所示。

表 2.2　核燃料循环装置及特点

类别	特征	实例
一类	具有潜在厂外显著辐射风险或后果	后处理设施、高放废液集中处理、贮存设施等
二类	具有潜在厂内显著辐射风险或后果,并具有高度临界危害	离堆乏燃料贮存设施和混合氧化物(Mixed Oxide,MOX)元件制造设施等
三类	具有潜在厂内显著辐射风险或后果,或具有临界危害	铀浓缩设施、铀燃料元件制造设施、中低放废液集中处理、贮存设施等
四类	仅具有厂房内辐射风险或后果,具有常规工业风险	天然铀纯化、转化设施、天然铀重水堆元件制造设施等

2.1.4　放射性废物处理和处置设施

核设施在利用核能和进行燃料循环的过程中,会产生大量放射性物质,一旦泄漏必将对生态环境及人类生存带来重大影响,必须研制和建造放射性废物处理处置设施,避免核污染与核扩散。

人们把含有放射性核素或被放射性核素所污染,且预期不再使用的物质称为放射性废物。放射性危害包括物理毒性、化学毒性和生物毒性。放射性废物只有经过处理才能进行最终处置。处理和处置放射性废物的过程通常比较复杂,包括收集、浓缩、固化、贮存、运输和填埋等多种过程。按照功能可归纳为:废物贮存、废水固化、废气过滤、废物去污、废物减容、废物分离和循环、废物嬗变和各种废物运输与填埋等。为达到不同功能目的,可以采用多种设施设备和方法来进行处理,以废物去污为例,包括物理去污、化学去污、电化学去污、废金属熔炼等多种方法,每种方法使用的设备设施各不相同。下面介绍典型放射性废物处理设施:

（1）乏燃料贮存水池：用于湿法处理反应堆中取出的乏燃料，用水持续地冷却乏燃料散发出的衰变热，乏燃料贮存水池一般都有钢衬里防止泄漏。

（2）乏燃料贮存容器：将乏燃料放入钢制或者混凝土制成的容器内部，防止放射性物质泄漏，并利用通风结构导出衰变热。

（3）焚烧炉：对放射性废物进行焚烧，以达到减容目的。

（4）压实机：对放射性废物进行压实，减小放射性废物体积。

（5）水泥固化设施：将废物与水泥混合在一起，利用水泥的物理包容性和吸附作用来固结放射性废物。

（6）高放废液贮槽：采用多重屏障的设计思想，一般用不锈钢材质制作，用以贮存高放射性废液。

（7）焦耳加热陶瓷熔炉（电熔炉）：采用电极加热，炉体采用耐火陶瓷，包裹在气密性高的不锈钢容器里，将高放废液和玻璃生成剂放入容器内进行加热，实现高放废液的固化。

（8）冷坩锅：与电熔炉作用类似，采用高频（$10^5 \sim 10^6$ Hz）感应加热，炉体外壁为水冷管道和感应圈，在近冷却管低温区（<200 ℃）有一层 3~4 cm 厚的固态玻璃壳。

（9）废物处置场：将中低放射性废物在一个区域内采用多重屏障隔离模式，确保所包容的短寿命放射性核素能衰变到无害水平，长寿命放射性核素和其他有毒物质释放量极低，进入环境的浓度需要达到可接受水平。

（10）废物嬗变装置：目前正在进行研发中的加速器驱动次临界装置是此类的最典型代表，通过中子对高放射性乏燃料进行嬗变裂解处理。

从国内外现状来看，中低水平放射性废物处置技术相对成熟，对比于中低水平放射性废物处置而言，高放废物处置技术难点更多，很多处理设施和技术还在进一步研究之中。

2.2 裂变反应堆基本原理

在所有的核设施中，核动力厂因提供电能与热能而成为人们重点研究的对象，而核动力厂最核心的部分是反应堆装置。本小节主要对裂变反应堆的基本原理进行简要介绍。

2.2.1 中子链式裂变反应与临界

用于反应堆的核燃料一般是由易于发生裂变的重核元素构成，中子与重核元素发生碰撞后，重核元素就会以一定的概率发生裂变，裂为 2~3 块质量数较小的原子核，即裂变产物，同时释放能量。通常每次裂变会发射出 2~3 个次级中子。如果至少有一个中子继续引发另一次裂变，则核裂变过程将自动地稳定延续下去，即核裂变链式反应。

在反应堆中，裂变产生的中子一部分被反应堆系统吸收掉，另一部分泄漏出去，只有部分中子用于激发裂变反应。为实现自持链式裂变反应需要构建裂变、非裂变及泄漏等过程中中子产生率与消失率之间的比例关系。当核裂变产生的中子数大于等于消耗中子数时，链式裂变反应才能自动维持下去。

自持链式裂变反应通常用有效增殖因子 k_{eff} 表示：

$$k_{\text{eff}} = \frac{\text{新生一代中子数}}{\text{直属上一代中子数}} \tag{2.1}$$

在实际应用中,也利用中子的平衡关系中来定义核裂变系统的有效增殖因子:

$$k_{\text{eff}} = \frac{\text{中子产生率}}{\text{中子总消失率(吸收 + 泄露)}} \tag{2.2}$$

当有效增殖因子 $k_{\text{eff}} = 1$ 时,则表明中子产生率恰好等于中子消失率,裂变反应能够持续稳定地进行下去,此时链式裂变反应处于稳定状态,我们把这种系统称为临界系统。当有效增殖因子 $k_{\text{eff}} < 1$ 时,中子数目不断减少,链式裂变反应不能维持,该系统称为次临界系统;当有效增殖因子 $k_{\text{eff}} > 1$ 时,中子数目不断增加,引发强烈的裂变反应,我们把这种系统叫做超临界系统。通常用反应性 ρ 来描述系统偏离临界的程度,其定义为

$$\rho = \frac{k_{\text{eff}} - 1}{k_{\text{eff}}} \tag{2.3}$$

反应性控制是核设计关键问题之一,必须提供有效控制手段,实现反应堆的紧急控制、功率调节和补偿控制,防止超临界事故发生。稳定的裂变反应会持续产生热能,为有效利用热能,同时避免反应堆内部热量累积导致温度过高造成的反应堆损坏,还需要及时地将热能导出堆芯。

2.2.2 核热产生

核裂变过程中释放出来的能量分布与反应堆的结构设计有关,还受堆的类型、堆芯的形状以及堆内燃料、控制棒、慢化剂、冷却剂和反射层等因素影响。如 ^{235}U 原子核每次核裂变释放能量大约 200 MeV 左右,裂变碎片动能约占总能量 80%。表 2.3 以 ^{235}U 为例,给出了裂变能分配情况。

表 2.3 ^{235}U 裂变能分配情况

能量形式	能量/MeV
裂变碎片动能	168
裂变中子动能	5
瞬发 γ 能量	7
裂变产物 γ 衰变—缓发 γ 能量	7
裂变产物 β 衰变—缓发 β 能量	8
中微子能量	12
合计	207

裂变碎片在介质中的射程很短,可认为裂变能是在裂变发生位置进行释放的,在裂变碎片中,只有很少一部分会进入包壳内,但不会穿透包壳。裂变碎片动能能够转换成热能,并分布于燃料元件内。反应堆堆芯热源分布一般取决于中子通量密度的分布,裂变中子在和慢化剂碰撞中失去大部分能量,产生的热量分布取决于裂变中子平均自由程。裂变过程中产生的 γ 射线(包括瞬发 γ 射线和缓发 γ 射线)穿透能力很强,能够在堆芯、反射层、热屏蔽层和生物屏蔽层中转换成热能。高能 β 粒子在铀燃料内的射程也比较小,其能量大部分也

会在燃料元件内转换成热能,只有少部分高能 β 粒子穿出燃料元件进入慢化剂。

此外,裂变中子被反应堆结构材料及其他各类材料吸收后还能够引起 (n,α)、(n,γ) 反应并释放 $3\sim12$ MeV 左右的能量。这部分能量虽不是来源于核裂变能,但绝大部分会在堆内转化为热能。对于热中子反应堆来说,大约 90% 以上的总裂变能在燃料元件内转换成热能,大约 5% 的总裂变能在慢化剂中转换成热能,而余下约 5% 的总裂变能在反射层和热屏蔽等部件中转换成热能。

裂变产生的热量传输至堆外需依次经过燃料元件内的导热、元件壁面与冷却剂之间的对流换热和冷却剂将热量输送到堆外三个过程。依据热传导原理,核裂变产生的热量,依靠自由电子的运动,原子和分子的振动,从温度较高的燃料芯块内部传递到温度较低的包壳外表面再传递到相邻燃料元件的包壳。这种依靠物体各部分直接接触使热量传递的过程称为导热。对于燃料元件的芯块、包壳和堆内的其他部件,可以根据其结构、物性参数和边界条件等,用热传导方程解析出各自的温度场。对流换热过程主要发生在燃料元件包壳外表面与冷却剂之间,通过直接接触进行热交换。

为提高反应堆的经济性,需要在保证安全的前提下提高堆芯热功率密度。堆芯热功率密度与堆芯热量的输出能力密切相关,所以研究堆芯的热量传输能力(即堆芯的冷却问题)在反应堆安全分析中占有非常重要的地位。

在反应堆停堆后,热功率不会立刻降为零,而是按照负释热周期衰减。自持链式裂变反应虽然已经停止,仍有热量不断地从燃料通过包壳传递给冷却剂。此时堆芯释热主要由两部分组成:一是剩余裂变能,即缓发中子导致的裂变能;另一部分是衰变热,由 ^{239}U 和 ^{239}Np 等放射性核素衰变所产生。衰变热的计算可以用近似方法。假定反应堆在热功率 P 下运行 T 时间后突然停堆,停堆 t 时的衰变热功率 P_d 的半经验计算公式为

$$P_d = 5 \times 10^{-3} A \cdot P[t^{-a} - (T+t)^{-a}] \tag{2.4}$$

式中,P_d 为停堆后 t 秒时的衰变功率,P 为停堆前连续运行 T 时间的堆功率,A 和 a 为系数,见表 2.4。

表 2.4　公式 (2.4) 系数表

时间范围/S	A	a	最大正误差/%	最大负误差/%
$10^{-1} \leqslant t < 10$	12.05	0.063 9	4	3
$10 \leqslant t < 1.5 \times 10^2$	15.31	0.181 7	3	1
$1.5 \times 10^2 \leqslant t < 4 \times 10^6$	26.02	0.283 4	5	5
$4 \times 10^6 \leqslant t < 2 \times 10^8$	53.18	0.335 0	8	9

维持反应堆链式裂变反应必须控制反应堆的反应性和输运反应堆热量,这个过程需要系列工程技术工艺进行保证。从核能诞生以来,人们为此进行大量研究,建造各种类型的反应堆和核电厂,虽然工程设计与实施方案在不断地衍化与更新,但却始终围绕着安全产热与高效用热等方面。

2.2.3　核热传输与发电

不同种类的反应堆和核电厂,在工程原理和实现上存在差异,但目前在运和在建的裂变

核电厂其主体设计思路大同小异。压水堆核电厂是目前运行和在建数量最多的核电厂,本小节以压水堆核电厂为代表简要介绍其工作原理。

压水堆核电厂主要由堆本体、一回路、二回路、循环水系统、发电机、输配电系统及其他辅助系统构成。原理见图2.2。一回路、核岛辅助系统、专设安全设施和厂房称为核岛,二回路及其辅助系统和厂房等称为常规岛。余下其他部分统称为配套设施。核岛利用核裂变释热产生水蒸气,常规岛利用高压蒸汽推动发电机发电。

压水堆一回路通常由数条并联在堆容器上的封闭环路组成。每一条环路都有蒸汽发生器、核主泵及相应的管道组成。核主泵输送冷却剂流经反应堆堆芯,输运热量进入蒸汽发生器,经过壁面换热一回路的热量传给二次侧,冷却后的水在核主泵的驱动循环下再次回到堆芯进行换热,形成一次循环过程。二回路系统的主要作用是将蒸汽动力转化为电能,通过蒸汽驱动汽轮发电机组进行发电。做功后的水蒸气冷凝后输送回蒸汽发生器,通过不断循环输运热能。为保证一回路安全运行,核电厂一般还设置核辅助系统和专设安全设施。核辅助系统保证反应堆和一回路系统的正常运行。专设安全设施系统用于提供应急冷却,防止堆芯熔融事故的发生。

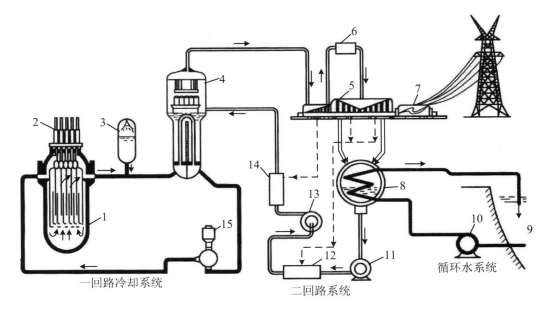

图 2.2　压水堆运行原理

1. 反应堆压力容器;2. 控制棒传动装置;3. 稳压器;4. 蒸汽发生器;5. 汽轮机;6. 汽水分离再热器;7. 发电机;8. 凝汽器;9. 循环水源;10. 循环水泵;11. 凝结水泵;12. 低压加热器;13. 给水泵;14. 高压加热器;15. 反应堆冷却水泵。

反应堆本体是压水堆核电厂的核心。由于压水堆技术相对成熟,不同类型压水堆本体结构大同小异,主要由堆芯、堆内构件、压力容器和控制棒驱动机构等组成,图2.3所示为典型二代压水堆本体纵剖面图。反应堆堆芯是核裂变反应及其热能释放的区域,由核燃料组件、控制棒组件和中子源组件等构成。

燃料组件由燃料元件、控制棒导向管、定位格架及上下管座和滤网等部件组成。燃料元件呈 17×17 正方形排列,每个组件内有 289 个位置,其中 264 个位置由燃料元件占据,其余为控制和测量等通道。冷却剂从燃料棒束围成的子通道流过带走热量。所有燃料组件结构和尺寸完全相同,包壳内装有不同 ^{235}U 富集度的二氧化铀芯块,在这里包壳是防止放射性向环境释放的第一道安全屏障。

控制棒组件在压水堆中一般通过控制棒导向管插入燃料组件之中,有两种:可燃毒物组件和阻力塞组件。可燃毒物组件用于抵消反应堆的剩余反应性;阻力塞组件则是为了填充燃料组件内的控制棒导向管,以便减少冷却剂的旁路。

中子源组件用于监督反应堆初始装料和为启动反应堆提供中子源,主要由控制棒驱动机构进行控制。

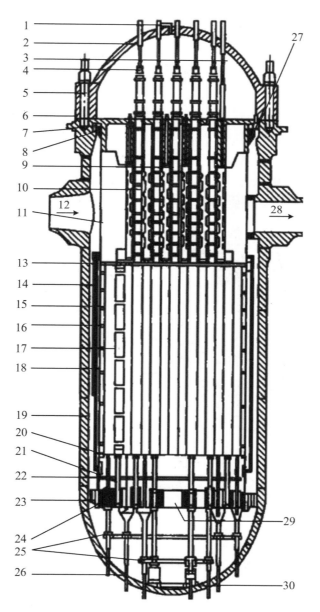

图 2.3　典型压水堆堆本体结构

1. 放气孔;2. 压力容器顶盖;3. 热电偶测量管;4. 接头;5. 压力容器主螺栓;6. 导向筒支承板;7. 压紧弹簧;8. 内支承凸缘;9. 支承筒;10. 导向筒;11. 堆芯吊篮;12. 冷却剂进口;13. 堆芯上板;14. 热屏蔽;15. 堆芯围板;16. 支承辐板;17. 燃料组件;18. 辐照监督管;19. 压力容器筒体;20. 堆芯下板;21. 堆芯支承柱;22. 流量分配板;23. 径向支承块;24. 堆芯支承板;25. 连接板;26. 子通量密度测量管;27. 对中销;28. 冷却剂出口;29. 入孔;30. 安全支承缓冲器

核电厂中,除反应堆本体结构外,反应堆冷却系统同样非常重要。以 AP1000 核电厂为例,其冷却系统包含两个环路,环路上的关键部件有蒸汽发生器、主管道、冷段主管道、主泵组及稳压器。此外还有其他连接管、阀门、操作控制及保障措施的设备。所有一回路设备均位于反应堆安全壳中(见图 2.4),其中蒸汽发生器是整个冷却系统中的核心部件。

蒸汽发生器在扮演着热量传递角色的同时,也是一、二回路之间第二道防护屏障,需要具备阻止具有放射性一回路冷却剂水和其他放射性物质外泄的能力。

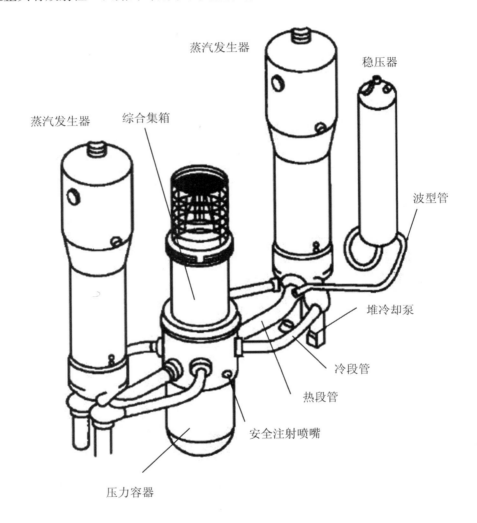

图 2.4 AP1000 反应堆冷却系统

蒸汽发生器主要由蒸发段和汽水分离段组成,例如大亚湾核电厂的蒸汽发生器的结构就是如此。蒸发段包括下封头、管板、U 形传热管、管束套筒和支撑隔板;汽水分离段包括一级分离器、二级分离器、给水环管和限流器(见图 2.5)。

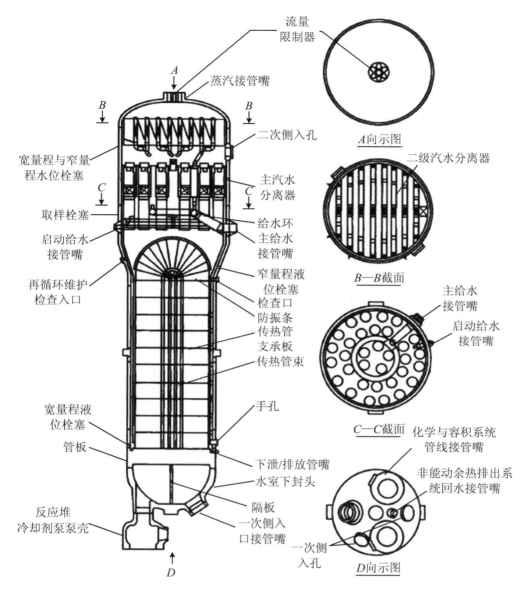

图 2.5 压水堆蒸汽发生器结构

2.3 反应堆演变历史和发展趋势

2.3.1 反应堆演变历史

从 20 世纪 50 年代开始,核电厂的发展经历了第一代到第三代的演变。目前,第四代核电厂也在加速研究之中。

第一代核电厂的主要目的是为了验证核能发电的技术可行性与可靠性。其中主要以美国希平港核电厂、印第安角一号核电厂、德国奥利海姆核电厂、法国舒兹核电厂和日本美浜一号核电厂等为代表。

二代核电厂在第一代原型核电机组的基础上,实现了商业化、标准化、系列化和批量化,核电厂的经济性有了较大地提高。从 20 世纪 60 年代后期,国际上陆续建成电功率在 30 MW 以上的压水堆、沸水堆和重水堆等核电机组,使得核电开始迈入商业应用时代,在经济性上能够与传统发电手段相互竞争。20 世纪 70 年代,石油危机爆发加快了二代核电厂技术的发展,目前世界上共有 400 多座核电机组,绝大部分都是在此期间建造完成。

为提高核电厂安全性,人们开始设计新一代的核电厂。随着一系列核安全标准与法规的相继出台,核电厂的安全性和经济性开始有了系统化的定量评估标准与规范。美国于 20 世纪 90 年代推出"先进轻水堆用户要求"文件(即 URD 文件)。欧洲也给出"欧洲用户对轻水堆核电厂的要求"(EUR)文件。国际原子能机构制定了核安全法规(NUSS)系列,加强了对严重事故的防范与缓解,提高安全可靠性和改善人因工程等方面要求。

二代堆后期堆型与初期相比,在各方面都有较大提升。部分核电国家仍在推进二代堆的升级和延寿研究与计划,使其发挥更大的经济价值。二代核电厂包含压水堆(PWR)、沸水堆(BWR)、重水堆(PHWR)、苏联压水堆(VVER)和石墨水冷堆(RBMK)等不同类型。

二代核电厂经过多年的发展相对成熟,在很长一段时期内无重大事故发生。但是 2011 年日本福岛核事故的发生,使得国际社会对核电安全性又有了新认识,提出了更高的要求。

国际上,人们将满足 URD 或者 EUR 评价标准的核电厂称为第三代核电厂。第三代核电机组对比第二代,其安全性和经济性有了进一步的提高。第三代核电厂采用了非能动安全系统,利用重力、对流和扩散等原理,给核电厂反应堆配备了不需外动力源驱动的非能动安全系统。不仅使得设备简化,事故发生的概率有了进一步降低,而且节省成本,提高了经济性。总体来说,第三代堆与第二代相比在安全性和经济性上都取得了较大突破。目前国际上主要的第三代核电厂如表 2.5 所示。

表 2.5　第三代主流核电厂

名称	单位	堆型	功率/MW	技术
ABWR	General Electric	沸水堆	1 350	改进型沸水堆
AP600	西屋公司	压水堆	610	具有非能动安全系统
AP1000	西屋公司	压水堆	1 090	具有非能动安全系统
EPR	Framatom ANP	压水堆	1 600	大功率和强化专设安全系统
SWR1000	Framatom ANP	沸水堆	1 013	满足 EUR 要求
System 80＋	原 ABB—CE	压水堆	1 350	满足 NRC 文件要求
ESBWR	General Electric	沸水堆	1 380	无再循环泵,自然循环,非能动安全系统

名称	单位	堆型	功率/MW	技术
GT-MHR	美、俄	高温气冷堆	288	使用武器钚作为核燃料,模块式反应堆
IRIS	西屋公司	压水堆	300	模块式,一体化反应堆
ACR1000	加拿大原子能	重水堆	1 200	结果简单,效率高,造价降低、引入非能动
CAP1400	国家核电	压水堆	1 400	基于 AP1000 技术国产化核电机组
华龙一号	中广核/中核	压水堆	1 000+	基于 AP1000 和 EPR 技术,同时满足 URD 和 EUR

三代堆在安全性方面得到了提高,但考虑到铀矿资源并不是取之不竭用之不尽,其铀矿资源的利用率和燃料增殖方面相比二代堆并无多大优势。安全方面,非能动系统提高了安全设施的可靠性,使得严重事故发生的概率变得很低,但是并不能消除反应堆内的固有危害,仍存在发生严重事故的可能。人们为实现核能的可持续发展,兼顾反应堆固有安全特征,提出四代堆概念和设计,包括超高温气冷堆、气冷快堆、熔盐堆、钠冷快堆、铅冷快堆和超临界水堆在内的六种代表性的堆型。

2.3.2　反应堆发展趋势

随着国际社会深度变革,核电又面临着新的契机。由于化石燃料的不断消耗,地球上的二氧化碳浓度不断增加,大量的温室气体使得全球气候面临前所未有的挑战。2015 年,巴黎气候变化大会通过全球气候新协定,近 200 个缔约国共同承诺,共同应对气候变化威胁,减少温室气体排放,核能由此成为替代化石能源最佳的选择。

如今,国际上新建核电厂开始转向第三代核电技术,甚至第四代技术。在新型核能技术发展初期,其升级换代必然导致设计与建造成本的提高,导致与其他能源形式相比没有竞争优势,新一代核电的经济性将暂时受到较大的挑战。根据目前正在开工建造的三代核电厂情况分析表明其结构设计、设备制造、土建安装等技术要求和难度都有普遍提升,使得建造成本大幅提升。此外,美国页岩气技术革命的出现,使得天然气发电成本下降;世界经济发展放缓,传统化石能源(煤炭、石油等)价格持续大幅下跌,火力发电成本也在逐步降低;其他种类的新能源,比如风力发电和太阳能发电的装机量也在近些年取得了飞速的发展。核能的发展在近些年面临更多的挑战。核动力厂的发展趋势可以总结为以下几个主要方面:

(1)提升安全水平,降低堆芯熔化和放射性泄漏风险及严重事故发生概率。三代核电与二代核电相比,极大提高了堆芯热工的安全裕量(大于 15%),提升了机组的固有安全水平;增加预防和应对事故相关安全措施;各核电机组都采取了针对严重事故的预防和缓解措施。

(2)降低核电建设和退役成本,提高经济性。AP1000、CAP1400 为了降低建造成本均采用简化安全系统配置的理念,减少安全设施的辅助系统,取消大部分的能动安全设备,如安全级应急柴油机等。设备的精简同时也能带来其他好处,如工艺布置简化、施工量减少。大量模块化制造和施工技术的采用,极大缩短了建造周期。第三代反应堆还有更久的设计寿命和机组可利用率,普遍寿命在 60 年左右,较二代机组的 40 年取得了大幅提升,此外,机组利用率普遍在 90% 以上。新建的核电项目还采取了设计与管理的标准化、集中采购设备、优化融资成本等措施,以进一步降低建设成本,提升经济性。

(3)减少核废料产生,尤其是高放核废料和长寿命核素产量,优化核废料处理方案,降低对人员和环境的辐射危害。三代反应堆例如 EPR 和 CAP1400 等均可以装置钚铀氧化物混合燃料,一定程度上提高了核燃料的利用率。三代机组的换料周期普遍由二代机组的 12 个月提升至 18 个月,使得乏燃料中低放射性废物数量和工作人员接受剂量的次数与数量都相应降低。此外,三代核电加强了对乏燃料中低放废料的处理,减少了核废料的质量和体积。

(4)开发模块式多用途中小型反应堆。现代中小型反应堆一般采用"设计安全"原则,其安全性比三代反应堆更高,不会发生大破口失水事故,而且小型堆可以进行埋地设计或者浸泡在水池之中,从而能够确保堆芯冷却。另外小型堆适应性更强,对厂址的选择要求低,可以为偏远的地区带来急需的电力供应。小型堆有更广泛的工业用途,如核能制氢、原油提纯、煤炭液化、热电联产、工业供热和海水淡化等。中小型堆更易于进行模块加工,其电厂建设周期大幅减少,能从一般压水堆核动力厂的 60 个月降低到约 36 个月。目前世界上正在研发和进行商业推广的小型堆主要包括美国的 NuScale、mPower 和 Westing-house SMR;俄罗斯的 BREST 和 SVBR;中国的 ACP100 和韩国的 SMART 等。可以预期在核电发展的将来,中小型反应堆将会以诸多独特优势在世界的核电领域占有举足轻重的地位。

(5)加强核安保,防止核扩散和恐怖袭击。因为核设施在国际舆论上具有高影响性,容易成为恐怖分子的袭击目标,核安保工作在任何国家都受到了极大的重视。目前各国正在开发中小型反应堆和第四代反应堆,都具有较好的防核扩散功能。大型反应堆则通过设置双层安全壳、混凝土屏蔽厂房等来防止商用大飞机恶意撞击等恐怖袭击活动对反应堆的破坏。

(6)开发更先进核能系统。预计 2030 年左右将完成第四代核能系统的开发,四代核能系统主要以实现裂变能的可持续发展为目标,核动力厂的安全性将会进一步提高,未来聚变能商用之前,这将是解决人类的能源问题,让核电成为更清洁和高效能源的重要途径。

系列革新型反应堆的提出为人们进一步利用核能和推动核能工业良性发展提供了新的技术手段,下一节将系统介绍革新型反应堆。

2.4　革新型反应堆

第三代核电厂已经开始建造和推广,第四代核电也引起了人们的广泛关注。第四代核能系统国际论坛(Generation Ⅳ International Forum, GIF)组织发布了 6 种四代反应堆,第四代核电与第三代相比从理念上进行了革新型的改变。本小节对典型四代堆和其部分安全设计理念进行简单介绍,并且对未来更先进的加速器驱动次临界装置、聚变裂变混合堆和聚变堆进行简单介绍。

2.4.1　第四代反应堆

在 2001 年,美国组织韩国、英国、瑞士、加拿大、巴西、日本、法国等 10 国及欧洲原子能共同体成立了第四代核能系统国际论坛,第四代核能系统的研发开始步入国际合作模式,并于 2002 年发布了《第四代核能系统技术路线图》。根据 GIF 组织在 2014 年发表的四代堆发展路线图显示,铅冷快堆(Lead-cooled Fast Reactor,LFR)研发进度较快,其次为钠冷快堆(Sodium-cooled Fast Reactor,SFR)。其他堆型如气冷快堆(Gas-cooled Fast Reactor,GFR)、超临界水堆(Supercritical-water-cooled Reactor,SCWR)、熔盐堆(Molten Salt Reactor,MSR)和超高温气冷堆(Very-high-temperature Reactor,VHTR)的相关技术也在发展之中,图 2.6 是 GIF 给出的第四代堆发展路线图,其中铅基堆是首个有望实现商用化的反应堆堆型,下面将简单介绍这六类堆型(顺序不分先后)。

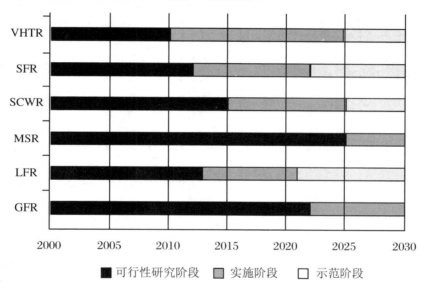

图 2.6　GIF 四代堆发展路线图

1. 气冷快堆

气冷堆的研究始于 20 世纪 50 年代,气冷堆是国际上反应堆发展中最早的堆型之一。高温气冷堆是在早期气冷堆和改进型气冷堆的基础上发展起来的,始于 20 世纪 60 年代。英国于 1960 年率先建造实验高温气冷堆——龙堆(Dragon),美国于 1967 年建成桃花谷高温气冷堆。不管是气冷快堆还是下面要介绍的超高温气冷堆都是在此基础上发展而来。

气冷快堆(见图 2.7)是高温氦气冷却快中子谱反应堆,具有闭合燃料循环特征。冷却剂出口温度能够达到 850 ℃,通常采用布雷顿循环气体透平机进行氦气的循环。出口温度高,可以实现高效率发电和制造氢气,并且能够对锕系元素进行处理。

气冷快堆主要优点是冷却剂在高温下的化学惰性及低中子慢化特性。气冷快堆需要解决的关键技术主要是堆芯衰变热的余热排出、核燃料循环技术及用于气冷快堆的燃料元件制造技术等。法国对此领域最感兴趣,计划在 2030 年掌握核废料嬗变技术,此外瑞士也是投入气冷快堆较多的国家。气冷快堆和后面要介绍的超高温气冷堆比较接近。

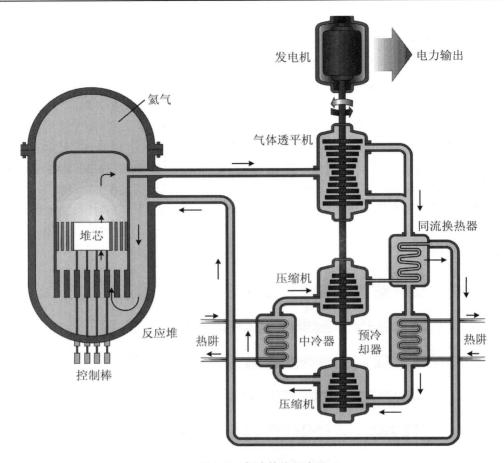

图 2.7　气冷快堆示意图

2. 铅冷快堆

　　铅冷快堆是指采用铅或铅铋合金作为冷却剂的快中子反应堆,通常又称为铅冷反应堆,其研究始于 20 世纪 50 年代的苏联,苏联于 1963 年建成世界上第一艘利用铅铋合金作为反应堆冷却剂的核动力潜艇。该堆型现已被 GIF 选为第四代核能系统主推的先进堆型之一。

　　典型的铅冷快堆(见图 2.8)通常包含:铅基反应堆堆芯、蒸汽发生器、冷却剂泵、换料装置和堆外壁。铅基堆中没有中子慢化剂,因此中子能谱范围广,能够直接使用天然铀或者MOX 燃料。铅冷快堆布局紧凑,容易实现小型化。

　　铅冷快堆安全优势表现为以下几个方面:冷却剂的熔点低,沸点高,反应堆可以在低压状态下运行,减轻了冷却剂管道破口的风险;冷却剂的化学稳定性好,与空气和水反应弱,不存在沸腾、燃烧和爆炸等危险现象;载热能力强,因有良好的膨胀特性,自然循环能力强,通过自然循环方式可对事故工况下的余热进行非能动排出;铅基反应堆能够实现闭式燃料循环,极大地降低了放射性废物的危害。虽然铅及其合金的化学稳定性较好,但与结构材料相容性问题需要解决,冷却剂流动传热特性及化学工艺控制等关键问题也需要加以验证和解决以确保反应堆安全。由于铅的中子散射性能好,与加速器装置结合构成加速器驱动的次临界系统,能够嬗变长寿命核废料,对核能可持续发展意义重大。

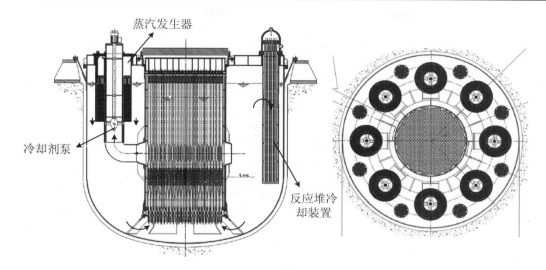

图 2.8　ELFR 结构示意图

21 世纪以来,国际上积极开展铅或铅铋反应堆研究的国家有俄罗斯、美国、欧洲、韩国、日本及中国。目前,俄罗斯正投入新型反应堆 SVBR 和 BREST 的研制。美国也一直在积极探索铅铋冷却反应堆的应用,目前已给出 STAR 反应堆的设计方案。欧洲是铅基反应堆发展最为活跃的地区之一,目前已经建成了包括零功率堆、大型集成实验装置在内的一系列实验平台,规划在瑞典建造欧洲培训用铅冷反应堆(ELECTRA),在比利时建造 ADS 反应堆(MYRRHA),在罗马尼亚建造欧洲铅冷示范堆(ALFRED),并开展了欧洲铅冷原型反应堆(PROLFR)和欧洲铅冷商业反应堆(ELFR)的设计工作。韩国和日本也分别提出了铅基堆研究计划,提出 PEACER 堆和 OMEGA 堆的概念设计。中国科学院 2011 年启动战略性先导科技专项"ADS 嬗变系统",致力于自主发展 ADS 系统从试验装置、示范装置到全部核心技术和系统集成技术。中国铅基反应堆 CLEAR(China LEAd-based Reactor)被选作 ADS 次临界系统反应堆参考堆型,为第四代铅冷快堆(LFR)发展提供技术积累。

3. 熔盐堆

20 世纪四五十年代末期飞机推进装置研究中提出了熔盐堆概念,主要是美国空军为轰炸机寻求航空核动力。熔盐堆主要有两种类型,一种是液态燃料熔盐堆,其中不再使用固体燃料芯块,而是将易裂变的可增殖材料溶解在氟盐之中。这种方式杜绝了发生固体燃料元件破损,堆芯熔化的可能性。另一种是固态燃料熔盐堆,类似于高温气冷堆的包裹性燃料小球。

液态熔盐堆(见图 2.9)是将钍或铀溶解在氟化锂、氟化钠等氟化盐中形成融合物作为燃料,工作原理与常规固体燃料反应堆不同。液态燃料熔盐在堆芯处发生裂变反应释放热量,并被自身吸收、带走,不需另外的冷却剂,液态燃料熔盐既是载热剂,又是释放核热的热源。不同于其他固体燃料,是一种新的核反应堆燃料利用模式。

熔盐堆安全优势主要有:常压运行,无换热器破口和冷却剂丧失等严重事故;负的温度系数和空泡系数;可以使用钍基燃料,实现核燃料的循环,提高核燃料的利用率。为提升熔盐堆的安全特性还需要解决熔盐核燃料放射性隔离、结构材料相容性等问题。

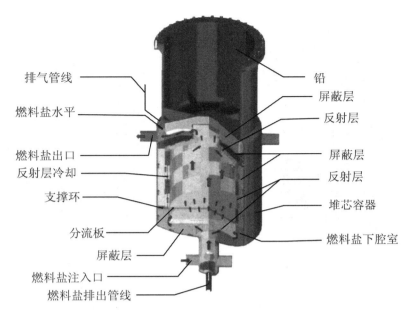

排气管线
燃料盐水平
燃料盐出口
反射层冷却
支撑环
分流板
屏蔽层
燃料盐注入口
燃料盐排出管线

铅
屏蔽层
反射层
屏蔽层
反射层
堆芯容器
燃料盐下腔室

图 2.9　熔盐堆概念设计模型

欧洲和俄罗斯在熔盐堆研究方面更着眼于长期的、基础性问题探索,重点关注液态燃料熔盐堆。印度与日本、韩国都已启动相关研究。中国科学院于 2011 年也部署了战略性先导科技专项,致力于发展液态燃料和固态燃料两种熔盐堆技术。

4. 钠冷快堆

1946 年,美国建成世界上第一座快堆。目前世界各国共建成 24 座快堆,大部分快堆使用液态金属钠作为冷却剂。20 世纪 70 年代的石油危机,加快了快堆商用化进程。俄罗斯 BN350、BN600、法国的凤凰快堆、英国 PFR 和日本的 MONJU 等反应堆被陆续构建起来。钠冷快堆是采用液态金属钠为冷却剂的快中子反应堆,按主系统结构来分,钠冷快堆有两种类型:回路式和池式。钠冷快堆一般包含三条回路(见图 2.10),池式钠冷快堆是整体浸泡在钠池之中,其一回路无明显管道结构,而是被冷热池所代替。钠泵在底部不断驱动冷池中的液态钠流入堆芯受热,流出堆芯冷却剂温度升高与插入钠池中的热交换器进行换热,将热量交换给二回路,经过换热器后冷却钠流体流入冷池,由此形成一个主系统循环。二回路高温钠则对三回路水进行加热,产生的水蒸气推动汽轮机进行发电。

钠冷快堆的主要特点与安全优势有:钠中子具有吸收截面小和散射慢化能力不强等适用于快堆的性能;液态金属钠热导率高,是水热导率的百倍以上,堆芯和燃料不会出现过热情况,当一回路冷却系统发生停堆事故时,堆芯余热能够很快排出。钠冷快堆常压运行,不需要为获得更高出口温度而加压。相比高压系统管道或容器破裂,钠冷快堆不大可能会因冷却剂丧失导致堆芯裸露;快堆运行工况下,钠的运动黏度不大,流动性好,温度升高时,钠具有良好的热膨胀特性,利用该优点可实现非能动事故余热排出。

钠的化学性质非常活泼,与氧或水容易发生剧烈的化学反应。这给工艺系统和设备研制提出了挑战,需要严防钠的泄漏,防止其与空气和水接触反应。由此增加了反应堆的复杂性,增加了研制成本,需要攻克的技术增多。作为第四代核能系统的选项之一,还需要在降低成本方面开展大量设计验证工作。

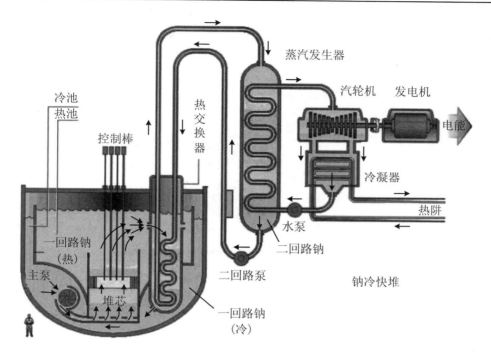

图 2.10 钠冷快堆运行原理

国际上有法国、俄罗斯、印度、中国、韩国和日本开展了商用示范快堆的设计研制工作。俄罗斯建造的商用示范快堆 BN800 于 2015 年 12 月并网发电。全世界钠冷快堆运行年数累计超过 430 堆年，钠冷快堆技术得到了工程验证。世界上功率最大的钠冷快堆就是法国超凤凰堆(1 200 MW)。我国在 20 世纪 60 年代中期就开始了钠冷快堆技术研究，经过几十年的技术积累，于 2010 年完成了我国第一座钠冷快堆——中国实验快堆(CEFR)的建成并达到首次临界。

5. 超临界水堆

20 世纪 60 年代，超临界流体用于核反应堆技术的设想在美国和苏联开始出现，直到 90 年代才引起人们的关注，真正的研发活动起始于 1989 年的日本。90 年代末期开始，欧洲、美国、加拿大及韩国等开始在第四代核能系统框架下开展超临界水冷堆的研发工作。超临界水堆(SCWR)是一种在高于水的热力学临界点(374 ℃,22.12 MPa)工况下运行的高温高压的轻水堆，是在综合了现有轻水堆和超临界火电机组基础上发展起来的革新型核能系统。典型的超临界水堆核电厂的运行示意图见图 2.11。超临界水堆与压水堆相比极大地简化了一回路冷却系统，取消了二回路系统，超临界水直接输送到主汽轮机进行发电。

在安全理念上，超临界水堆最大的优点是固有安全性得到了提高。与压水堆相比，超临界水堆的冷却水在高温高压下不存在相变，超临界水的物性连续变化，整体传热性能获得了提高。超临界水堆主要沿用压水堆和沸水堆技术，但仍需开展大量的研究和验证。堆芯性能验证和结构材料研发是超临界水堆突破的关键，正的反应性温度系数控制及非能动系统的可靠性和安全性也是需要解决的重点问题。

目前，各国提出的超临界水冷堆概念设计有 10 多种，在中子能谱、慢化剂和燃料组件结构等方面有所不同。

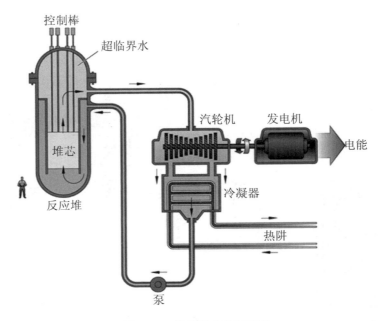

图 2.11 超临界水堆运行图

6. 超高温气冷堆

超高温气冷堆(VHTR)是高温气冷堆(HTGR)渐进式开发过程中下一阶段的重点研究对象。VHTR 的设计依赖于 HTGR 的设计研发。VHTR 与 HTGR 本质没有多大区别,差异主要体现在出口温度上。目前高温气冷堆的出口温度可以达到 950 ℃,与超高温气冷堆规定的最终目标 1 000 ℃ 已经相差不远。

超高温气冷堆是一种采用氦气为冷却剂,以石墨为慢化剂的反应堆。根据其堆芯形状,可以分为球床高温气冷堆和棱柱状高温气冷堆。

常见的高温气冷堆结构见图 2.12,冷却剂选用的是氦气,燃料元件是全陶瓷包覆的颗粒球(TRISO),慢化剂是石墨,还包含活性区、控制棒、停堆系统、堆内构件等部件。氦气在风机的驱动下进入堆芯把裂变热输送到蒸汽发生器,热量进一步传递给二回路水用于驱动发电机发电。

超高温气冷堆的安全特性主要有:① 单位体积功率密度小,采用 TRISO 燃料元件,在 2 100 ℃ 的高温下,该燃料元件仍能保持完整性,破损概率在 10^{-6} 以下。② 在事故工况下,依靠较大的负温度系数和温度裕度能够实现自动停堆,堆芯熔损的概率小于 10^{-7}。③ 氦气是惰性气体,具有很强的化学惰性,不易与其他物质发生反应,与反应堆结构材料之间也不会发生腐蚀作用,同时,由于氦气对中子吸收截面小难活化,放射水平极低,对人员不会带来辐射危害。④ 多重屏障设置能有效地防止放射性释放。VHTR 要达到工业化规模生产还有一些关键技术需要突破,如 TRISO 的最高限制温度需要从目前的 1 600 ℃ 提高到 1 800 ℃。

从 20 世纪 90 年代至今,国际高温气冷堆研究主要有我国建设的 10 MW 的高温气冷实验堆(HTR)和日本建造的 30 MW 的高温气冷实验堆(HTTR),这两个反应堆目前都在运行中。在高温气冷堆方面我国处于世界领先地位。此外,美国也有相应的反应堆 NGNP 用以开展相关研究。

在高温气冷堆的基础上,超高温气冷堆是第四代堆的主选堆型之一,由于其超高温特性,对反应堆材料的性能要求很高,对系统的密封性要求高,相关技术不够成熟,缺乏相关经验。一旦技术得到突破,超高温气冷堆的用途非常广泛的。可以向高温、高耗能产业供热,也可以与发电设备组合满足热电联产的需要,还可广泛供应于石油化工、煤的汽化液化等需要大量高温工艺的部门,还可以提供城市供暖和海水淡化,特别是用来作为制氢的能源。

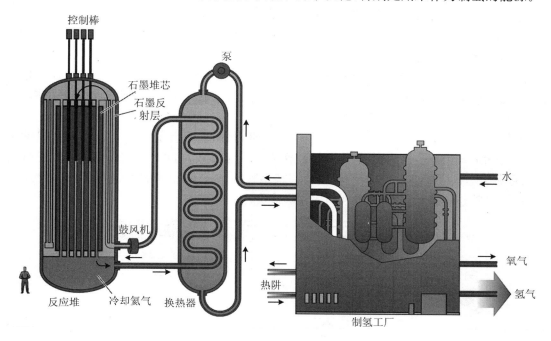

图 2.12　高温气冷堆结构图

　　总体来说第四代核能系统主要特性有:① 可持续发展性,具有完整的核燃料循环能力,能够实现核燃料的增殖,减少核废料产生,对核废料进行处理;② 安全性更高,四代核能系统具有显著的固有安全特征,发生严重事故的概率极低,在运行的可靠性方面明显优于现有堆;③ 更高的经济性,在反应堆寿期内其经济性明显优于现有核能系统,具备与其他能源竞争能力;④ 防止核扩散。

2.4.2　未来新概念

　　人们在大力发展核电的同时还面对着核电产生的核废料,特别是对长寿命核废料处理与处置,已成为世界性难题。加速器驱动次临界装置利用嬗变原理可以解决这一突出矛盾。不过可供裂变使用的矿产资源在地球上总是有限的,因此利用聚变释放的巨大能量成为人们研究的下一个焦点。聚变能目前基本上采用氘氚反应,氘可以从占据地球总面积四分之三的海洋中提取,可以认为是取之不尽。氚主要从资源比较丰富的锂中提取,不过由于聚变堆是一种增殖堆,聚变中子可以产生更多的氚,因此很多人认为发展聚变能最终能够解决人类的能源问题,获得近乎无限的能源供应。

1. 加速器驱动次临界系统

　　从 1990 年开始,随着加速器技术的发展,世界上许多国家纷纷加入加速器驱动次临界系统(Accelerator Driven Subcritical Systems,ADS)的研究行列。ADS 利用中子轰击将乏燃料中长寿命、高放射性核素转变成低放射性核素并产生能量与新的核材料,是一种能够有效处理核废料的革新型先进核能系统。ADS包括高功率粒子加速器、散裂靶和次临界反应堆三大部分,原理如图2.13所示。

带电粒子(质子或电子)经高功率粒子加速器加速后,在偏转磁场引导下,沿着真空束流管道进入反应堆堆芯,通过轰击散裂靶产生中子,接着这些散裂中子与核燃料发生作用,驱动次临界反应堆运行。

为尽可能多地产生散裂中子,需要将带电粒子能量加速至几百MeV～几GeV,束流强度达十几mA。散裂靶材料普遍选用重金属元素或其合金(有钨、钽、铀、铅及铅铋合金等)。由于高能强流束流轰击散裂靶时产生高密度的热量,散裂靶及其结构材料设计至关重要,常见散裂靶主要有固态、颗粒流态及液态三种形式。

在紧急事故工况下,ADS不需要通过控制棒进行停堆,只要关闭入射粒子束流即可实现停堆,且用时非常短,仅为毫秒级。由于散裂中子能谱较宽,ADS系统可优化次锕系核素、长寿命裂变核素,改变高放射性核废料与核燃料的种类与比例,进行高放核废料嬗变的同时对核燃料进行增殖,提高资源利用率和经济性。

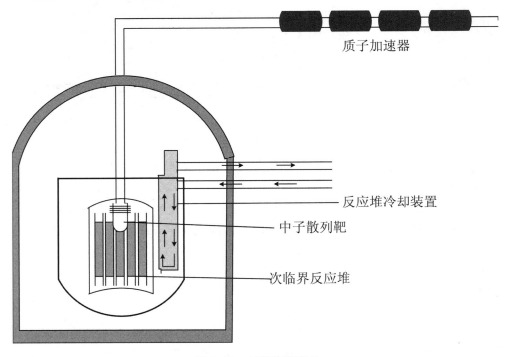

图2.13 ADS装置原理

2. 聚变堆

利用聚变能生产电能(或提供动力、供热等)的聚变堆称为聚变动力堆,聚变堆实现的方式包括磁约束核聚变和惯性约束核聚变。目前,人类开展研究更多的还是基于磁约束托卡马克装置,唯一在建的聚变堆结构就是采用托卡马克装置,因此本小节主要对基于托卡马克装置的聚变堆进行简单介绍。

托卡马克装置主要包括托卡马克主机和外部辅助系统。托卡马克主机主要包括包层、偏滤器、真空室、冷屏、恒温系统、磁体系统等部件,其中包层是将聚变能转变成电能和产氚的核心部件;外部辅助系统有等离子体加热和电流驱动系统、燃料循环系统和氚工厂、制冷和低温系统、传热回路系统、蒸汽与动力、电源系统、诊断与控制系统及转换系统等。本节简要介绍动力堆的能量转换与发电、氘燃料循环原理。

（1）能量转换与发电

动力堆内的等离子体不断发生热核聚变反应,通过热辐射和中子动能等方式将热量沉积在包层和偏滤器上,利用冷却剂的流动将这些热量带出包层用于发电和供热。聚变堆的工作原理如图 2.14 所示。

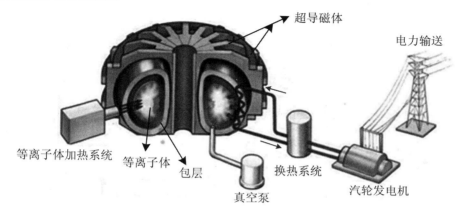

图 2.14　聚变堆工作原理示意图

包层系统由包层模块、包层辅助系统、动力转换系统与相应的发电输电设施等组成（见图 2.15）,具体的结构和功能为:① 包层模块:包层模块类似于裂变堆的堆芯,其基本功能包括氚增殖、能量转换及输出、辐射屏蔽、包容放射性物质等。包层位于真空室内,直接面向等离子体,主要由第一壁、氚增殖区、中子倍增区、冷却流道、屏蔽结构等组成,其工作原理如图2.16 所示。② 包层辅助系统:该系统与包层直接相连,主要包括提氚系统、热交换器、泵、冷却剂净化系统等。泵驱动冷却剂流经包层,带出包层中的热量,输送给动力转换系统用于发电。包层内产生的氚,经过提氚系统收集后进入氚工厂进行纯化处理。③ 动力转换系统:动力转换系统将包层内的热量通过汽轮机等设备带动发电机组发电,该系统与常规裂变核电厂的发电系统类似。

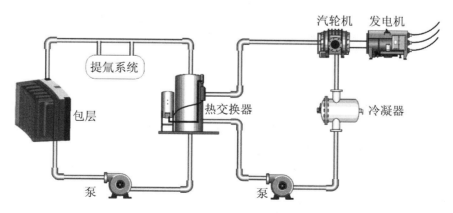

图 2.15　聚变堆包层系统构成示意图

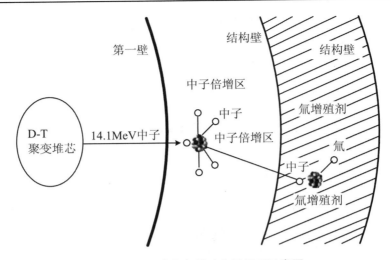

图 2.16 聚变堆氚增殖包层原理示意图

（2）氚燃料循环

动力堆中的氚燃料循环主要分为燃烧循环和增殖循环两个过程,其循环原理如图 2.17 所示。

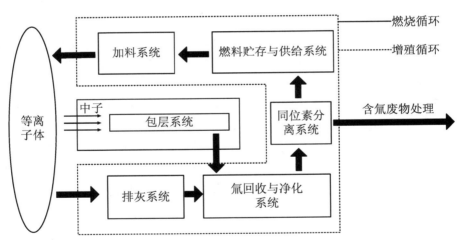

图 2.17 聚变堆氚循环过程示意图

氚增殖循环是利用增殖包层进行氚的增殖,补充堆芯等离子体燃烧消耗的氚的过程。在增殖循环中,聚变堆启动阶段氘氚燃料由外部供应到燃料贮存与供给系统,然后由加料系统注入托卡马克堆芯燃烧;氘氚燃烧产生的中子与包层内氚增殖材料(锂)反应产生氚,通过包层氚提取系统,产物为含氚的氦气;然后经过氚回收与净化系统除去氦气等杂质,进入同位素分离系统,分离为 H_2、D_2、DT、T_2;分离后的产物分别进入燃料存贮与供给系统,再通过加料系统进入等离子体堆芯,完成整个增殖循环。

氚燃烧循环是提取等离子体排灰气中的氘和氚、分离并输送到燃料储贮与供应系统以支持堆芯消耗的过程。在燃烧循环中,堆芯中未燃烧的氘氚燃料通过偏滤器和排灰系统排出真空室,进入氚回收与净化系统除去杂质,经过同位素分离系统后,进入燃料贮存与供给系统,为等离子体加料,完成整个燃烧循环。循环过程中产生的含氚废气或废水通过水除氚系统和空气除氚系统对氚进行进一步的提取。

核安全技术是聚变能应用的核心技术之一。确保核安全是未来聚变堆设计、建造和运行过程中坚持的最高原则,是聚变堆获得建造和运行许可的前提条件,也是聚变能得以吸引公众的主要理由之一。聚变堆具有高能中子、大量放射性氚、复杂结构、极端服役环境等特点,具有独特的安全问题,因而必须开展针对性研究。目前开展的聚变堆安全研究主要包含如下五个方面:

(1) 聚变中子与放射性源项:聚变中子能量高、堆结构复杂,研究聚变中子在堆内的输运行为,提高中子能量利用率,是聚变能研究的核心基础科学问题之一。聚变中子在产生能量的同时,不可避免带来放射性问题。放射性源项是影响工作人员和公众安全的主要因素之一,是聚变堆总体安全和环境友好性的关键挑战。聚变堆面临高能中子活化、等离子体溅射第一壁、氚渗透等问题;聚变堆活化产物产生的大量放射性废物需要处置;真空室内放射性粉尘具有爆炸的危险。因此必须针对聚变堆放射性核素的产生和迁移机理、放射性废物的处理处置技术开展深入研究。

(2) 热流体与能量传递:聚变堆热流体涉及液态金属、高温高压氦气或水等,是聚变堆能量转化和传输的主要载体,其热工水力学特性将直接决定能量转化和传输的效率,并制约着系统安全及聚变堆能否长期安全稳定运行。因此,热工水力学效应及热流体耦合能量传输研究是聚变能系统的最重要研究内容之一。

(3) 氚安全与环境影响:氚是聚变堆最重要的燃料,但在自然界极其稀有且不可利用,因而聚变堆必须增殖氚以满足堆芯的燃耗。以 1 GW 电功率的聚变电站为例,氚盘存量可能达到 10 kg 量级,大于现有聚变装置(约 4 kg)。另外,由于氚本身的 β 放射性与高温下强烈的渗透能力,聚变堆(特别是聚变包层系统)中的氚易从包容体中渗透、泄漏出来,溶解在结构材料中进而导致氢脆和氦脆效应,严重影响着聚变堆的结构安全。同时,氚也是聚变堆源项的最重要组成部分,其在环境中的迁移模式及潜在的放射性危害评估具有极其重要的意义。

(4) 可靠性与风险管理:可靠性是聚变能系统工程化的重要保障。聚变堆设计是一项庞大的工程,研究适用于聚变堆设计的可靠性系统工程设计方法,提高聚变堆的运行安全性和全寿命周期的效能,是聚变堆设计领域的重要研究方向。聚变堆的风险水平需要降低到什么程度才能最大限度地保障公众安全而又不造成资源浪费,这需要给出一个量化的标准并进行管理。传统裂变堆已相对明确地给出了堆芯损伤频率(CDF)、放射性早期大量释放频率(LERF)等指标来指导其设计、建造、安装、调试、运行、退役等一系列可靠性工作的实施。然而,聚变堆缺少类似的量化标准和风险管理手段。

(5) 安全理念与公众可接受度:安全理念是安全监管的重要支撑,是保障聚变堆安全的根本途径。世界范围内对传统裂变堆的安全理念进行了深入的研究,目前已形成了较为完备的理论体系。聚变堆的技术特点明显区别于裂变堆,因而需要在既定体系框架基础上从事针对性研究,以期满足未来建堆的需求。聚变能发展的根本目的是造福于民,因而发展聚变能必须得到社会和公众的理解与支持。

聚变安全不是与生俱来的,存在众多障碍性问题需要研究。我国聚变核安全研究已经起步,并已初步构建了一个较为全面和丰富的国内外合作平台:中国科学院核能安全技术研究所已联合核工业西南物理研究院、中国工程物理研究院、苏州大学等多家单位于 2012 年成立"聚变核安全(联合)研究中心",旨在围绕聚变核安全开展体系化研究;中国科学院核能安全技术研究所于 2013 年被推选为国际能源署(IEA)聚变堆环境、安全和经济合作协议(ESEFP)执行委员会主席单位。

3. 聚变裂变混合堆

聚变裂变混合堆(以下简称混合堆)可实现聚变能技术早期应用,也可作为解决核能发展中面临的核废料累积、铀资源短缺等问题的一种途径。自可控核聚变思想被提出以来,使用聚变中子生产易裂变核燃料和嬗变核废料等的混合堆概念也被相继提出,主要包括以磁约束聚变装置和惯性约束聚变装置为驱动器的概念。

混合堆主要由聚变驱动器、包层和辅助系统组成(见图 2.18),其中聚变驱动器主要包括等离子体、磁体线圈、偏滤器等。包层是混合堆的核心部件,从等离子体中产生的 14.06 MeV 中子与包层中装载的裂变燃料发生裂变、俘获等反应,以实现核废料的嬗变、核燃料的增殖、能量生产等功能。

混合堆嬗变的核废料包括次锕系核素(MA)和长寿命裂变产物(Long-Lived Fission Product,LLFP)等。嬗变 MA 主要是由高能中子引发的裂变反应实现的,较硬的中子能谱和较高的中子通量密度是提高 MA 嬗变效率的关键。在嬗变 MA 的区域装入钚可降低对中子壁负载的要求,提高 MA 的嬗变效率。嬗变 LLFP 是通过中子与 ^{129}I、^{135}Cs、^{99}Tc 等核素发生俘获反应,获得短寿命或稳定核素。

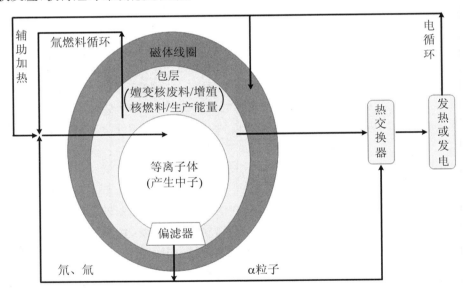

图 2.18　混合堆原理示意图

混合堆增殖易裂变核燃料需在包层中加入可裂变核素,如 ^{232}Th 和 ^{238}U 等,通过聚变中子引发的裂变反应和俘获反应来倍增中子和增殖。根据包层内中子能量不同,可分为抑制裂变包层和快裂变包层,如图 2.19 所示。抑制裂变包层是利用可裂变核素在中能中子区俘获反应截面较大的特点,通过在包层中加入慢化材料和中子倍增剂将高能中子慢化到中能区并倍增更多中子,以提高俘获反应率。快裂变包层是利用可裂变核素在高能中子区裂变反应截面较大的特点,使高能中子与可裂变核素发生裂变反应,由于每次裂变可以放出 2~4 个中子,可提高裂变包层内的中子通量密度,进而获得较高的俘获反应率。

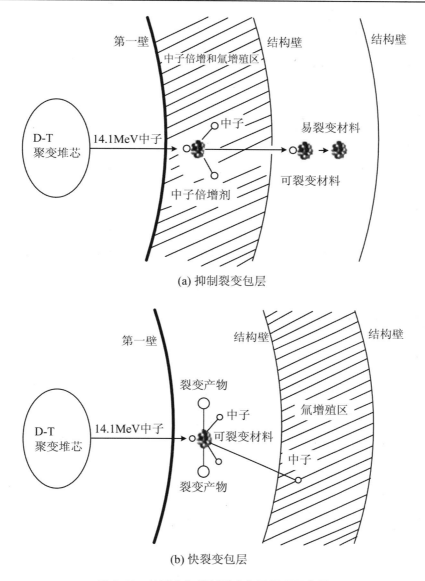

(a) 抑制裂变包层

(b) 快裂变包层

图 2.19 快裂变和抑制裂变包层原理示意图

混合堆增殖聚变燃料氚的原理是在包层中加入含锂元素的氚增殖剂,通过中子的吸收反应产氚。

以生产能量为目的的混合堆一般采用热裂变包层,其设计原理与临界热堆类似,可将聚变中子的能量放大几十到上百倍,进而降低聚变驱动器的参数要求。

综上所述,革新型核能系统近些年得到了广泛的关注和发展,第四代核能系统中钠冷快堆、铅冷快堆都已经建造实验研究装置,超高温气冷堆正在建造示范核电厂。ADS 系统在欧盟、美、日、俄和我国都得到了较大发展。2011 年,中国科学院启动了"未来先进核裂变能"——ADS 嬗变的战略性先导科技专项。从我国核废料产生速度来看,需要在 2035 年左右建成 ADS 系统用于核废料的嬗变处理。聚变堆核电厂,作为能够彻底解决人类能源问题的重要选项,是人们研究的重点,包括欧盟、美、日、韩、俄、印和我国在内的多个国家都建造了很多用于聚变堆研究的实验设施,共同推进聚变堆的研究工作。聚变裂变混合堆在对相关聚变技术进行验证的同时,还起到嬗变核废料的效果,因此,也在多个国家得到了发展,我国的中国科学院核能安全技术研究所、核工业西南物理研究院和中国工程物理研究院等单位开展了混合堆的研究工作并取得系列研究成果。

参 考 文 献

[1] 朱继洲. 核反应堆安全分析[M]. 西安:西安交通大学出版社,2004.

[2] 邬国伟. 核反应堆工程设计[M]. 北京:原子能出版社,1997.

[3] 于平安. 核反应堆热工分析[M]. 上海:上海交通大学出版社,2002.

[4] 注册核安全工程师编委会. 核安全综合知识[M]. 修订版. 北京:经济管理出版社,2013.

[5] 濮继龙. 压水堆核电厂安全与事故对策[M]. 北京:原子能出版社,1995.

[6] 朱继洲. 压水堆核电站的运行[M]. 北京:原子能出版社,2000.

[7] 臧希年. 核电厂系统及设备[M]. 北京:清华大学出版社,2010.

[8] 周涛. 压水堆核电厂系统与设备[M]. 北京:中国电力出版社,2012.

[9] 邱励俭. 核能物理与技术概论[M]. 合肥:中国科学技术大学出版社,2012.

[10] 邱励俭. 聚变能及其应用[M]. 北京:科学出版社,2008.

[11] GIF. Technology Roadmap Update for Generation IV Nuclear Energy Systems[R]. 2014.

[12] 欧阳予. 世界核电技术发展趋势及第三代核电技术的定位[J]. 发电设备,2007,21(5):325-331.

[13] 张红军. 世界核电技术发展新趋势探讨[J]. 中国核工业,2016(8):41-45.

[14] 中电投电力工程有限公司. 小型模块化反应堆技术及我国的应用前景[C]. 中国电机工程学会先进核电站技术研讨会,2013.

[15] Petrangeli G. Nuclear Safety[M]. Burlington:Elsevier Butterworth-Heinemann,2006.

[16] 西屋电气有限公司. 西屋公司的 AP1000 先进非能动型核电厂[J]. 现代电力,2006,23:56-65.

[17] GIF. A Technology Roadmap for Generation IV Nuclear Energy Systems[R]. 2002.

[18] 齐炳雪,俞冀阳. 超临界水冷堆的安全分析[J]. 原子能科学技术,2012,46(6):669-673.

[19] 徐銤. 钠冷快堆的安全性[J]. 自然杂志,2013,35(2):79-84.

[20] 俞保安,喻真烷,朱继洲,等. 钠冷快堆的固有安全性[J]. 核动力工程,1989,10(4):90-97.

[21] 徐銤,杨红义. 钠冷快堆及其安全特性[J]. 物理,2016,45(9):561-568.

[22] 吴宜灿,柏云清,宋勇,等. 中国铅基反应堆概念设计研究[J]. 核科学与工程,2014,34(2):201-208.

[23] Frogheri M,Alemberti A,Mansani L. The Lead Fast Reactor:Demonstrator(AL-FRED)And ELFR Design[C]. International Conference on FAST Reactors and Related Fuel Cycles:Safe Technologies and Sustainable Scenarios. 2013.

[24] 左嘉旭,张春明.熔盐堆的安全性介绍[J].核安全,2011(3):73-78.

[25] 江绵恒,徐洪杰,戴志敏.未来先进核裂变能:TMSR 核能系统[J].中国科学院院刊,
       2012,27(3):365-373.

[26] 秋穗正,张大林,苏光辉,等.新概念熔盐堆固有安全性及相关关键问题研究[J].原子
       能科学技术,2009,43:64-75.

[27] 陈伟,张军,李桂菊.核电技术现状与研究进展[J].世界科技研究与发展,2007,27
       (3):366-374.

[28] 赵志祥,夏海鸿.加速器驱动次临界系统(ADS)与核能可持续发展[J].中国核电,
       2009,2(3):202-211.

第 3 章　反应堆安全设计

反应堆安全设计的基本目的,是为了实现核安全的总目标,即提供一套有效的安全防护措施,使工作人员、社会及环境免遭放射性危害。在反应堆设计过程中,通过设置反应性控制系统、反应堆保护系统和专设安全设施等安全系统,确保在所有情况下能有效地控制反应性、确保堆芯冷却和包容放射性产物这三项反应堆安全功能,从而满足核安全的技术安全目标。同时,开展辐射防护,针对反应堆正常运行和事故工况下的中子、光子等射线的辐照提供有效的防护措施,从而满足核安全的辐射防护目标。

本章围绕安全设计的基本原则与要求,介绍了反应堆的安全功能和安全系统,以及辐射防护的相关内容,阐述了为满足核安全的各项目标所开展的反应堆安全设计。

3.1　安全设计原则与要求

三哩岛、切尔诺贝利及福岛核事故的发生,使人们认识到了反应堆安全的重要性。反应堆安全设计的基本要求是:采用通用的设计标准和设计工艺,加强和优化设计管理,在整个设计过程中必须明确安全职责。根据纵深防御的基本原则,在反应堆各系统的设计中,需要满足以下基本要求。

1. 可靠性设计

为使反应堆能以足够的可靠性承受所有确定的假设始发事件,各系统的设计必须充分考虑以下因素:

(1) 共因故障

共因故障是指反应堆中若干同类型部件的功能可能由于出现单一特定事件或原因而同时失效。在设计中必须考虑安全重要物项发生共因故障的可能性,采用多重性、多样性和独立性原则,减少共因故障,提高系统的可靠性。多重性原则是指采用多于最少套数的设备来完成一项特定安全功能,以确保安全重要系统实现高可靠性并满足单一故障准则的重要设计原则。多样性原则是在多重系统中引入不同的属性,从而达到提高这些系统的可靠性的目的。独立性原则是指为实现系统的独立性,设计中需采取结构分隔或功能分隔等手段。

(2) 单一故障准则

系统的任一部件发生单一随机故障时,仍能确保完成其功能,这就是单一故障准则。设计中必须对每个安全组合都应用单一故障准则。由单一随机事件引起的各种继发故障,均视作单一故障的组成部分。

(3) 故障安全设计

故障安全设计是指在发生故障时,不需要采取任何操作而使其进入安全状态。故障安全原则是反应堆重要安全系统和部件设计中需遵循的原则之一。

（4）辅助设施

辅助设施是指支持安全重要系统组成部分的设备,应属于安全重要系统的组成之一,并必须对其进行相应地分级。它们的可靠性、多重性、多样性和独立性必须与其所支持系统的可靠性相当。

（5）设备停役

通过采用增加多重性等措施,保证在无须反应堆停闭的情况下,进行安全重要系统合理的在线维修和试验,同时必须考虑设备停役,包括系统或部件由于故障而不能使用,并且在这种考虑中必须包括预计的试验和维修工作对各个安全系统的可靠性所产生的影响,以便保证仍能以所必需的可靠性实现该安全功能。

2. 在役定期试验、维护和检查

必须在反应堆寿期内对安全重要物项开展试验、检查、监测和维修,以确保其执行特定的功能。

3. 设备鉴定

采用设备鉴定的程序,在整个设计运行寿期内,确保各安全重要物项必要时能够执行其安全功能。此外,在鉴定程序中列入可合理预计的和可能由特定运行工况(如安全壳泄漏率定期试验)引起的异常环境条件。

4. 老化

考虑到安全重要物项过程中可能出现老化和磨损,甚至是性能劣化,设计中应提供足够的安全裕度,确保所有设备能够执行其安全功能。

5. 优化运行人员操作

所有厂区人员的工作环境应按人机学的原理设计。在有限的时间内、预计的周围环境中和有心理压力的状态下,反应堆的安全设计必须利于操作员能采取成功的行动,应尽量减少操作员在短期内进行干预的必要性。

3.2　安全功能与安全系统

3.2.1　安全功能

反应堆在运行中存在着放射性物质泄露的风险。为确保安全,在反应堆正常运行和事故工况下,所有安全设施应满足控制反应性、确保堆芯冷却、包容放射性产物三大安全功能。

1. 控制反应性

反应堆运行过程中,核燃料不断被消耗的同时产生裂变产物,逐渐降低堆内的反应性,因此,在反应堆设计中需要预留足够的剩余反应性,确保寿期内都能维持临界。为了补偿反应堆内由于燃料燃耗、温度及其分布变化、材料密度变化等造成的反应性变化,并实现反应堆的启动、停闭、调节功率等功能,设计中需提供有效的反应性控制方式。

凡是能够有效影响反应性的设备和措施都可以用作反应性的控制,常用方法主要有:

(1)改变堆内的中子吸收,即在堆芯中加入或者提出中子吸收体。

(2)改变中子慢化性能,即在重水—轻水混合慢化反应堆等谱移反应堆中,通过调节重水与轻水比例改变中子能谱,从而改变反应性。

(3)改变燃料的含量,即使用燃料来作控制棒或控制棒跟随体,通过移动控制棒同时改变堆内燃料比例和中子吸收,从而改变反应性。

(4)改变中子泄露,快堆中可通过移动反射层的方法改变中子的泄露,从而改变反应性。

其中,通过中子吸收体控制反应性是目前反应堆最常用的方法。把吸收体引入堆芯主要有以下 3 种方式:

(1)控制棒。在堆芯内插入含有吸收材料(如碳化硼)的可移动控制棒,按其作用不同可把这些控制棒分为调节棒、补偿棒和安全棒三种,分别用于功率调节、补偿反应性和紧急停堆。

(2)可燃毒物。即把中子吸收截面较大的物质制作成控制棒固定在堆芯中,以补偿剩余反应性。采用这种控制方式可以延长堆芯寿期、减少可移动控制棒的数目、简化堆顶结构,通过合理的布置还能改善堆芯的功率分布。

(3)可溶毒物。可溶毒物是一种可以溶解在冷却剂的中子吸收截面大的物质,如硼酸,其优点是毒物分布比较均匀且易于调节。

反应性控制方式的选择与反应堆堆型有关。但各种反应性控制系统的设计都必须满足如下要求:

(1)必须保证在运行状态和设计基准事故下可以实现安全停堆。

(2)必须保证在堆芯最大反应性的状态下,仍能实现停堆。

(3)停堆系统的有效性、动作速度和停堆深度必须满足要求。如果停堆能力总是保持足够的裕量,则在正常功率运行期间,部分停堆手段可用于中子注量率分布的调整和反应性控制。

(4)反应堆必须具有两套独立的停堆系统,并满足多样性原则和单一故障准则。

(5)停堆手段必须足以防止或承受停堆期间的反应性意外增加。为满足这一要求,必须考虑到停堆期间能增加反应性的各种预定操作及停堆手段的单一故障。

(6)反应性控制装置的设计必须考虑到磨损以及辐照(如燃耗)、物理性质改变和气体产生的各种效应。

2. 确保堆芯冷却

为了防止燃料元件过热而损坏,任何情况下都必须确保堆芯足够的冷却,导出核燃料所释放的热量。以压水堆为例,反应堆功率运行时,一回路冷却剂流过堆芯时吸收热量,在蒸汽发生器内实现热量交换,将热量传递给二次侧给水;反应堆停闭时,通过蒸汽发生器或余热排出系统继续导出堆芯余热,以避免燃料元件包壳发生破损。

反应堆失去正常冷却时,将有以下几种导出堆芯热量的方法:

(1)由辅助给水系统为蒸汽发生器提供给水,并通过蒸汽旁路系统将产生的蒸汽排向大气。

(2)当反应堆一回路的温度和压力下降到一定值时,余热排出系统投入使用,冷却堆芯剩余释热。当一回路处于大气压力下时,还可由反应堆换料水池冷却净化系统带走余热。

　　（3）当蒸汽管道出现破口,安注系统向堆芯注入含硼水,补偿由于堆芯冷却所丧失的冷却剂装量。

　　（4）当一回路系统出现破口时,破口流出的液态或气态的冷却剂将堆芯产生的热量带到安全壳,安全壳喷淋系统启动,进行循环冷却。

表 3.1　反应堆堆芯冷却的控制

工况	系统或设备	热阱
功率运行	蒸汽发生器	正常给水 辅助给水及蒸汽旁路系统
停堆工况	第一阶段:蒸汽发生器 第二阶段:余热排出系统	辅助给水及蒸汽旁路系统 设备冷却水系统、重要厂用水系统
事故工况	蒸汽发生器 余热排出系统 安全注射系统 安全壳喷淋系统	辅助给水及蒸汽旁路系统 设备冷却水系统、重要厂用水系统 换料水箱、安注箱 换料水箱、设备冷却水系统、重要厂用水系统
乏燃料组件的冷却	反应堆换料水池及乏燃料 水池冷却净化系统	设备冷却水系统、重要厂用水系统

3. 包容放射性产物

　　为了尽可能减少放射性物质泄漏到环境中,通过多道屏障的手段将放射性物质限制在确定的范围内。这也是纵深防御原则的一个重要体现。所需屏障的数量主要取决于放射性核素数量和同位素种类、单个屏障的有效性、内外部危害及故障潜在后果等。对于典型压水堆,多道屏障主要包括:

　　第一道屏障,即燃料芯块及包壳。压水堆核燃料采用低富集度的二氧化铀,将其烧结成芯块,叠装在锆合金包壳管内,两端采用端塞焊住。裂变产物绝大部分被二氧化铀芯块包容,只有部分气态裂变产物会扩散到芯块和包壳之间的间隙中。考虑到正常运行和预计运行事件中可能发生各种劣化,燃料元件必须能承受预计的堆内辐照和环境条件,并保证其性能不会进一步显著劣化。

　　第二道屏障,即包容冷却剂的一回路压力边界。压水堆一回路压力边界由反应堆容器和堆外冷却剂环路组成,其中冷却剂环路包括蒸汽发生器传热管、稳压器、泵和相应的连接管道。为了确保第二道屏障的严密性和完整性,在结构强度上应留有足够的设计裕量,此外,还须注意屏障的材料选择、制造和运行。

　　第三道屏障是安全壳系统。安全壳系统用于保证设计基准事故下释放到环境中的放射性物质低于规定限值。它主要包括密封的构筑物,用于控制压力和温度的有关系统,用于隔离、管理与排除可能释放到安全壳大气中的裂变产物等物质的设施。当事故发生时,它能阻止放射性物质泄漏到外界环境,是确保核电厂安全的最后一道防线。安全壳也可以保护核电厂的重要系统和设备,使其免受各种外来袭击的破坏。根据设计要求,安全壳系统设计中,必须考虑到所有已确定的设计基准事故。另外,还必须考虑设置用于减轻某些选定的严重事故后果的设施。对安全壳的密封也有严格要求,在结构强度设计上应留有足够的裕量,能够应对冷却剂管道大破裂导致的压力和温度的变化,阻止放射性核素大量外泄。此外,对于安全壳,还需定期进行泄漏检查,确保密封性。

正常运行时,少数燃料元件的包壳表面会出现轻微裂纹,少量的裂变产物及活化产物将进入核辅助厂房的一些辅助系统内,如化学和容积控制系统及乏燃料水池。这些放射性产物主要以液态或气态的形式存在,通过以下方法加以控制:

(1)保持现场相对负压,防止放射性产物向其他区域扩散。对存在放射性碘的区域也同样保持与周围其他区域的负压。

(2)通过放射性废物处理系统收集带放射性的气体,待其放射性衰变到可接受水平后,送到装备有过滤器和碘吸附装置的烟囱进行监控排放。低放射性废气经过过滤后可直接通过烟囱排放。

(3)放射性废液经收集后,送到硼回收系统或废液处理系统进行过滤、除盐、除气、蒸发和储存监测后,送到废液处理系统储存箱储存。通过取样分析达到环保部门要求的排放标准后,再向环境进行监控排放。

3.2.2　安全分级

反应堆的安全是通过组成其系统、设备和部件的安全性来实现的。这些系统、设备和部件(包括仪表和控制软件)对安全的重要程度是完全不同的,为此,必须根据它们所执行的安全功能,对其进行分级,并对不同等级的设备和部件规定出在设计、制造、材料检验等方面的不同要求,使其质量和可靠性与这种分级相对适应。

按照传统的确定论方法,一般将核电厂各承压设备物项按照其所履行的安全功能分为安全1级、安全2级、安全3级及非安全级。安全1级是构成反应堆冷却剂压力边界的那些设备,其失效会引起失水事故(水堆)或失冷失压(高温堆)的物项。安全2级是属于反应堆冷却剂压力边界但不属于安全1级的那些小设备、小管道以及用于防止预计运行事件导致事件工况,或发生事故后可减轻事故工况后果的物项,如专设安全设施。在这里小设备、小管道具体指其失效引起的反应堆冷却剂流失不超过正常补水系统提供的补水量的设备和管道。安全3级是冷却安全2级设备,或对安全级设备运行起支持保证作用的物项(冷却、润滑和密封等),如设备冷却水系统、重要厂用水系统等。不包含在以上安全分级的物项属于非安全级。

不同于传统的确定论安全要求,利用"知风险的"方法(又称风险指引型方法),按照构筑物、系统和部件(SSC)的安全重要度对之进行分级,可以分为以下四级:① 风险指引安全1级 SSC,即安全相关,且安全重要程度高;② 风险指引安全2级 SSC,即非安全相关,且安全重要程度高;③ 风险指引安全3级 SSC,即安全相关,且安全重要程度低;④ 风险指引安全4级 SSC,指非安全相关,且安全重要程度低。这样分级既可以减轻对那些虽然安全相关,但安全重要度低的 SSC 提出的特殊处理要求,又可以增加对那些虽然非安全相关,但安全重要度高的 SSC 提出的要求。实验证明,这样的分级方法更为科学合理,让营运单位把资源配置和管理重点放到那些安全重要度高的 SSC 上,安全性和经济性均得以提高。

3.2.3 安全系统

在压水堆核电厂中,如果发生失水事故,即使反应堆能够实现紧急停堆,由于堆芯蓄热和裂变产物的衰变热,仍可能发生堆芯熔化;同时,高温高压的冷却剂大量外泄,导致安全壳内压力升高,危及安全壳完整性。为此,应设置安全系统,主要指反应堆保护系统和专设安全设施。保护系统的作用是在超出反应堆控制系统调整能力的过渡工况下,能够使反应堆安全停闭;专设安全设施是用来减轻事故所造成的后果,并具有以下功能:① 失水事故下,向堆芯注入含硼水;② 阻止放射性产物向大气的释放;③ 防止安全壳中氢浓度富集;④ 向蒸汽发生器提供应急水。下面分别介绍这些安全系统。

1. 反应堆保护系统

虽然在反应堆的设计和建造中采取了一系列的安全措施,但由于设备的老化、磨损或操作错误等原因,在反应堆的运行中还是会出现故障。为了防止事故进一步恶化,设置了反应堆保护系统。反应堆保护系统是核电厂仪表与控制系统中重要的安全系统。

反应堆保护系统的主要功能是:在反应堆启动和提升功率过程中,它能限制反应堆功率增长的速率,保证反应堆安全启动,防止反应性失控事故的发生,使反应堆安全地到达临界,并把功率提升到所需的水平;在带功率运行过程中,它能限制反应堆的功率、温度、压力、水位和流量等参数的变化,使反应堆运行在安全限度所允许的范围内,不发生热工事故和一回路压力边界的损坏;一旦出现异常工况,作为保护系统,它能执行保护反应堆的动作,确保反应堆的安全。

压水堆中,反应堆保护系统主要包括:反应堆保护机柜(RPCs)和专设安全设施驱动系统(EAFAS)。RPCs 通过信号的采集,可以发出反应堆紧急停堆、汽机跳闸、驱动安全设施或启动支持系统的信号。而 EAFAS 负责采集最初的信号并发送到 RPCs,在经过 RPCs 计算处理后,信号又会发送回 EAFAS,并对相应的专设安全设施进行驱动操作。

2. 安全注射系统

安全注射系统又称应急堆芯冷却系统。它的主要功能是在反应堆异常工况下,冷却堆芯,保证燃料元件包壳的完整性。当发生主回路管道破裂等重大事故时,能迅速向堆芯注入冷却水,及时导出产生的热量,使燃料的温度不至于超过包壳的熔点,并在事故后提供堆芯长期冷却。

应急停堆冷却系统由高压安全注射系统、蓄压安全注射系统和低压安全注射系统三个子系统构成,每个子系统均由两路或者三路独立通道构成。

在主冷却剂系统发生中、小破口事故时,首先触发高压注射系统,并向主系统注水。若破口较大,压头较低但流量大得多的低压安全注射系统投入。注射泵从换料水箱吸取含硼2 000 ppm 的冷水注入主系统冷却管段,补充从破口流失的冷却剂;流失的冷却剂逸入安全壳,最后汇入地坑。

当主系统压力降到 4 MPa 以下,蓄压安全注射系统安注箱会立即自动向冷管段注水。安注箱内装含硼水,以氮气充压,依靠箱体与主系统之间的压差驱动截止阀自动开启。蓄压安全注射系统安注箱是非能动安全系统。

在大破口事故下,低压安全注射系统首先从换料箱取水,在水箱排空后自动切换到安全壳地坑。地坑水温度高,必须经过低压安全注射系统热交换器后再行注入。工程实践中低压安注系统与余热排出系统是充分兼容的。

在换料水箱已空而又需要高压安注的情况下,高压安注系统必须经过低压安注系统从安全壳地坑取水。在这种间接取水方式下,低压安注泵的作用相当于高压安注泵的增压泵。

安注系统有两种运行模式,分别是从换料水箱直接注入主冷却系统和从地坑取水,经过冷却后再注入主系统冷管段或者热管段的冷端或热端再循环模式。当安全壳地坑水位达到45%满水位时,操纵员可以手动切换运行模式。

在大破口失水事故后,堆芯余热将借助冷管段和热管段的长时间低压再循环排出,即堆芯长期冷却的方式。

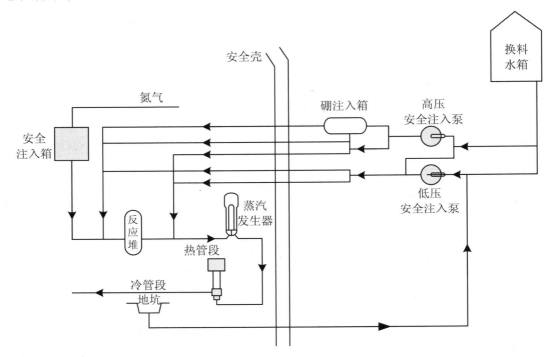

图 3.1 安全注射系统整体示意图

3. 安全壳系统

安全壳是环绕在反应堆冷却剂系统周围、气密的承压构筑物,它是核反应堆内部放射性物质和外部环境之间的物理屏障。在事故条件下,安全壳将放射性裂变产物包容在内,防止或者减少放射性物质释放到外部环境中,同时也要能够将内部的热量导出,确保堆芯的冷却。除此之外,安全壳还能保护反应堆不受到外部物体的入侵,坚固的安全壳甚至能够抵挡地震乃至飞机的撞击。

在事故发生时,燃料包壳和一回路压力容器都可能被损坏,燃料包壳的破裂会导致大量放射性物质释放,由于冷却剂丧失,堆内热量还会持续累积。因此为了避免事故的扩大,反应堆安全壳及安全壳导出热量系统的设计必须要满足:在任何情况下,安全壳的泄漏率不得超过规定的设计值,并且还应留有足够的裕量,以便应对事故情况下所引起的压力和温度的变化。此外,还应能定期进行泄漏检查,确保安全壳及其贯穿件的密封性完好无损。

压水堆一般采用干式密封安全壳。早期一般采用单层钢板制作成球形耐压单层安全壳,随后为了减小安全壳的体积和泄漏量,又相继研究了混凝土外层单层安全壳、半双层安全壳、无泄漏双层安全壳和预应力混凝土安全壳等多种形式。任何安全壳都需要能够承受最大失水事故所产生的压力。除冰冷式安全壳外,典型的安全壳设计压力为0.5 MPa。安全壳每天的泄漏率不超过安全壳内部自由空间中气体的 0.1%。

　　为了有效抑制因失水事故引起的压力增长和放射强度,安全壳内还专门设置了喷淋系统和放射性物质去除系统。

　　发生失水事故时,安全壳喷淋系统喷出冷却水,使得一部分蒸汽凝结,降低安全壳内部压力,并使得安全壳得到及时冷却。安全壳喷淋系统有两种运行方式(见图 3.2),一种是直接喷淋,喷淋泵抽取换料水箱中的含硼水,经过布置在安全壳内部的喷淋管嘴喷洒入安全壳;另外一种是再循环喷淋,换料水箱中的水到达低水位时,低水位信号触发再循环管线的阀门自动开启,关闭换料水箱出口阀,喷淋泵的吸入端与安全壳的地坑相连接,安全喷淋系统便开始再循环喷淋运行,它把积聚在安全壳地坑中的水,经过喷淋管嘴喷入安全壳,用以提供安全壳的连续冷却。

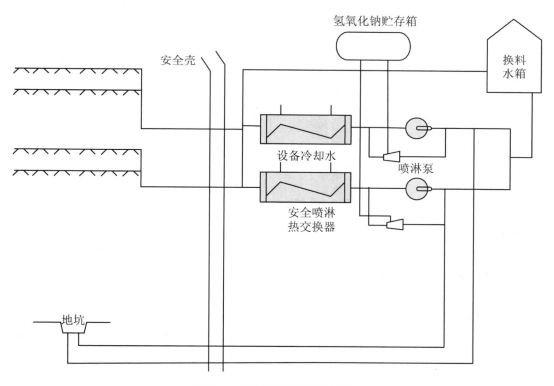

图 3.2　安全壳喷淋系统示意图

　　安全壳喷淋系统中设有化学物添加箱,箱内储存化学添加物氢氧化钠(NaOH)或硫代硫酸钠($Na_2S_2O_3$),在向安全壳喷淋的同时,能把化学添加剂掺入喷淋水中,用以去除冷却剂水中的活化产物放射性碘。

　　双层安全壳还设置了空气再循环系统,它由排风机、冷却器、除湿器、粒子过滤器和碘过滤器组成。工作时,该系统在环形空间内保持负压,起到双层包容的效果,同时迫使空间内气体经过碘过滤器进行再循环,降低安全壳中泄出气体的放射性物质浓度,使放射性对核电厂周围的影响降到最低程度,避免放射性物质对周边环境造成严重污染。

4. 辅助给水系统

辅助给水系统,又称应急给水系统(如图 3.3 所示)。它的主要功能是主给水系统异常时,代替其向蒸汽发生器供应给水,带走堆芯热量和防止设备损坏。所以,可以把它看作核蒸汽供应系统的安全系统。此外,在反应堆正常启动和停闭过程中,为了在低功率下有效地控制给水,也通过辅助给水系统为蒸汽发生器供水。因此,辅助给水系统是维持蒸汽发生器热阱作用的重要设备,其可靠性设计有利于核电厂的安全运行。

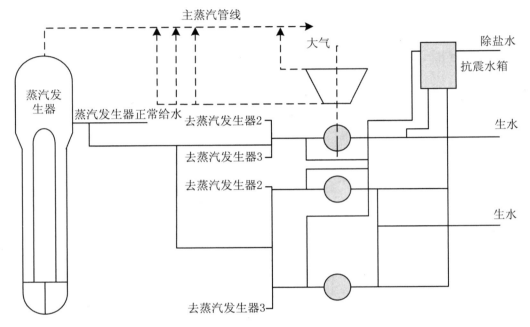

图 3.3 辅助给水系统示意图

传统的压水堆中,辅助给水系统由两个子系统组成。一个子系统有两列 50% 容量的由可靠电源供电的电动给水泵,另一个子系统由一台 100% 容量的汽动泵组成,这三台泵均从抗震水箱(辅助给水箱)取水,以足够的高压头直接注入蒸汽发生器。辅助给水箱排空以后,可以取重要厂用水作为替代水源。

为维持蒸汽发生器的热阱作用,启动辅助给水系统的同时还须采取排汽措施。凝汽器可用时应开启旁路排汽系统以节省二次侧水资源;若凝汽器不可用,则开启二次侧卸压阀排汽,否则安全阀会自动冲开。

驱动汽动辅助给水泵的蒸汽由一台蒸汽发生器供给即可。为保证可用性,供汽压力在 $0.7 \sim 8.3$ MPa 的范围内变化均可。

3.3 辐射防护

为了在反应堆设计中实现核安全的目标,必须确定并考虑所有现实和潜在的辐射来源,并采取适当的措施,确保这些辐射来源处在严格的技术控制和管理控制下,这就是辐射防护设计的基本内容。设计必须以防止或减轻(在无法防止时)由设计基准事故和选定的严重事故引起的辐射照射作为目标。本节主要介绍了辐射防护中的基本物理量,从辐射防护遵循的原则和要求出发,介绍了反应堆辐射防护设计。

3.3.1　基本物理量

1. 吸收剂量

吸收剂量是用来表示单位质量被照射物质吸收电离辐射能量大小的一个物理量,吸收剂量是电离辐射授予质量为 dm 物质的平均能量,公式表示为

$$D = \frac{d\varepsilon}{dm} \tag{3.1}$$

式中,$d\varepsilon$ 表示致电离辐射授予质量为 dm 的物质的能量,单位为焦耳(J)。

吸收剂量 D 的国际制单位是 J/kg,专用名称为戈瑞,符号是 Gy,1 Gy=1 J/kg。吸收剂量适用于任何致电离辐射类型的照射和任何被照射物质,也适用于电子器件和超导体材料等的剂量计算。

2. 当量剂量

当量剂量用来度量辐射对人体组织的损坏程度,可用下式表示:

$$H_T = \sum_R \omega_R \cdot D_{T,R} \tag{3.2}$$

式中,H_T 表示组织或器官 T 对辐射 R 的平均吸收剂量,单位为 Sv;R 是指射线种类,见表 3.2;ω_R 表示辐射 R 的权重因数;$D_{T,R}$ 表示辐射 R 在组织或器官 T 中产生的平均吸收剂量,单位为 Gy。

表 3.2　辐射权重因数

辐射种类	能量范围	ω_R
X 射线、γ 光子	所有能量	1
电子、β 粒子	所有能量	1
中子	<10 keV	5
	10~100 keV	10
	100~2 MeV	20
	2 MeV~20 MeV	10
	>20 MeV	5
α 粒子	所有能量	20

3. 有效剂量

有效剂量被定义为人体各组织或器官的当量剂量乘以相应的组织权重因数的和,可用下式表示:

$$E = \sum_T \omega_T \cdot H_T \tag{3.3}$$

式中，ω_T 表示组织权重因数。有效剂量 E 的单位与当量剂量 H_T 单位一致。具体见表 3.3。

表 3.3 组织权重因数

组织或器官	组织权重因数 ω_T	组织或器官	组织权重因数 ω_T
性腺	0.08	肝	0.04
（红）骨髓	0.12	食道	0.04
结肠	0.12	甲状腺	0.04
肺	0.12	皮肤	0.01
胃	0.12	骨表面	0.01
膀胱	0.04	其余组织或器官	0.12
乳腺	0.12	—	—

4. 待积当量剂量

待积当量剂量 $H_T(\tau)$ 定义为

$$H_T(\tau) = \int_{t_0}^{t_0+\tau} \dot{H}_T(t)\,\mathrm{d}t \tag{3.4}$$

式中，t_0 表示摄入放射性物质的时刻，单位为 h；$\dot{H}_T(t)$ 表示 t 时刻器官或组织 T 的当量剂量率，单位为 Sv/h；τ 表示摄入放射性物质之后经过的时间，单位为 h。未对 τ 加以规定时，对成年人 τ 取 50 年；对儿童的摄入要算至 70 岁。

5. 待积有效剂量

待积有效剂量 $E(\tau)$ 定义为

$$E(\tau) = \sum_T \omega_T \cdot H_T(\tau) \tag{3.5}$$

式中，$H_T(\tau)$ 表示积分至时间 τ 时组织 T 的待积当量剂量，单位为 Sv。

3.3.2 辐射防护原则与要求

根据国际放射防护委员会（International Commission on Radiological Protection, ICRP）的推荐，辐射防护需遵循以下原则：

（1）辐射实践正当化：任何包含有电离辐射的实践，相对于其对个人和社会带来的利益，若其对人群、社会和环境可能产生的危害很小，则该实践值得实施；若该实践带来的纯利益不能超过其代价，则不应当实施。

（2）辐射防护最优化：应避免一切不必要的照射，并将必要的照射保持在合理可行尽量低的水平，即应当谋求防护的最优化。

（3）个人剂量限值：保证个人所受剂量不应超过标准规定的相应剂量限值。

这三项基本原则构成不可分割的剂量限制体系，只有严格遵守这一体系，才有可能使辐射防护工作的危险度降低到与其他行业相当的安全水平，保证辐射防护工作的安全性。

我国现行的辐射防护和安全国家标准是 2002 年颁布的《电离辐射防护与辐射源安全基本标准》（GB 18871—2002）。根据该标准的要求，职业照射剂量限值是：

（1）连续 5 年内的年平均有效剂量不超过 20 mSv；

（2）任何一年中的有效剂量不超过 50 mSv；

（3）眼晶体的年当量剂量不超过 150 mSv；

（4）四肢或皮肤的年当量剂量不超过 500 mSv。

在辐射防护实践中，上述剂量的最优化设计值一年不应超过 20 mSv。

对公众照射剂量限值是：

（1）年有效剂量不超过 1 mSv；

（2）特殊情况，连续 5 年的年平均有效剂量不超过 1 mSv，则某单一年的年有效剂量可以提高到 5 mSv；

（3）眼晶体的年当量剂量不超过 15 mSv；

（4）四肢（或皮肤）的年当量剂量不超过 50 mSv。

此外，对育龄妇女、孕妇和未成年人的剂量限值也有相应的要求。

3.3.3　辐射防护措施

核安全的辐射防护目标中规定辐射照射应保持在合理可行尽量低的水平，这里的合理可行尽量低要求将所有照射都保持在规定限值以内，并且在考虑了经济和社会因素之后达到合理可行尽量低。

反应堆功率运行期间，辐射源主要来自堆芯裂变中子及其次级粒子、裂变产物、锕系元素和活化产物衰变中释放的射线。反应堆停堆后，辐射源主要来自裂变产物和活化产物的 γ 辐射。

辐射防护最优化是"合理可行尽量低"原则的应用，通常是指从一系列防护措施中进行选择，以尽量减少来自各种辐射来源的照射和污染。这类措施包括：

（1）含有放射性物质的安全重要物项采用技术规格适当的材料限制腐蚀产物的活化，并采用适当的布置方式，保证高效率的运行、检查、维修和部件必要时的更换；

（2）辐射区和可能污染区的出入要有控制措施，必须为人员和设备等提供适当的去污设施，同时采取适当措施处理在去污过程中产生的放射性废物；

（3）进行屏蔽设计，屏蔽直接的和散射的照射，使得操作区的辐射水平不超过规定限值，并必须便于维修和检查，以尽量降低维修人员所受的照射；

（4）对气载放射性物质采取通风和过滤等措施，以降低放射性物质的浓度；

（5）把放射性物质处理成适当的形态，以便放射性废物的处置、在场区内的贮存或发往场外；

（6）把辐射区内人员活动的次数和停留时间减至最少，减少厂区人员遭受污染的可能性；

（7）核电厂必须配置设备以保证在运行状态和设计基准事故下以及应尽实际可能的在严重事故下有适当的辐射监测，并对邻近地区可能产生的任何放射性影响作出安排。

此外，在反应堆的辐射防护设计中，还需进行辐射监测设计，特别是对在年照射量可能超过剂量限值的 30% 条件下工作的个人剂量监测、放射性流出物监测和场外环境监测等。通过监测评价照射水平是否符合所制定的限值并提供有关照射水平变化的信息，这些信息可以显示采取纠正措施的必要性。

参 考 文 献

［1］　国家核安全局.核动力厂设计安全规定：HAF 102［S］.2004.

［2］　国家核安全局.核电厂辐射防护设计：HAD 102—12［S］.1990.

［3］　电离辐射防护与辐射源安全基本标准：GB 18871—2002［S］.北京：中国标准出版社,2002.

［4］　朱继洲.核反应堆安全分析［M］.西安：西安交通大学出版社,2004.

［5］　朱继洲.压水堆核电厂的运行［M］.北京：原子能出版社,2000.

［6］　注册核安全工程师岗位培训丛书编委会.核安全专业实务［M］.北京：经济管理出版社,2013.

［7］　谢仲生.核反应堆物理分析［M］.西安：西安交通大学出版社,2004.

［8］　阮可强.核临界安全［M］.北京：原子能出版社,2005.

［9］　范育茂.核反应堆安全演化简史［M］.北京：原子能出版社,2016.

第4章 运行安全与管理

核设施安全的前提是选址、设计、建造、调试、运行和管理均符合核安全要求。运行安全侧重核设施运行方面的安全问题，通过采取有效的技术或管理措施，保证核设施安全运行，避免核事故发生；一旦发生事故，则通过相应的措施使核设施的状态趋向安全，以便减轻事故后果。尽管不同核设施的结构、原理和功能等均不同，但运行涉及的安全理念基本相似。本章以压水堆核电厂为例，对运行安全相关的保障措施和管理活动进行阐述，包括运行规定与规程、运行管理、运行质量保证和核安全文化等内容。其他核设施运行安全可参考核电厂。

4.1 运行安全概述

本节将简单介绍与运行安全有关的三方面内容，包括运行安全要素、运行性能指标和国际核与辐射事件分级表，其中运行安全要素主要是指影响核电厂安全运行的主要因素；运行性能指标是指用于评价核电厂运行安全性能的指标；国际核与辐射事件分级表可用于对核电厂事件信息的评价工作。

4.1.1 运行安全要素

运行安全要素主要包括：管理层、运行班组和机组。

管理层包括领导和职能部门。根据规定，管理层不能直接干预机组的运行状态，一切指令必须通过班组才能实施，因而上述三方就形成了只有两条边的三角关系，如图4.1所示。一条边是运行班组与机组的关系，即人—机关系，另一条边是运行班组和管理层的关系即人—人关系。运行安全必须综合管理上述三个方面的两个关系。

运行班组是运行安全研究与管理的中心。与运行班组有关的环节是人员的选拔考核、初始培训、再培训、任务分配和奖励激励等。其中任务分配是运行班组内部的人—人关系问题。运行班组管理的目标是建立和维持一个合格的能胜任的运行班组。

机组作为电厂实体，为操纵员提供安全运行的物质环境。机组的可靠性一般取决于设计、制造、建造、调试、维修等过程。如，设计与制造阶段赋予机组足够的安全裕度和可靠性，运行阶段通过维修保证机组处于正常状态。各个环节中必须为操纵员提供优秀的工作环境，包括电厂布局、标志、色彩编码、物质条件和清洁度。同时还要考虑高温、噪音、电气和化学等因素对操纵员的伤害或干扰。

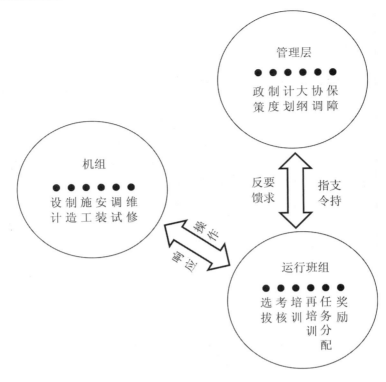

图 4.1 运行安全要素

人—机关系是指自动与人工操作的平衡关系,是核电厂运行实践中自动化程度与人干预能力的平衡问题。直接在线自动化方案由机器代替操纵员实现对工艺过程的控制,而间接自动化方案则仅由机器自动提供信息,由操纵员实施对机组的最终控制和决策。由于核电厂的复杂性和目前最新工艺水平的自动化控制能力、直接在线自动化方案尚不现实。因此,必须充分考虑主控室、辅助诊断、模拟机和运行规程等方面的人—机接口问题,力争为操纵员创造一个良好的操作环境。

人—人关系即管理领导关系,应当特别注意安全文化、态度、资源分配、自我学习能力、上下交流渠道等方面。如前所述,运行班组是运行安全研究与管理的中心,他们对电厂安全负有很大的责任,绝不能低估主控室操纵员的重要性。同时,维持整个电厂各专业组与所有人员之间的均衡性也是十分重要的。运行经验表明,核电厂良好的人—机接口,取决于电厂的整体行为,包括运行安全的分析、设计、施工、工程、维修、运行和管理等所有人员,而不仅是运行班组。核电厂异常事件报告、紧急停堆和其他反馈资料均表明,人为差错的责任与厂内厂外所有组织均有关,因此必须在全体人员中普遍地培训安全文化,这正是核电厂管理阶层重要的责任。

只有具备了良好的人—机和人—人环境,由合格的操纵员掌握,核电厂才能良好的安全运行。

4.1.2 运行性能指标

核电厂运行安全性能通常采用运行性能指标进行评价。运行性能指标是由 IAEA 提出的用于评价系统运行安全的一系列指标。根据核电厂提供的指标信息,各国政府的核安全机构可以评估出各核电厂的安全性能,并通过各核电厂的对比,确定影响核电厂安全的薄弱环节,提高核电厂的安全性,对核电厂设计、运行和管理工作具有重要的指导意义。

IAEA 于 1980 年提出了用以监控核电厂安全运行的一些指标。世界核电运营者协会(WANO)于 1991 年制定了一套由 10 个指标构成的核电厂安全性能评价系统。NRC 也于 2004 年制定了用于运行性能指标评价的程序。其中 WANO 的指标更切合营运单位的实际,在世界范围内应用更广。

根据多年的实践经验与反馈,WANO 性能指标工作组优化了其指标体系,取消了热学性能因子和放射性固体废物量两项指标,并要求从 2001 年 1 月起正式启用新的性能指标体系。新的 WANO 运行性能指标包括:

(1) 机组能力因子:核电厂能够向电网提供的最大电能。高的机组能力因子表明核电厂的操作与管理减少了非计划的能量损失,并优化了计划的停堆。

(2) 非计划能力损失因子:核电厂因为非计划的能量损失而不能提供给电网的能量,占核电厂生产的最大电能的百分比。低的值表明核电厂的重要设备维护得很好,运行可靠,有较少的计划外停堆。

(3) 7 000 小时运行自动停堆次数:反应堆运行 7 000 h 由于反应堆保护系统动作而引起的非计划自动紧急停堆次数。本指标反映了核电厂通过减少那些可能导致核反应堆非计划自动停堆的事件来改善安全性能方面的成效。

(4) 安全系统性能:压水堆机组的安全系统性能指标由三个系统(高压安注系统、辅助给水系统、应急交流电系统)的指标组成。选用这些系统的原因是它们对于防止反应堆堆芯损坏以及缩短停堆的时间是至关重要的。监督核电厂重要安全系统的备用状态,以保证这些系统可以在非正常事件发生时可靠地投入使用,避免堆芯事件恶化。

(5) 化学指标:评估核电厂在改善化学控制方面的进展情况,反映核电厂在机组寿命控制方面所做的努力。

(6) 燃料可靠性:主要通过监测反应堆冷却剂中裂变物产生的活度评估核电厂第一道屏障完整性的指标。燃料包壳的完整性可以减少核电厂运行与维修期间的辐射。

(7) 集体剂量:核电厂所有人员(含承包商及参观人员)所受到的总辐射剂量。用于比较各核电厂在工作人员辐射防护方面所实施措施的成效。

(8) 工业事故率:工业事故率是指每 200 000 人•小时或 1 000 000 人•小时工作中,核电厂的员工(包括长期和临时雇员)发生的人员伤亡事故数,这里的事故是指:员工一天或以上不能上班(事故发生当天除外)的事故、员工一天或以上(事故发生当天除外)限制工作的事故,或员工发生死亡的事故。工业事故率反映的是核电厂在改善长期从业人员工业安全方面的成效。

4.1.3　国际核与辐射事件分级表

为确切、科学地评价核电厂事件信息,IAEA 向各成员国推荐使用《国际核与辐射事件分级表》(The International Nuclear and Radiological Event Scale,INES)。INES 最初的名称是《国际核事件分级表》,是 1990 年由 IAEA 和经济合作与发展组织 OECD 召集国际专家共同制订的,目的是以统一的术语迅速向公众通报核设施事件的严重程度。1992 年,经过改进和扩展后的 INES 可适用于与放射性物质和辐射有关的事件,包括放射性物质运输事件。2001 年,发布的《国际核与辐射事件分级表使用者手册》,阐明了核事件分级表的用途,并对与运输和燃料循环相关事件的定级作出明确规定。IAEA 和 OECD 于 2008 年发布了新版的《国际核与辐射事件分级表使用者手册》,对辐射事件尤其是运输相关事件的分级提供进一步指导。

国际核与辐射事件分级表的事件级别分类准则主要基于三个方面:对人和环境的影响(原指厂外影响)、对设施的放射屏障和控制的影响(原指厂内影响)、对纵深防御削弱的影响。依据严重程度分为 0 到 7 级,其中,0 级为最低级,7 级为最高级,1 级到 3 级为事件(incidents),4 级到 7 级为事故(accidents)。1 级事件只是涉及纵深防御功能减退,2 级和 3 级涉及纵深防御功能较严重减退给人或设施造成较低程度的实际后果,4 级至 7 级涉及给人、环境或设施造成越来越严重的实际后果。INES 分级的一般准则如表 4.1 所示。

表 4.1　INES 事件分级的一般准则

事件级别说明	准则		
	人和环境(对厂外影响)	设施的放射屏障和控制(对厂内影响)	纵深防御
7 级重大事故	放射性物质大量释放,具有大范围健康和环境影响,要求实施所计划的和长期的应对措施	—	—
6 级严重事故	放射性物质明显释放,可能要求实施所计划的应对措施	—	—
5 级影响范围较大的事故	放射性物质有限释放,可能要求实施部分所计划的应对措施; 辐射造成多人死亡	反应堆堆芯受到严重损坏;放射性物质在设施范围内大量释放,公众受到明显照射的概率高。其发生原因可能是重大临界事故或火灾	—
4 级影响范围有限的事故	放射性物质少量释放,除需要局部采取食物控制外,不太可能要求实施所计划的应对措施; 至少有 1 人死于辐射	燃料熔化或损坏造成堆芯放射性总量释放超过 0.1%;放射性物质在设施范围内明显释放,公众受到明显照射的概率高	—
3 级严重事件	受照剂量超过工作人员法定年限值的 10 倍; 辐射造成非致命确定性健康效应(例如烧伤)	工作区中的照射剂量率超过 1 希伏/小时;设计预计之外的区域内严重污染,公众受到明显照射的概率低	核电厂接近发生事故,安全措施全部失效; 高活度密封源丢失或被盗; 高活度密封源错误交付,并且没有准备好适当的辐射程序来进行处理

续表

事件级别说明	准则		
	人和环境(对厂外影响)	设施的放射屏障和控制(对厂内影响)	纵深防御
2级一般事件	一名公众成员的受照剂量超过10毫希伏;一名工作人员的受照剂量超过法定年限值	工作区中的辐射水平超过50毫希伏/小时;设计中预计之外的区域内设施受到明显污染	安全措施明显失效,但无实际后果;发现高活度密封无看管源、器件或运输货包,但安全措施保持完好;高活度密封源包装不适当。
1级异常	—	—	一名公众成员受到过量照射,超过法定限值;安全部件发生少量问题,但纵深防御仍然有效;低放放射源、装置或运输货包丢失或被盗

无安全意义(分级表以下/0级)

4.2　运行规定与规程

本节介绍的运行规定是指核电厂的运行限值和条件,包括安全限值、安全系统整定值、正常运行限值和条件、监督要求;运行规程是指核电厂的正常运行规程和应急运行规程。

4.2.1　运行限值和条件

运行限值和条件是指经国家核安全监管部门批准的,为核电厂的安全运行制定的一整套规定,包括参数限值、设备的功能和性能以及人员执行任务的水平等。运行限值和条件作为营运单位运行核电厂的一个重要依据,相关文件必须放在控制室供控制室人员使用。运行人员必须熟练掌握运行限值和条件,并保证遵守。

运行限值和条件涉及各种运行状态的要求、运行人员应采取的行动和应遵守的限值等。具体包括四方面的内容:安全限值、安全系统整定值、正常运行的限值和条件、监督要求。

1. 安全限值

安全限值是用以保护核电厂安全运行而设定的一系列参数限值,如燃料温度、燃料包壳温度、冷却剂压力等。核电厂在安全限值范围内运行是安全的,超过限值就构成了事故状态。一般通过保守的方法来制定安全限值,确保安全分析中的所有不确定性都能被考虑到。这意味着超出一个安全限值未必一定造成前面提到的不可接受的后果。然而,如果超过了任何一个安全限值,反应堆应被停堆,并且只有在根据核电厂既定程序进行适当评价和批准重新启动后才能恢复正常功率运行。

2. 安全系统整定值

为了防止运行中出现超过安全限值的状态,需对相关安全系统设定整定值,表4.2列出了需要安全系统整定值的典型参数。这些参数如果超过整定值,将触发安全系统或保护系统等启动对应动作,以防止其超过安全限值,例如,中子通量密度变化率超过整定值将触发停堆,稳压器水位过低将可能触发专设安全系统投入运行。

表 4.2 需要安全系统整定值的典型参数

序号	典型参数
1	中子通量密度及其分布(启动量程、中间量程及功率量程)
2	中子通量密度变化率
3	反应性保护参数
4	轴向功率分布因子
5	燃料包壳温度或燃料通道冷却剂温度
6	反应堆冷却剂温度
7	反应堆冷却剂升温速率
8	反应堆冷却剂系统压力
9	反应堆或稳压器水位
10	反应堆冷却剂流量
11	反应堆冷却剂流量变化率
12	一回路主冷却剂泵跳闸
13	冷却剂应急注射
14	蒸汽发生器水位
15	主蒸汽管道隔离、汽轮机速关和给水隔离
16	正常电源断电
17	蒸汽管道的放射性水平
18	反应堆厂房的放射性水平和厂房内大气污染水平
19	安全壳压力
20	安全壳喷淋系统、安全壳冷却系统和安全壳隔离系统动作

3. 正常运行的限值和条件

为了保证核电厂运行期间安全限值不被超出,核电厂需设置正常运行的运行限值和条件。同时,为了防止安全系统发生不必要的频繁启动,正常运行限值和安全系统整定值之间应留有可接受的裕值。

正常运行的限值和条件一般包括:可运行设备的最低配备量、运行参数限值、工作人员最低配备水平、操作人员在偏离正常运行限值和条件时应采取的规定动作及完成这些动作的时间要求等。安全限值、安全系统整定值、正常运行限值和条件之间的相互关系如图4.2

所示。

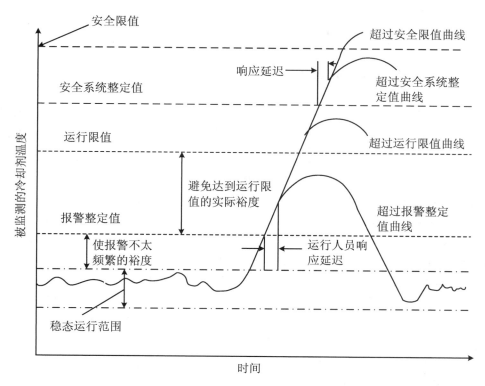

图 4.2　安全限值、安全系统整定值和运行限值之间的相互关系

4. 监督要求

为保证安全系统整定值以及正常运行的限值和条件在任何时候都得到满足,需有相应的监督要求。它是与运行限值条件伴生的,即一条运行限值条件紧跟一条监督要求。

4.2.2　正常运行规程

核电厂营运单位在运行开始之前必须制定出详细的书面运行规程,利用验证过的和正式批准的规程来管理核电厂的正常运行。运行规程是安全运行的依据,应保证运行条件在正常运行范围内、运行参数不超出极限值,并保证必要的安全系统部件、结构都处在待用状态。

运行规程内容包括针对核电厂正常运行、预计运行事件和设计基准事故情况下所采取的举措,包括技术规格书涉及的安全系统定期试验、定期标定以及定期检查,运行人员被迫偏离书面程序情况下的责任和联络渠道等。需要特别注意的是状态改变、低功率运行、试验工况以及有目的停用部分安全系统的各种场合。在堆芯装料和卸料的规程中,注意避免意外临界或者其他可能出现的事故。运行规程只有在事先按照规定的手续得到批准后才能修订。阐明运行规程的文件按照质量保证规程接受管理监督。做了重大修改的运行规程在实施之前,要先对操纵员进行训练。

运行规程是根据电厂的设计和安全分析制定的,制定这些文件时一般需与设计单位、供货单位合作,认真编写和审查,并符合所批准的运行限值和条件,留有适当的安全裕量。运行规程需由计算机模拟,电厂调试以及运行经验的反馈进行认可,其说明需足够详细,使得操纵员不需要有进一步考虑就能执行操作。

4.2.3　应急运行规程

核电厂应急运行规程(Emergency Operating Procedures,EOPs)是确保运行安全的重大技术措施之一。EOPs是预防核电厂严重事故发生及缓解事故后果的有效措施,在核电厂发生异常但还未发展成为严重事故的情况下,操纵员根据应急规程进行核电厂状态恢复操作。EOPs的目的是为操纵员在应对核电厂异常事件时作出恰当响应提供依据,减少运行过程中的人因差错,防患于未然。它的制定是建立在多年运行经验的基础上,结合大量安全分析结果,以症状导向为主干,提供多层次诊断和多手段对策,重点抓关键安全功能,编制上注意真实、完备和灵活。

核电厂制定的EOPs必须能处理那些不按预期进程变化的瞬变,并考虑无故障、单一故障、多重故障和人因差错等各种复杂情况。应急运行规程EOPs需要根据一定的依据来制定,所选用依据的性质称为规程导向方式。现有规程主要有四种不同的导向方式。

(1)事件导向:要求操纵员先找出发生事件或事故的特有征兆,并确认事件或事故的种类与性质。此类规程适用于处理特定的事件或事故,对操纵员水平要求较高。

(2)症状导向:核电厂安全相关参量偏离其限值的状态称为异常症状。症状导向要求操纵员对相关安全参量逐个进行检查,再由参量状态决定使用相应的规程,以保证核电厂恢复到可接受的工况。此类方式无需先作事故原因和性质的诊断,对操纵员的要求较低。

(3)功能导向:将核电厂的若干安全相关参量综合为若干安全功能。功能导向规程指导操纵员在应急工况下判明安全功能的充分性,并指导他们去恢复和维持这些安全功能。

(4)状态导向:根据核电厂安全相关参量的当前值及所有安全功能受冲击的程度,定义出电厂的状态,状态导向规程指导操纵员采取行动,将不同状态的电厂工况转入长期安全状态。

其中症状导向、功能导向和状态导向方式都以核电厂的若干安全相关参量为基础,都不要求先作事故诊断,因而可以统称为征兆导向。征兆导向规程可以克服事件导向规程的不足,不以特定事故为对象,有利于处置复杂局面的事件。当然,由于它是一种通用的事故后规程,处理过程比较冗长,在特定事故下不是最佳对策。因此,最好的办法是结合事件导向规程和征兆导向规程二者的长处,用征兆导向辨认事故性质,维持安全功能,用事件导向缓解特定事故的后果。

实践表明,EOPs在事故早期预防与缓解方面是很有效的。当事故发生时,在电厂触发紧急停堆及安注系统后,只要按EOPs操作,一般可以确保电厂的安全,及早中止事故进程。

4.3　运行管理

运行管理主要是指围绕核电厂安全运行而开展的一些重要活动,包括对燃料元件的破损检测、对一/二回路的水质管理、对系统或设备的定期试验及检查和对核电厂进行定期安全审查等。

4.3.1　燃料元件破损检测

核电厂的运行中,应该把对燃料元件的管理放在重要位置。一般压水堆运行在 1% 的燃料破损率以下。燃料元件的破损可通过一回路冷却剂中 β/γ 放射性测量、缓发中子测量及啜漏试验等方式进行检测。

1. 一回路水的 β、γ 放射性测量方法

压水堆核电厂燃料元件的破损情况可以通过测量一回路水的 β 或 γ 放射性水平来确认,有离线法和在线法两种测量方法。离线法测量时,取一定量的一回路冷却剂作为测量样品,待样品冷却几分钟后,使半衰期为 7.13 s 的 ^{16}N 充分衰变(防止干扰),然后测量其中裂变产物的 β 放射性或裂变产物和腐蚀产物的 γ 放射性水平。在线法则将探测器布置在下泄管线上的过滤器和离子交换器之间,通过测量 β 或 γ 放射性水平来确定燃料元件的破损情况。

2. 缓发中子测量方法

燃料元件破损后,元件内部分裂变产物可能释放到冷却剂中,裂变产物中的 ^{87}Br(半衰期 55 s)和 ^{137}I(半衰期 24 s)将衰变释放出缓发中子,通过测量其缓发中子的水平即可监测燃料元件的破损情况。^{57}Br 和 ^{137}I 的衰变反应为

$$^{87}\text{Br} \rightarrow {}^{86}\text{Kr} + \text{n}(55 \text{ s})$$

$$^{137}\text{I} \rightarrow {}^{136}\text{Xe} + \text{n}(24 \text{ s})$$

^{87}Br 和 ^{137}I 释放的缓发中子平均能量在 0.2~0.4 MeV 之间,一般通过裂变电离室和 BF$_3$ 计数管进行测定。测量点通常选择蒸汽发生器和冷却剂泵之间,以确保冷却剂中 ^{87}Br 和 ^{137}I 等核素迁移出堆芯后有足够时间发生衰变,且 ^{16}N 等短半衰期核素已衰变完,减少 ^{16}N 释放 β 粒子对信号的影响。

3. 啜漏试验法

啜漏试验法属于离线监测燃料元件破损的方法。在核电厂停堆换料期间,燃料组件移出反应堆送至乏燃料水池后,可以用啜漏试验方法来确定燃料组件破损情况。

啜漏试验包括干法和湿法两种。干法啜漏试验首先将燃料组件放在密封的容器中,加热或减压后吹入氮气带出裂变气体,再通过测量带出的气体的放射性水平来判断燃料元件是否破损。由于此方法是连续吹气测量,所以测量的速度较快。湿法啜漏试验是将燃料组件放入含水的密封容器中,然后取水样进行放射性测量,确定燃料组件内的元件破损情况。此方法准确度比干法高些。

4.3.2　水质管理

水质管理主要是对核电厂一回路冷却剂以及二回路给水的 pH、氧含量、氢含量和杂质等指标参数进行管理。这些参数会直接影响主要设备的工作寿命及核电厂维修管理工作。例如,在中子和 γ 辐照下,水容易发生水分解生成氧,氧加剧回路中氯离子和氟离子等对材

料的腐蚀,同时冷却剂中的杂质可能会被中子活化,在维修操作中带来放射性危害。

1. 一回路水质控制

压水堆正常运行时,一回路冷却剂水质控制的指标主要包括 pH、氧含量、氢含量、氯含量和氟含量等。

（1）pH

pH 主要影响金属材料的腐蚀速率,当 pH 偏低时会加剧金属材料的腐蚀,但其过高则又会造成材料的苛性脆化。因此,需要将 pH 控制在一定范围内,通常可以通过添加 LiOH 来调整 pH,使其控制在 4.2～10.5 之间。

（2）氧和氢含量

氧是金属材料腐蚀的催化剂,一回路水中含氧量越高,金属材料腐蚀越严重。氧的主要来源有两种途径:核电厂启动与调试过程中空气在冷却剂中的溶解,即溶解氧;水在中子、γ 辐照下分解反应,即辐照分解氧。其中,溶解氧主要通过向一回路中加入联氨（N_2H_4）进行控制,即联氨除氧法。联氨除氧法有两个优点:加入联氨不会有额外的溶解固体增加;联氨在高温条件下会分解产生氨,氨溶于水后呈弱碱性有利于提高 pH。辐照分解氧一般利用化学容积控制系统向一回路充氢气的方式,通过溶解氢抑制水的辐照分解进而控制氧的产生。然而,包壳锆合金在含氢过高环境下会发生氢脆现象,所以还需控制冷却剂中氢气的含量。通过实验数据和运行实践表明,压水堆中氢含量控制在 25～35 mL/kg 范围内比较合适。

（3）氯和氟含量

一回路中的氯和氟离子是造成材料腐蚀的主要因素,因此必须控制好它们的含量。氯离子主要是由化学添加剂、离子交换树脂和密封填料等带来的;氟离子主要是由用于清洗锆合金表面的浓硝酸、浓氢氟酸等溶液带来的（清洗材料表面而未冲洗干净,残留的氟离子带入了冷却剂）。为控制氯离子含量,核电厂严格限制使用含有氯离子的化学添加剂。氟离子的控制则通过使用高纯度的除盐水清洗材料表面并减少残留的氟离子的方式。

2. 二回路水质控制

二回路的水质控制主要是对水中的 pH 和氧含量进行控制。和一回路类似,pH 和氧含量会影响二回路设备的腐蚀。特别是蒸汽发生器运行的可靠性与水质密切相关。例如,在蒸汽发生器运行中,会产生一些游离碱性物质,这些物质过量浓集会使蒸汽发生器传热管发生晶间腐蚀。为了避免或减少此类情况发生,必须对二回路水的含氧量以及含氯离子的量进行严格控制。

二回路 pH 的控制方法一般通过添加吗啉和联氨的方式,将其控制在 8.9～9.3 之间。氧含量则利用冷凝器或除氧器进行控制。

4.3.3　定期试验与检查

在核电厂开始运行之前,营运单位需针对所有与安全运行相关的建筑物、系统和部件制定日常维护、定期试验和在役检查等操作的大纲,且需根据运行经验不断对该大纲进行重新评价,并由合格人员使用合格的设备和技术实施。

1. 日常维护

为了保证核电厂的安全运行,应对一回路、二回路的系统仪表的通道进行试验、检查和校准,并对设备功能进行试验。

压水堆中需进行日常检查的仪表通道及其频率为:功率量程测量通道每两周一次,每天校准两次;中间与源量程测量通道在每次启动前进行一次试验,每班检查两次;冷却剂温度每两周进行,每班都需要检查;冷却剂温度、稳压器水位及压力、外电源电压频率、模拟棒位都需要每月进行试验,每班进行检查,每次换料停堆都需要校准;控制棒位置指示器、蒸汽发生器水位、上充水流量检查与校准频次与冷却剂温度相似。硼酸箱液位、换料水箱水位每周进行检查,容积控制箱水位每周检查;安全壳压力、放射性监测系统每月都要进行试验,每天进行检查。硼酸控制与安全壳地坑水位试验每年一次;汽机脱扣整定点、蒸汽发生器、汽机第一级压力和逻辑通道试验每月一次。每次换料停堆时需对以上大部分通道进行校准,并参考相应的具体规范执行。

对于设备功能试验或取样分析的日常检查主要包括:冷却剂取样针放射化学分析和氯、氟离子分析频次最高,为每周 5 次,而氚放射性试验为每周一次;对硼浓度试验的项目主要有反应堆冷却剂含硼量、换料水箱水质、硼酸箱、硼注入箱、安全注射箱、乏燃料贮水池需要进行硼浓度试验,周期从每月一次到每天一次不等;控制棒组件则要在每次换料停堆时开展落棒试验及每月一次的部分运行试验;每次换料停堆时还要对稳定器安全阀组及主蒸汽安全阀进行整定点试验;安全壳隔离动作需要在每次换料停堆时进行功能性试验,换料系统联锁装置则要在换料操作前进行功能性试验;一回路系统泄漏需要每天进行一次鉴定;柴油机组燃油供应需要每周一次进行试验分析。

2. 定期试验

为了维持核电厂的安全运行,需对主要设备和各安全系统进行定期试验检查。压水堆核电厂的定期试验的项目有:

(1) 反应堆冷却剂系统,包含:反应堆冷却剂系统泄漏率测量、换料或维修后反应堆冷却剂系统的密封性试验、稳压器安全阀组整定压力检验、稳压器安全阀组动作试验。

(2) 化学和容积控制系统,包含:上充泵试验、上充泵润滑油泵试验;执行安全任务的某些启动器的试验。

(3) 余热排出系统,包含:循环泵运行试验;本系统安全阀压力整定值检验;本系统隔离阀泄漏试验;本系统气动控制阀试验。

(4) 反应堆硼和水补给系统,包含:除盐水泵和硼酸泵可操作性试验;安全壳隔离阀密封试验和操作试验。

(5) 设备冷却水系统,包含:电动机组的性能试验;本系统逻辑电路和启动器试验;本系统热交换器的状态;本系统隔离阀门和止回阀门功能试验。

(6) 重要厂用水系统,包含:泵的功能试验;泵的运行试验。

(7) 主蒸汽系统,包含:主蒸汽阀快关试验;快速关闭分配器的试验和主蒸汽阀的部分关闭试验;蒸汽发生器安全阀压力整定值试验;4 只弹簧加载安全阀;3 只动力操作安全阀;主蒸汽的疏水旁路阀门性能试验;主蒸汽的疏水水位控制装置性能试验。

(8) 汽机调节系统超速试验及阀门带负荷试验。

(9) 汽机保护系统,对汽机保护系统的设备做带负荷试验。

(10) 汽动主给水泵系统,包含:主给水泵性能检查;湿保养;汽机脱扣。

(11) 低压给水加热系统带负荷定期试验。

(12) 给水除气系统带负荷定期试验。

（13）生产水系统，系统性能检查。

3. 在役检查

在役检查是指核电厂投入运行后开展的检查。例如，对核电厂一回路压力边界的承压设备（如反应堆压力容器、主冷却剂泵、稳压器、蒸汽发生器、主冷却管道等）需进行在役检查，并通过与役前检查结果的对比，判断是否设备存在新的缺陷或原有缺陷是否发生扩展等，确保承压设备的安全性。辅助系统和安全保护系统的设备有时候也要开展在役检查。核电厂一般每 10 年需完成一次 100％的检查。

在役检查中所采用的检查方法主要有目视检查、表面检查、容积检查等非破坏性方法，即无损检查。

4.3.4　安全审查

核电厂安全审查是保障核电厂安全运行的重要手段。安全审查包括常规安全审查、专项安全审查和定期安全审查。

其中，常规安全审查主要侧重审查核电厂硬件和程序、安全重要事件、核电厂运行管理、运行经验、人员资格等内容。专项安全审查主要是在核电厂发生重大安全事件后开展的审查。

定期安全审查则是一种考虑了核电厂老化、修改、运行经验、技术更新和厂址方面的综合效应的综合性安全审查方法，是对常规安全审查和专项安全审查的补充。

定期安全审查的范围包括核电厂安全的所有方面，包括：运行许可证所覆盖的厂区内全部设施以及构筑物、系统和部件（包括放射性废物处理设施、模拟机等），核电厂人员配备及其组织机构。定期安全审查还包括辐射防护、应急计划和辐射环境影响等对所有核电厂机组都相同的安全要素。当一座核电厂由几个相同设计的机组组成时，定期安全审查应该考虑每个机组特有的一些安全要素（例如构筑物、系统和部件的实际状况，老化和安全性能）。根据已有的经验，核电厂一般运行至第十年时开展第一次定期安全审查，以后每隔十年开展一次。

4.4　运行质量保证

质量保证是为使物项或服务与规定的质量要求相符合，并提供足够的置信度，而必需的一系列有计划的系统化的活动。质量保证贯穿核电厂全过程，对于核电厂安全有着至关重要的作用。核电厂运行期间运营单位必须制定运行期间的质量保证大纲并实施相关的质量保证措施。本节主要介绍核电厂的运行质量保证大纲、运行质保组织机构、运行人员资格和培训。

4.4.1　运行质量保证大纲

运行质量保证大纲是指核电厂运行期间的质量保证大纲。核电厂及其部件和系统，需按其设计意图和规定的运行限值与条件安全运行。为此目的，必须对核电厂的运行做周密的计划、形成文件并进行管理。为了保证质量而规定和完成的全部工作综合在一起，就构成核电厂运行期间的质量保证大纲。

质量保证大纲适用于所有安全重要物项和所有影响这些物项的工作中，还必须把它运用于与安全有关的工作中，如辐射防护、放射性废物管理、环境监测、安全保卫和应急对策等。

核电厂运行质量保证大纲的制定须遵循核安全导则《核电厂质量保证大纲的制定》（HAD 003/01），内容包括大纲说明、程序和细则。

大纲说明：质量保证大纲可分散刊载在若干不同的文件上，没有必要把这些文件汇编成一个总文件，但必须汇编一份附有索引的概括性大纲说明，指明所有属于该大纲的文件，并使这些文件反映适用条例、规范和标准的要求。质量保证大纲说明必须指明该大纲所涉及的物项和工作，并规定各部门和小组实施该大纲的责任。

核电厂需用适合具体情况的书面程序或细则，对安全重要工作作出规定，并按规定程序开展工作。这些程序和细则应该包括大纲管理性和技术性两方面的内容，并对运行工况、事故工况和紧急情况也需作出相应规定；程序和细则中所作的各种规定必须清楚明了。用于发布、分发、审查和修订这些文件的措施也应有明确文件规定。对于短期使用的程序或细则，需注明使用期限，并对最终撤销程序作出规定。

4.4.2 质量保证组织机构

核电厂运营单位需指定负责制定大纲要求和评估大纲总有效性的人员或部门。这些人员或部门具有足够独立性，不因经费和进度方面的考虑受到牵制；必要时能直接向核电厂厂长反映，以解决质量保证有关问题并有效地实施质量保证大纲。他们必须向核电厂厂长和更高级别的领导层定期报告大纲的有效性。

为了有效地完成任务，受委派实施质量保证大纲各部分的人员需接受必需的培训，具有必需的资格和能力。人员培训需按相关法规提出培训要求、制定相应的培训大纲。通过培训保证所有人员具有足够的业务熟练程度、满足质量保证大纲文件中所规定的职责要求。

核电厂厂长需对核电厂质量保证大纲的实施负全面责任。负责验证有效地实施质量保证大纲，或确保工作已正确进行的人员或部门，可按其职能向厂外单位报告工作，并对厂内其他部门实施监督监察；但如向厂外报告和向厂内报告分别由不同的部门负责，则负责向厂外单位报告的部门必须进行独立的监察，以验证其遵守大纲；而负责向厂内报告的部门则必须为进行工艺控制和产品验收并验证各种工作符合规定要求（即：质量控制职能）而进行监督、检查和审查工作。

不管组织结构如何，负责验证质量保证大纲有效实施或保证一项工作已正确进行的人员或部门，都需具有足够的权力和组织独立性，以鉴别质量问题通过规定的渠道推动、推荐或提供解决办法，并验证解决办法的实施。对运行质量保证大纲有效实施的验证，需由不直接负责运行工作的人员来进行。在由非质量保证部门的人员行使验证职能的情况下，质量保证部门必须进行审查，并进行监察，以保证验证工作已被正确地完成。

4.4.3 运行人员资格和培训

反应堆运行是一门涉及多学科,安全性要求高的工程技术,高素质的运行人员是保证核电厂安全运行的核心。

1. 运行人员资格

核电厂运行人员必须是合格的人员,应通过有关单位考核并被任命授权。依据《中华人民共和国民用核设施安全监督管理条例》的规定:凡操作反应堆控制系统的人员必须持有国家核安全部门颁发的《操纵员执照》,运行值班长必须持有《高级操纵员执照》,技术管理组组长、运行部主任应持有《高级操纵员执照》。

运行人员的资格是通过对能力的考核而确定的,通过对各种职务的工作任务的分析和工作经验总结,提出了对各级运行人员的能力要求,能力通常可由四方面素质来表征:体质、知识、智力和社会活动能力。

2. 运行人员的培训与授权

核电厂中,操作人员必须接受全面的培训。培训内容涵盖履行其职责所需的各种技术领域,包括核电厂各系统的功能、布置及运行理论和实践知识的全面教育。对于这种培训来说,参与运行前试验和核电厂启动活动、核电厂已发生事故和事件的分析讨论及运行经验交流等,都是很好的培训机会。培训重点应放在具有重大安全作用的系统上;应该强调维持核电厂在运行限值和条件内的重要性及偏离这些限值的后果。

操纵员培训还应在该电厂诊断、控制操作和行政管理任务等方面获得广泛的经验;并参与课堂教学和专题讨论会、在岗培训和模拟机培训等学习。

运行值班长应进行监护方法和联络技术方面的附加培训学习;与其他操作人员的培训相比,操纵员和值长的培训一般应更为广泛。

为履行安全运行职责,运营单位必须制订程序,对控制或者监督核电厂运行状态变化的人员或直接负有安全职责的人员(核电厂或反应堆运行管理负责人、运行负责人、运行值班负责人和控制室操纵员等),在履行其职责前按程序授权。已授权人员调往另一核电厂(反应堆)工作时,必须在接受新岗位之前达到该核电厂(反应堆)的专门考核要求,人员离开已授权岗位超过规定的期限,重新上岗时,必须重新授权。

4.5 核安全文化

核安全是核行业安全事业的生命线,而核安全文化则是灵魂。核安全文化水平是核行业安全发展程度的标志,关系到从业人员的前途与命运,关系到行业能否可持续发展,关系到国家的核能"走出去"战略能否实现,甚至关系到国家安全总体目标能否实现。

4.5.1 核安全文化的内涵

IAEA 通过总结切尔诺贝利核事故经验教训,结合"核安全是核能与核技术利用的进步基础和世界和平与发展所必需"的国际共识,提出了核安全文化。核安全文化的提出使不同社会制度的国家、不同层次的组织和不同文化背景的员工有了一个为核安全作贡献的统一行为准则。

IAEA 在报告《安全文化》(INSAG—4)中,定义"安全文化是存在于组织和员工中的种种特性和态度的总和,它建立一种超出一切之上的观念,即核电厂的安全问题由于它的重要性要得到应有的重视"。在 IAEA 后续的安全报告丛书《发展核活动中的核安全文化》中,又对安全文化的实质做了进一步的解释,即"是价值观、标准、道德和可接受的规范的统一体"。这一定义包含三方面含义:

(1) 核安全文化不仅是态度问题,还是体制问题;不仅和单位有关,还和个人有关。核安全文化紧密联系了单位的工作作风和个人的工作态度及思维习惯。

(2) 工作态度和思维习惯以及单位的工作作风是抽象的,但通过这些抽象的品质可以导出具体的表现,并以其作为基本要求检验那些内在隐含的东西。

(3) 核安全文化要求必须具有较高的安全意识和责任心,具有高度的警惕性、丰富的知识、准确无误的判断能力等,正确履行所有的安全重要职责。

IAEA 提出的核安全文化指的是一种在核能与核技术领域必须存在的健康的安全文化。这种健康的安全文化,应有 8 个主要特征:决策层的安全观和承诺,管理层的态度和表率,全员的参与和责任意识,培养学习型组织,构建全面有效的管理体系,营造适宜的工作环境,建立对安全问题的质疑,报告和经验反馈机制,创建和谐的公共关系。

4.5.2　核安全文化的要求

核安全文化由两个主要方面组成。第一是由组织政策和管理活动所确定的安全体系,第二是个人在体系中的工作表现。对不同层次的组织和个人都提出来不同层次的要求,如图 4.3 所示。

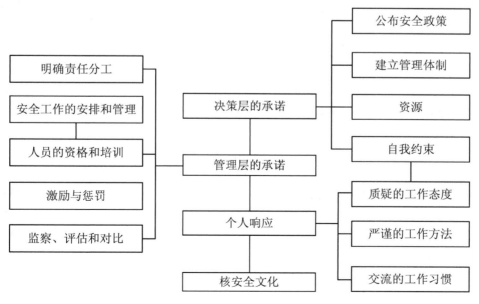

图 4.3　核安全文化的组成

核安全文化要求每个人都要真正树立"安全第一,质量第一"的观念,并具有责任感和献身精神。核安全文化对决策层、运行管理部门和个人提出了严格的要求。

1. 对决策层的要求

决策层应树立正确的核安全观念。在确立发展目标、制定发展规划、构建管理体系、建立监管机制、落实安全责任等决策过程中始终坚持"安全第一"的根本方针,并就确保安全目标做出承诺。

对管理决策层而言,他们必须通过自己的具体行动为每一个工作人员创造有益于核安全的工作环境,培养他们重视核安全的工作态度和责任心。领导层对核安全的参与必须是公开的,而且有明确的态度。

2. 运行管理部门

核安全应以运营单位为重点,因为人的行为和核电厂安全之间的联系在运营单位体现最为紧密。核电厂发生的任何问题在某种程度上都来源于人为的错误。

管理层要以身作则,充分发挥表率和示范作用,提升管理层自身安全文化素养,建立并严格执行安全管理制度,落实安全责任,授予安全岗位足够的权力,给予安全措施充分的资源保障,以审慎保守的态度处理安全相关问题。

3. 个体的行为

单位全体人员必须正确理解和认识各自的核安全责任,做出安全承诺,严格遵守法律法规、规章制度和程序,形成人人都是安全的创造者和维护者的工作氛围。核安全文化水平的高低,取决于核电厂的每一个员工。安全文化指的是"从事任何与核电厂核安全相关活动的全体工作人员的献身精神和责任心"。其进一步的解释就是概括成一句关键的话,一个完全充满"安全第一"的思想。这种思想意味着"内在的探索态度、谦虚谨慎、精益求精,以及鼓励核安全事务方面的个人责任心和整体自我完善"。

只有各个层次的人员在自己的岗位上尽职尽责,满足核安全的要求,核安全文化才会得到发展和提高。

4.5.3　核安全文化的培育

核安全文化的培育过程从开始的被动接受,到单位自身主动管理,再到全员发挥自觉性、主动完善提高核安全水平的阶段,需要单位和个人不断从理念、制度、行为等各个方面和层面进行培育。

核安全文化培育的总体要求是:培养"认真严谨、质疑求真、保守决策、沟通交流、公开透明"的理念、态度和作风;开展核安全文化的教育和培训,形成人人重视核安全以及倡导核安全文化的氛围;制定切实可行的核安全文化建设规划,建立以安全和质量为核心的管理体系,完善规章制度并认真贯彻执行;为核安全文化的培育和推进提供足够的资源,形成核安全文化培育、评估和改进的有效机制。将核安全文化内化于心,外化于形,形成全员持续改进、追求卓越的自觉行为。

为了强化核安全文化的基本原则和要求,落实核安全文化的核心理念,单位需做出安全承诺,发布核安全政策并将核安全放在高于一切的位置;设立独立的核安全监督管理部门;将良好的实践融入到各个环节,做到"凡事有章可循,凡事有据可查,凡事有人负责,凡事有人监督";定期或不定期对本单位的核安全文化培育状况以及安全绩效进行自我评估;对核安全文化进行弱化识别,并及时采取改进措施。

作为核行业的从业人员需严格要求自己,养成严谨的工作方法、质疑的工作态度和良好的交流工作习惯。树立强烈的责任意识,形成学法、知法、守法的法治观念,持续提升自我核安全文化素养。

在行业内提倡同行评估,鼓励通过第三方开展核安全文化培育和实践的评估活动。通过不断学习借鉴成功的经验,规避不好的实践;同时识别文化薄弱环节,并采取相应的改进措施,以持续提高核安全文化水平。

参 考 文 献

[1]　朱继洲. 核反应堆安全分析[M]. 西安:西安交通大学出版社,2004.

[2]　于平安. 核反应堆热工分析[M]. 上海:上海交通大学出版社,2002.

[3]　濮继龙. 压水堆核电厂安全与事故对策[M]. 北京:原子能出版社,1995.

[4]　朱继洲. 压水堆核电站的运行[M]. 北京:原子能出版社,2000.

[5]　单建强. 压水堆核电厂调试与运行[M]. 北京:中国电力出版社,2008.

[6]　The International Nuclear and Radiological Event Scale(INES)User's Manual[R]. VIENNA IAEA,2013.

[7]　核动力厂运行安全规定:HAF 103—2004[S]. 北京:国家核安全局,2004.

[8]　核电厂质量保证安全规定:HAF 003—1991[S]. 北京:国家核安全局,1991.

[9]　核电厂调试和运行期间的质量保证:HAD 003/09—1988[S]. 北京:国家核安全局,1988.

[10]　核动力厂定期安全审查:HAD 103/11—2006[S]. 北京:国家核安全局,2006.

[11]　柴建设. 核安全文化与核安全监管[J]. 核安全,2013,12(3):5-9.

[12]　张天祝,曹健,徐广震,等. 核安全文化手册[R]. 北京:国家核安全局,2014.

[13]　张志刚,范育茂. 辐射安全文化的建立与培育[J]. 核安全,2010(3):22-26.

[14]　周涛,陆道纲,李悠然. 核安全文化与中国核电发展[J]. 现代电力,2007,23(5):16-23.

第5章 退役与放射性废物管理

截至 2016 年 9 月,全世界永久关闭的核电机组共 161 台,但是其中已完成退役的商用核电机组仅 10% 左右。全世界核电机组预计在未来 15～20 年内迎来历史上第一轮退役高峰。我国最早商业运行的秦山一期核电厂将于 2021 年达到设计寿命并面临退役。核设施在服役过程中,某些部位会被活化或受到放射性核素的污染,是重要辐射源和环境污染源。当核设施终止运行时,如果不对其进行妥善退役和有效监管,会对周围环境和附近居民的安全构成潜在的危害。同时,还需要对核燃料循环及核设施退役等过程中产生的放射性废物进行有效的处理与处置,以减少对公众及子孙后代的健康产生有害影响。

本章从核设施退役及放射性废物管理两个方面进行介绍,讨论退役和放射性废物管理中面临的严峻挑战和技术难题。

5.1 核设施退役

核设施是生产、加工、使用、处理、贮存或处置核材料的设施,包括相关构筑物和设备。"退役"是允许取消对一个设施的部分或全部监管控制而采取的管理和技术行动。核设施接近或达到其设计寿期或者由于技术进步、政治、经济和事故等原因而终止运行,采用适当技术措施和行政手段使这些终止运行的核设施退出服役状态,使场址获得有限制或无限制开放和使用,即核设施的退役。

5.1.1 退役的目标和策略

1. 退役目标

核设施退役的目标是对系统、设备和构筑物进行去污、拆除、拆毁以及对退役废物和场址环境进行全面治理,使其满足国家法规和标准规定的要求,达到无限制或有限制开放水平,最终达到保护公众安全和环境安全的目的。退役的最终目标是无限制开放或使用场址,这个定义不适用于废物处置场或一些铀矿设施的关闭。有些核设施或者它的某些部分经过监管部门的批准,进入到一个新的或者现存的核设施中,它所处的场址仍然受到监管与控制,也可以认为该核设施完成了退役。

退役活动达到场址无限制开放或使用,可能要几年甚至上百年时间,取决于核设施的大小、复杂程度和退役策略。退役活动的内容包括移除放射性物质(如乏燃料、新燃料组件等放射源)、去污、切割解体、拆卸设备、拆除房屋和清污场址等。

退役活动应该准备充分、措施落实、管理严格、监督到位。原则上,退役问题应该在核设施的设计和建造过程中就被考虑,但实际上国内外大部分早期的核设施在设计和建造时,都忽略了退役问题。目前仍有一些人认为应该在核设施关闭之后再考虑退役的事情,这在一定程度上增加了退役的费用和退役的难度。

2. 退役策略

根据核设施的特点,对其退役可靠性的总体考虑,国际原子能机构将核设施退役分成 3 种策略:

(1) 立即拆除(Immediate Dismantling)

立即拆除是 IAEA 推荐的动力堆退役方案。它通常是指在核设施关停后,立即(一般在 5 年之内)对含有放射性污染物的设施、设备和部件进行拆除或去污,使之达到允许设施解控以供非限制使用或限制开放使用的水平。换句话说,在关闭核设施后,迅速完成退役项目,并将所有放射性物质从有关设施移至另一新的或现有经批准的设施,对其进行处理与整备,然后再进行长期贮存或处置。

(2) 延缓拆除(Deferred Dismantling)

延缓拆除也叫做安全贮存或安全封存,是指核设施在保证安全的前提下进行长期贮存,让放射性核素进行衰变,然后再进行拆除活动。延缓拆除在核设施关闭后先进行部分和简易的去污、拆除工作,将关键设备封闭隔离几十年。反应堆的堆芯中包容着 90% 以上的放射性物质,并且含有大量的短寿命核素,因此延缓拆除堆芯可以显著地减少工作人员的受照剂量。但是,堆芯外的其他设施,比如常规岛、冷却剂回路、辅助设施和厂房等,不适合采用延缓拆除的策略。目前,各个国家规定的延缓拆除的时间并不统一。日本规定核电厂安全封存期为 5~10 年,IAEA 和法国则要求不超过 50 年,美国要求不超过 60 年。

(3) 埋葬处置(Entombment)

埋葬处置是把核设施整体或它的主要部分,埋葬在它的现在位置或核设施边界范围的地下,让其衰变到监管部门批准的解控水平。实际上,埋葬处置相当于放射性废物近地表处置,因此,该策略对含有长寿命放射性核素的设施是不适宜的。后处理厂、铀浓缩厂和元件制造厂都不适于采用埋葬处置退役策略。埋葬处置一般是在立即拆除或延缓拆除已无法实施的情况下(比如发生重大核事故),为了保护工作人员和公众健康而采用的策略。切尔诺贝利核电厂的 4 号反应堆爆炸后就是采用该策略建造了石棺,日本福岛核电厂也在考虑埋葬处置的可能性。此外,美国和意大利早期的几个小型实验堆退役也采用了埋葬处置策略。考虑到埋葬处置存在较大的安全隐患,这一策略现在已基本被废弃。

三种退役策略的优缺点比较见表 5.1。

表 5.1　三种退役策略优缺点比较

退役策略	优点	缺点	适用性
立即拆除	能尽快地开放或再使用厂址; 能充分利用现有熟悉设施的人员参加退役活动; 可以较好地利用现有的辅助设施和设备; 档案资料失散较少	工作人员可能受到较高照射; 较大的初始经费负担; 可能需要研发适当的退役机具	前处理核设施、后处理厂、核技术利用设施、中小型研究堆

退役策略	优点	缺点	适用性
延缓拆除	由于放射性衰变,可以降低核设施的放射性水平; 降低操作人员在源项调查、去污、拆除等过程中的受照剂量; 要求处置废物量较少; 获得必要退役经费和先进退役技术,时间充裕	在封存期间内场址不能作他用; 资料档案和熟悉设施的人员可能会散失; 辅助系统的功能减弱或失效; 需要长期监督、维护、检测和保安,要有经费保障	核电厂、生产堆、大型研究堆
埋葬处置	废物运输和处置成本低; 减少工作人员去污和拆卸的受照; 可能利用或转化为其他设施的废物处置场	不适于含长寿命放射性核素的设施; 需要长期的维护和监督; 需要附近公众的同意和接受; 场址必须具备处置场条件,经过监管机构批准才可实施	场址条件和长寿命核素含量满足要求的核设施

5.1.2 退役工程主要阶段

核设施退役工程是一个复杂的系统工程,涉及政治、经济、社会、技术、公众和环境等众多因素。由于核设施种类繁多,采取的退役策略和退役技术会有一定的不同,且持续的时间也会有很大的差别,对于反应堆设施和后处理设施等大型核设施,一般需要几十年至上百年的时间,并分若干个阶段进行。因此,在核设施退役过程中,必须将各种影响因素进行综合全面的考虑与评估,使核设施退役实现最优化,以保护环境安全和人类健康。一般来说,核设施退役工程按照时间可以划分为三个阶段,即退役准备阶段、工程实施阶段和工程验收阶段。

1. 退役准备

一般来说,核设施实施退役前均需要开展大量的准备工作。不同核设施所需的准备工作有所不同。对于放射性存量少、退役的安全风险小和退役任务相对简单的核设施,退役准备工作相对简单。而反应堆和核燃料后处理厂等大型设施的退役,其准备工作不可忽视,且需要较长时间。退役准备工作一般包括:确定退役目标和策略、制订退役计划、进行初步源项调查和场址特性鉴定、编制文件、申请退役许可、建立组织机构、培训人员和筹措经费等。

2. 退役工程实施

退役工程的实施是退役工程的主体,是核设施退役实施单位按照监管机构批准的退役方案进行的具体作业,主要包括退役核设施特性与放射性源项调查、去污、拆除和拆毁及废物管理等活动。

3. 退役工程验收

在退役项目结束时,将根据监管部门批准的退役计划对退役工程进行验收。根据退役场址的化学和剂量终态监测报告,与监管部门规定的场址开放标准进行对比,得出结论,并编制项目最终退役报告。工程验收的程序按主管部门会同监管部门共同制定的规定进行。

5.1.3　退役工程实施

在退役工程的三个阶段中,退役工程实施阶段涉及的技术最多、难度最大,包括源项调查、去污、拆除和拆毁等。

1. 源项调查

源项调查为确定退役策略、制定退役计划、优选退役技术、预估退役费用和受照剂量以及确定废物处理、处置方案等提供依据。

源项调查要求提供:

(1) 放射性物质盘存量,对污染水平做出估计;

(2) 放射性污染分布,绘制出放射性污染分布图;

(3) 掌握放射性核素的种类和数量,部分还需确定同位素组成,如掌握 ^{235}U、^{239}Pu 和 ^{233}U 等易裂变物质的数量和存在位置,以避免可能的临界事故。

源项调查可以掌握照射的关键途径、关键核素和关键人群,通过适当模拟计算,可估算出退役的受照剂量。

源项调查除调查放射性核素之外,还包括非放射性危险物质(如石棉、铍、多氯联苯等),有的还要求对设备和构筑物的老化程度做出评价。

2. 去污

核设施退役工程中的去污是用物理、化学或生物等方法去除或降低放射性污染的过程,其目的是降低放射性水平,以便于后续退役活动,使退役工作人员和公众受到的辐射照射降至最低,同时减少后续退役活动产生的放射性和废物量、有利于回收利用废旧设备、简化废物管理等。在选择具体去污工艺时,应进行必要的代价—利益分析,以确定所选的去污工艺是否适用。

核设施退役各个阶段都需要进行去污作业。在核设施退役工程实践中,已经开发了很多可供选择的去污工艺技术。在进行去污作业前,需对放射性污染的核素种类及其形态、物化特性、污染类型及表面状况等因素进行调查,根据安全性、经济性和可实现性选取具体去污工艺。

3. 拆除和拆毁

核设施退役工程大多涉及构筑物混凝土结构的拆毁、金属设备、部件和管道的切割,例如反应堆压力容器、压力容器内部构件、箱体和管道等部件的解体与切割。在进行拆除和拆毁活动之前,需制订详细的作业方案,方案至少应包括拆除和拆毁活动中的辐射防护与安全措施、拆除和拆毁的方法、工器具选择、拆除作业的具体步骤和二次废物处理等内容。

拆除方法可以是手动的,也可以是自动远距离拆除。当放射性活度较高时,应首先考虑采用远距离操作。例如切割反应堆压力容器和其内部构件时,除了要有适当的辐射屏蔽措施外,应尽可能采用远距离切割。在选择具体拆除和拆毁方法时,应按照作业场所的辐射水平及拆除和拆毁方法的适用性对多种拆除和拆毁方法进行比较。

5.1.4 退役安全

核设施退役的安全目标是确保工作人员、环境和公众安全,免受或减少来自核设施退役各阶段中产生的放射性和非放射性有害物质的危害,同时又不为后代留下不适当的负担,包括额外的健康、安全风险和财政负担。

核设施运行过程中产生的放射性物质一般被封闭或包容在封闭的设备和管道中,而在退役时,放射性物质由于核设施的包容与封闭系统受到破坏而被释放出来,因此需要采取特殊的防护措施。除辐射危害之外,核设施在退役过程中还存在较多的环境安全和工业安全问题。例如在去污过程中,作业人员可能会遭受化学试剂的腐蚀性和毒性的危害;在切割、吊运部件的过程中可能产生机械伤害等。

正因为如此,在核设施退役过程中强调安全的重要性是十分必要的。一旦发生事故,不仅会影响退役工程的进度和经费预算,还可能造成工作人员遭受过量的辐照,甚至造成人员伤亡和危害生态环境。

核设施退役活动的安全防护具有一定的特殊性。首先,退役的核设施一般都已运行多年,相关记录或信息难以完全掌握。其次,设施严重老化,特别是一些公用系统的严重恶化,增加了退役过程的安全隐患。另外,核设施退役周期长,且每天的情况可能完全不同,需要时刻保持警惕,提升安全意识。作业过程中各种危害的组合更是加大了安全防护的难度,例如,在进行机械拆除作业时,不仅需要进行辐射防护,还需考虑储罐或管线中的化学毒性危害的防护;对污染区设备或部件进行拆除时,既要防止高空坠落,又要考虑尽可能减少放射性污染的扩散途径。

一般来说,核设施退役重点关注的安全问题主要包括辐射安全、临界安全、工业安全和环境安全等。

1. 辐射安全

核设施退役工程需制定相应的辐射防护大纲,以保证核设施退役各个阶段的辐射防护是最优化的,并使辐射剂量保持在适当的限值内。核设施退役产生的受照剂量估算如表5.2所示。

表5.2 核设施退役产生的受照剂量估计   单位:人·Sv

退役活动	职业照射量	公众照射量(50年剂量负担)
铀燃料制造厂	0.18	0.005 7
铀转化厂	0.79	0.057
MOX 燃料制造厂	0.76	0.037
PWR,1 300 MW	11.0	0.36
BWR,1 300 MW	18.4	0.55
后处理厂	5.1	0.115

　　实践经验表明,退役时操作人员所受剂量主要来自重污染设备切割解体和所做的检修。对公众的照射主要产生于流出物排放和乏燃料、废放射源与放射性废物运输,必须严格控制排放和按放射性物质运输规程操作,确保公众的安全。

　　在核设施退役过程中采用纵深防御策略,可有效降低各类事故的发生率,降低工作人员的受照剂量,对确保退役任务顺利完成具有重要的意义。纵深防御的各层可以是冗余的,可以采用多种保护模式,且这些保护模式是相互独立的。

2. 临界安全

　　临界安全是核设施,特别是后处理设施退役过程中需要关注的问题。如果核设施内残存易裂变物质,在其贮存和运输过程中,可能发生临界事故。虽然这种事故发生的概率极小,但其后果非常严重,因此必须引起高度警惕。

　　对于核设施退役而言,在退役前要调查和掌握核设施内易裂变物质^{235}U 和^{239}Pu 的残存量、存在形态和分布等,并估计它们在退役过程中可能发生的变化和转移,然后根据这些调查,采取相应的防范措施。在核设施退役过程中,应制订严格的易裂变物质管理措施。同时还要仔细分析发生临界的可能性,从管理体制上加以防范。一旦发现易裂变物质,应尽可能回收或加强安全保卫,并及时上报管理部门和运离现场,以防止核材料被盗和非法转移。

3. 工业安全

　　核设施退役过程中同样也会存在机械伤害和火灾等一般工业安全问题。退役设施由于长时间的运行或关闭,吊运、泵机以及辅助系统的电气设备都会出现腐蚀、老化和性能下降等问题,造成退役过程中系统运行不稳定、承重和固定系统不牢固、容器设备系统不密封等安全隐患。

　　统计数据表明,在核设施退役过程中发生的事故,有 $60\%\sim70\%$ 是人为因素导致的。因此,在核设施退役过程中,必须高度重视管理、培训和提高安全意识,让现场工作人员熟练掌握作业的技能,消除由于工作人员的麻痹心理和不良习惯而造成的事故。

　　核设施退役过程中,一般工业安全的目标是保证作业人员的安全和健康,保护环境免受放射性危害。为此,核设施退役实施单位需根据退役工程实际情况,对可能存在的工业安全问题进行仔细研究,制定核设施退役工业安全大纲。该大纲要符合健康与安全法规,应包括已批准的安全实践、工作区域的监测和人员防护设备的确定和技术要求等。

4. 环境安全

　　核设施退役的公众安全与环境安全是退役的最终目标,是制约整个退役活动的关键。在核设施退役过程中,不可避免产生气体、气溶胶、粉尘、液体流出物以及固体废物等,如果排入环境,将对环境产生危害。为保护环境,通常希望向环境排放的流出物或固体废物越少越好,但由于经济和技术原因,流出物中有害物质的零排放是不可能的。这些放射性物质在环境介质中弥散、迁移和蓄积,导致公众环境可能受到辐射剂量的影响。我国《放射性污染防治法》中明确规定,对于核设施申请退役许可证时,必须编制《核设施退役环境影响报告书》,对退役过程中产生的环境影响进行评价,为评价退役方案的风险和利益提供依据。

5.2　放射性废物管理

放射性废物定义为含有放射性核素或为放射性核素所污染、其浓度或活度大于国家监管部门规定的清洁解控水平并且预期不再使用的物质。核设施退役过程、核燃料循环过程以及反应堆运行等其他核活动都会产生大量的放射性废物,需要对这些放射性废物加以有效监管,进行妥善处理与处置,以避免对周围环境和居民的安全构成潜在的危害。

放射性废物管理是指放射性废物的预处理、处理、整备、运输、贮存和处置等行政管理和运行活动。其中,废物的处理与处置是重点,也是最艰巨的管理任务。为此,许多国家花费了大量的人力、物力和财力,开展了广泛的放射性废物处理与处置研究和应用,并取得了大量的科研成果,积累了丰富的实践经验。

5.2.1　放射性废物来源

放射性废物来源广泛,所有操作、生产和使用放射性物质的活动,都有可能产生放射性废物,如核设施退役过程、核燃料循环过程、反应堆运行、放射性同位素的生产与使用、核研究和开发活动、核武器研制试验与生产活动等。表5.3给出了放射性废物的主要来源。

表 5.3　放射性废物的主要来源和种类

放射性物质类别	主要来源	废物状态	废物种类	主要放射性核素	辐射类型
天然放射性物质	铀矿开采和水冶	固态	废石、尾矿渣、污染废旧器材、树脂、滤布、玻璃、废旧劳保用品等	^{226}Ra、^{238}U 等	α、γ
		液态	矿坑水、选矿水、萃取工艺废液、地面排水、洗衣房排水、洗澡水、实验室废水等	^{234}Pa、^{230}Th、^{226}Ra、^{238}U 等	α、γ
		气态	废气和 α 气溶胶等	^{222}Rn 等	α
天然放射性物质	铀精制与核燃料元件制造	固态	纯化残留物、切削物、废硅胶	^{234}U、^{235}U、^{238}U 等	α、γ
		液态	提纯工艺废液、一般废水等	^{234}U、^{235}U、^{238}U、^{234}Th、^{234}Pa 等	α、γ
		气态	废气、粉尘和放射性气溶胶等	^{234}U、^{235}U、^{238}U 等	α、γ

续表

放射性物质类别	主要来源	废物状态	废物种类	主要放射性核素	辐射类型
裂变产物和超铀产物	反应堆运行、乏燃料后处理、核设施退役	固态和液态	废离子交换树脂、泥浆、滤渣、蒸发残渣（或蒸发浓缩液）及其固化体、仪器探头、污染废仪表设备、废纸、废塑料、废过滤器、废工具和劳保用品、冷却水、脱壳废液、萃取循环水、洗涤水、地面排水等	^{3}H、^{85}Kr、^{87}Kr、^{90}Sr、^{99}Tc、^{103}Ru、^{106}Ru、^{129}I、^{133}Xe、^{135}Xe、^{137}Cs、^{144}Ce、^{237}Np、^{239}Pu 等	α、β、γ
		气态	废气和放射性气溶胶等	^{3}H、^{84}Br、^{85}Kr、^{133}Xe、^{129}I、^{131}I 等	β、γ
活化产物	反应堆运行与核设施退役	固态	废反应堆压力容器、废堆芯部件、包壳材料、污染石墨、废设备、钢筋混凝土等	^{3}H、^{14}C、^{28}Al、^{56}Mg、^{55}Fe、^{59}Fe、^{60}Co、^{63}Ni 等	α、β、γ
		液态	循环冷却水、去污处理废水等	^{58}Co 等	β、γ
		气态	废气和气溶胶等	^{16}N 等	β、γ
	同位素制造	固体	加速器的靶件等	^{32}P、^{60}Co、^{90}Mo、^{125}I、^{131}I、^{133}Xe、^{90}Sr、^{137}Cs 等	β、γ
人工放射性物质	放射性同位素的使用	固体	科研、教育、医疗、工业、农业等部门使用的废放射性源、放射性同位素、污染动植物、废器材、废矿石标本、废水等	^{60}Co、^{192}Ir、^{90}Sr 等	β、γ
		液体		^{147}Pm、^{89}Sr、^{90}Sr 等	β、γ

5.2.2　放射性废物分类

放射性废物来源广泛，不仅其物态互不相同，放射性水平及主要的放射性核素也存在较大的差异，因此必须对其进行分类，以便在此基础上制定对各类放射性废物的管理原则和方法。

放射性废物的分类方法较多，一般按照其物理状态、放射性水平、辐射类型以及所含放射性同位素的半衰期来分类。

放射性废物按其物理状态可以分为放射性气载废物、放射性液体废物和放射性固体废物；按其放射性水平可以分为高放废物（HLW）、中放废物（ILW）、低放废物（LLW）和极低放废物（VLLW）等；按其放出的射线种类可以分为 β/γ 放射性废物和 α 废物等；按放射性核素的半衰期可以分为长寿命（或长半衰期）放射性核素、中等寿命（或中等半衰期）放射性核素和短寿命（或短半衰期）放射性核素等类型。

此外，也可按放射性废物的处置方式、来源和毒性来分类，如按处置方式可以分为免管废物、可清洁解控废物、近地表处置废物和地质处置废物等;按其来源可分为核电厂废物、核燃料循环废物、核技术应用废物和退役废物等;按其毒性可以分为低放射毒性废物(如天然铀、氚等)、中等放射毒性废物(如 ^{137}Cs、^{131}I 等)、高放射毒性废物(如 ^{90}Sr、^{60}Co 等)和极高放射毒性废物(如 ^{226}Ra、^{239}Pu 等)。

我国根据 IAEA 安全导则于 1996 年公布了国家标准《放射性废物的分类》(GB 9133—1995)。该分类与 IAEA 推荐的分类相比更为详细、具体,更适合我国使用。该标准首先将放射性废物按物理状态分为气载废物、液体废物和固体废物 3 类。在此基础上,再按放射性浓度或比活度将各放射性废物分为如下若干级。

1. 放射性气载废物的分级

所谓放射性气载废物是指含有放射性气体或气溶胶的气态废弃物,其放射性浓度超过国家监管部门规定的排放限值。

放射性气载废物按其放射性浓度水平不同分为两级:

第 I 级(低放废气):浓度小于或等于 4×10^7 Bq/m³;

第 II 级(中放废气):浓度大于 4×10^7 Bq/m³。

2. 放射性液体废物的分级

所谓放射性液体废物是指含有放射性核素的液态废弃物,其放射性浓度超过国家监管部门规定的排放限值。

放射性液体废物按其放射性浓度水平不同分为三级:

第 I 级(低放废液):浓度小于或等于 4×10^6 Bq/L;

第 II 级(中放废液):浓度大于 4×10^6 Bq/L,小于或等于 4×10^{10} Bq/L;

第 III 级(高放废液):浓度大于 4×10^{10} Bq/L。

3. 放射性固体废物的分级

所谓放射性固体废物是指含有放射性核素的固态废弃物,其放射性比活度或污染水平超过国家监管部门规定的清洁解控水平。

放射性固体废物中半衰期大于 30 年的 α 发射体核素的放射性比活度在单个包装中大于 4×10^6 Bq/kg(对近地表处置设施,多个包装的平均 α 比活度大于 4×10^5 Bq/kg)的为 α 废物。

除 α 废物外,放射性固体废物先按其所含寿命最长的放射性核素的半衰期($T_{1/2}$)长短分为 4 种,然后按其放射性比活度水平分为不同等级。具体的分级如下:

(1) $T_{1/2}\leqslant60$ d(包括 ^{125}I)

第 I 级(低放废物):比活度小于或等于 4×10^6 Bq/kg;

第 II 级(中放废物):比活度大于 4×10^6 Bq/kg。

(2) 60 d$<T_{1/2}\leqslant5$ a(包括 ^{60}Co)

第 I 级(低放废物):比活度小于或等于 4×10^6 Bq/kg;

第 II 级(中放废物):比活度大于 4×10^6 Bq/kg。

(3) 5 a$<T_{1/2}\leqslant30$ a(包括 ^{137}Cs)

第 I 级(低放废物):比活度小于或等于 4×10^6 Bq/kg;

第 II 级(中放废物):比活度大于 4×10^6 Bq/kg,小于或等于 4×10^{11} Bq/kg,且释热率小于或等于 2 kW/m³;

第Ⅲ级（高放废物）：比活度大于 $4×10^{11}$ Bq/kg，或释热率大于 2 kW/m³。

（4）$T_{1/2}>30$ a

第Ⅰ级（低放废物）：比活度小于或等于 $4×10^{6}$ Bq/kg；

第Ⅱ级（中放废物）：比活度大于 $4×10^{6}$ Bq/kg，小于或等于 $4×10^{10}$ Bq/kg，且释热率小于或等于 2 kW/m³；

第Ⅲ级（高放废物）：比活度大于 $4×10^{10}$ Bq/kg，或释热率大于 2 kW/m³。

4. 豁免废物

对公众成员照射所造成的年剂量值小于 0.01 mSv，对公众的集体剂量不超过 1 人·Sv/a 的含极少放射性核素的废物称为豁免废物。

5.2.3　放射性废物的处理与处置

1. 放射性废物的处理

放射性废物处理是放射性废物管理的重要措施。所谓放射性废物处理是指为了安全或经济目的而改变废物特性的操作，如衰变、净化、浓缩、减容、从废物中去除放射性核素和改变其组成等，其目标是降低废物的放射性水平或危害，减少废物处置的体积。

放射性废物的种类繁多，性质各异，因此，应选择适当的处理方式进行处理。一般情况下，选择处理方法时应根据技术可行、经济合理和规范许可而定。处理过程要防止环境污染，尽量减少二次废物的产生量。此外，对放射性废物应积极开展综合利用。

放射性废物在处理过程中可能会产生新的废物，这些新产生的废物被称为二次废物。例如在处理低、中放废液过程中，往往需要用离子交换和凝聚沉淀等方法多次处理后，放射性浓度才能达到允许排放的水平，而处理过程中产生的废树脂和泥浆沉淀等都是带有放射性的二次废物，这些废物仍需要进行后期处理。

2. 放射性废物的处置

放射性废物处置是指将废物放置在一个经批准的、专门的设施（例如近地表或地质处置库）里，预期不再回取。处置也包括经批准后将气态和液态流出物直接排放到环境中进行弥散。处置的目标是将废物与人类及环境长期、安全地隔离，使它们对人类环境的影响减小到可合理达到的尽量低水平。

处置的放射性废物包括液体放射性废物和固体放射性废物。废物处置根据废物的类别一般分为极低放废物处置，低、中放废物处置和高放废物处置，针对不同的废物类别，所需采取的处置方式也不同。

放射性废物处置的方法很多，有海洋处置、陆地处置、冰层处置和太空处置等。比较现实和安全的方法主要是陆地处置。一般而言，低、中放废物的隔离期不应少于 300 年；α 废物和高放废物的隔离期不应少于 10 000 年。

陆地处置的方式较多，包括浅层填埋、近地表处置、中等深度处置和深地质层处置等。

对于高放废物和 α 废物，一般采用深地质层处置。由于地球表面许多地区的岩层长期（上亿年）以来极为稳定，因此可以放心地将高放废物贮存于这些地层中，以实现废物与生物圈的隔绝。该处置方法适宜于高放废物地质处置的主岩有岩盐、花岗岩、黏土岩、凝灰岩等。目前我国也在对高放废物地质处置库进行选址，并对有关地质处置进行了大量研究。

对于中放废物,一般采用中等深度处置。所谓中等深度处置是指其深度比近地表处置要深,而比深地质处置深度要浅,一般在 30~300 m 之间,目前使用较多的是各类废矿井,如盐矿、铁矿和铀矿等。

对于低放废物,一般采用近地表处置。该方法是将废物容器或无容器废物固化体,堆置于地表挖出的混凝土壕沟(或钢筋混凝土竖井)内。壕沟(或钢筋混凝土竖井)可分成若干处置隔间,堆置时用黏土和砂石混凝土等回填废物容器之间的空隙,每堆满一个隔间便用黏土和混凝土覆盖和封顶,并用防水材料适当密封以防止渗入雨水。在壕沟底部自下而上地设置不透水黏土层、砾石层、砂层以及完善的集水排水系统。处置场的排水渠应位于不透水层以上,将场内所有地下水收集排出。

对于极低放废物,其放射性活度浓度低于低放废物的下限值但略高于豁免值,一般采用浅层填埋(地表下 10~15 m)处置。在处置过程中,应遵循以下基本原则:

(1) 极低放废物应在保证公众和环境安全的前提下,经济、合理地处置;

(2) 极低放废物应尽可能就近填埋处置;

(3) 极低放废物的填埋处置应根据废物数量和废物特征等因素选择适宜的处置方式,如专设填埋场或利用适当的废矿井,也可以利用工业固体废物填埋场处置极低放废物;

(4) 不得通过故意稀释来达到规定的极低放废物活度浓度指导值;

(5) 极低放废物的填埋处置,如果涉及其他危害(如化学和生物危害等),还应满足相关标准的要求。

5.3 问题与挑战

高放废物的特点是放射性比活度高,释热率高,含有一些半衰期长、生物毒性高的核素。因此,它们的处理与处置技术复杂、费用高、难度大,对其安全处置是一个世界性难题。在核工业生产过程产生的各类放射性废物中,虽然高放废物的体积仅占各类废物总体积的 3%,但是其放射性活度却能占各类废物总活度的 95%。

大型核设施退役时也会产生可观的放射性废物。退役工程是涉及放射化学、专用机械设计与研制、辐射防护等多学科领域的复杂的系统工程,活动的对象是强放射性场所,工作任务艰巨、潜在危险性大、技术性强。

5.3.1 退役面临的挑战

核设施退役,尤其是大型核设施、核场址退役,涉及复杂的科学技术和社会经济方面,其实施面临多方面的挑战。

第一,退役持续时间长,不确定性因素多,控制风险的难度大。大型核反应堆从设计、建设、调试、运行、关闭到最终完成退役可能要在 100 年以上。对于大型军工核场址,尤其是包括生产堆和后处理厂的综合性核基地,核设施退役和场址清污就需要几十年。美国汉福特场址清污项目要在 2050 年以后才能完成;萨凡纳河场址清污项目在 2038 年以后才可能完成,而长期监护活动会持续到 2070 年以后;根据英国核退役局的战略,塞拉菲尔德场址最终解控在 2120 年才能实现。持续时间长意味着需要考虑的不确定性因素多,控制风险的难度大,按计划或规划完成退役任务的难度大。

第二,技术风险和工程风险大。一些技术问题仍没有得到最终解决,这对退役策略选择及项目实施有很大影响。例如,没有可行的放射性石墨处理、处置技术导致石墨堆退役难以实现。对于一些原型设施或设计独特的设施,可能需要进行有针对性的技术研发和工程验证,现场退役要在相关技术研发成功的基础上才能安全地实施,技术方面的风险较大。工业上成功应用的拆除、拆毁技术可用于退役操作,但通常需要进行改装、验证,仍具有技术风险。即使技术可行,一些设施退役在工程(操作)上存在很大难度,要在安全、生产效率(进度)和经济性方面取得满意结果非常困难。这些设施包括:地下槽罐(尤其是高放槽罐)退役、地下污染管道去污和拆除、高烟囱源项调查、去污和拆除等。技术风险和工程风险大,通常会表现为项目拖延,这是退役项目管理也是核设施退役管理面临的严峻挑战。

第三,在确保安全方面存在挑战。辐射安全及环境安全一直是深受关注的话题。对于核设施退役,辐射安全、放射性废物运输和处置安全、工业安全等都是受到广泛关注的议题,而正在进行退役的场址通常存在设备老化、年久失修的情况,安全风险较为突出,对核设施退役安全带来挑战。

第四,在人力资源方面存在挑战。退役操作需要熟悉现场(退役设施、设备的结构特点及环境等)的高技能(熟练掌握各种操作技能,熟练使用相应设备、工具、仪表及熟悉操作程序等)人员,由于核设施关闭后人员流失及采用延迟退役的策略,营运单位的人力资源与需求存在较大差距。另外,退役需要外部工程设计、建设、科研、设备制造等单位参与,这些外部组织的人力资源也存在不能满足退役需求的情况。

第五,核设施退役项目管理面临挑战。核设施退役项目管理的挑战主要在于项目进度控制、经费控制、现场安全管理和辐射防护等。对于大型核场址的退役,同一个时段内通常有多个至几十个项目在实施,这些项目既有退役项目,又有放射性废物处理项目,一个项目的进展可能影响其他或后续项目的开展和进展。另外,项目实施还需要考虑场址上的运行核设施或暂时处于维护状态的核设施。所有这些因素使得项目管理的难度很大,对项目管理绩效带来严峻挑战。

第六,经济性挑战。一方面,核设施关闭和退役可能会对当地经济乃至国家经济产生显著影响;另一方面,许多国家在核设施设计、建造、运行的时候没有考虑退役问题,导致在退役和放射性废物处理与处置时没有足够的资金。美国在 1990~2001 年间对核设施退役和放射性废物治理的投入约占国防核预算的 48%。国际经验表明,核设施退役费用和时间的估算大多是偏保守的,实践结果往往在不断上升。美国 1986 年立即拆除热功率为 2 536 MW的沸水堆估算经费为 1.27 亿美元,2002 年上升为 4.24 亿美元。英国核退役局 2005 年对 26 个镁诺克斯反应堆,对敦雷、温茨凯尔、哈威尔和温弗里斯 4 个研究堆厂址以及对塞拉菲尔德核基地的退役估算费用为 630 亿英镑,2007 年上升到 730 亿英镑。如果考虑核设施退役的成本和放射性废物处理与处置的成本,现有技术条件下核能的综合经济效益就会大打折扣,核电的经济性就大受影响、竞争力降低。

当然,核设施退役面临的挑战和难度不止以上所列举的几点。要安全和高效实施退役,使场址达到预期的终态水平,退役管理应当受到高度重视。退役管理涉及不同层面和领域,核设施退役立法、退役国家政策和规划、退役监管、退役组织及财政保障是其中的重要方面。

5.3.2 长寿命高放废物处理处置

长寿命高放废物能否安全处理处置是制约核能发展的主要因素,是现今核能发展的主要议题之一。核燃料循环过程产生了大部分的放射性废物,以一座百万千瓦的轻水反应堆为例,其将产生约 23.75 t ^{235}U 和^{238}U、1 t 中短寿命的裂变产物、200 kg 锝、30 kg 长寿命裂变产物(LLFP)、20 kg 次锕系核素(MA)。分析表明,放射性废物的远期风险主要来自 MA 和 LLFP,要使其放射性水平降到天然铀矿的水平,需要经过长达几万甚至几十万年的衰变。

随着我国越来越多的压水堆核电厂投入运行,放射性废物的累积量将快速增加。如果 2030 年核电装机容量达到 150~200 GW$_e$,届时乏燃料累积存量将高达 3.8~5 万吨,其中所含的 Pu 有 300~400 t,LLFP 有 45~60 t,MA 有 30~40 t。如果放射性废物的安全问题没有得到解决,将会影响到我国经济的健康发展,同时也关系到我国可持续发展的战略目标。

对于高放废物的最终处置,目前各国普遍接受的可行方案是深部地质处置,即把高放废物存放在距离地表深约 500~1 000 m 的地质体中,使之永久与人类的生存环境隔绝。埋藏高放废物的地下工程被称为"高放废物处置库"。然而,地质的长期稳定性很难得到保证,一旦放射性物质在复杂的深部地质环境下受地下水侵蚀和浸出,核素迁移扩散到生物圈,风险太大。特别是人类闯入和自然灾难一旦发生,后果不堪设想。

嬗变技术为高放废物问题的解决提供了新思路。随着加速器技术的发展,20 世纪 90 年代核科技界提出了分离—嬗变(Partition-Transmutation)放射性废物处理策略,其核心是在闭式循环的后处理分离基础上,进一步利用核嬗变反应将长寿命、高放射性核素转化为中短寿命、低放射性的核素。研究表明,长寿命高放射性废物经过嬗变处理后,其放射性水平可在 300~700 年内降低到普通铀矿的水平,仍需地质深埋处理的放射性废物体积可以减少至开环模式的 1/50 和分离铀/钚闭式循环模式的 1/10 左右。这种方案基本上可以解决地质处置的放射性废物容器和地质条件存在的问题。

嬗变是通过中子/质子/光子人工核反应,使 MA 和 LLFP 转变成短寿命核素或稳定元素,降低或消除高放废物的长期危害性,并利用嬗变所释放的能量。嬗变可以通过反应堆(热中子堆或快中子堆)、加速器驱动次临界系统(ADS)以及裂变—聚变混合装置等多种途径来实现。

对于嬗变,根据现有的分析和计算,有以下认识:

(1)在轻水堆和快堆中"烧"钚和 MA 是可能的,但轻水堆中嬗变 MA 以热中子俘获为主,产生新 MA,嬗变效率很低。由于新产生的重 MA 的高毒性,使多级嬗变很困难。

(2)快堆嬗变 MA 的效率比轻水堆高,但 MA 进入快堆的量有限制(不能超过燃料总量的 2.5%)。

(3)ADS 嬗变能力比快堆高一个数量级,但 ADS 需要中能强流质子加速器与次临界装置的良好配合,要实现长期稳定、可靠的运行,技术难度高。

(4)嬗变能够减少 MA 和 LLFP 的数量,但不能完全消灭 MA 与 LLFP。嬗变可显著减少长寿命高放废物地质处置的负担,但无法完全免除长寿命高放废物的地质处置。

分离—嬗变的工业运行,存在许多难题需要解决,例如:

(1)嬗变要求的设备条件难度高,耗资大;

（2）分离—嬗变效率不高,需要多次嬗变—分离,才能达到要求;

（3）分离—嬗变过程会产生不少二次废物,并且可能产生很多 α 废物。

长寿命高放废物的安全处理处置是我国乃至国际核能界无法回避的重大问题,也是尚未解决的世界性难题。直面挑战,解决难题,人类的文明与技术才能得到发展。

参 考 文 献

［1］　曹俊杰,陈戏三.我国核电厂退役现状及思考[J].科技视界,14:1-3,2016.

［2］　王邵,刘坤贤,张天祥.核设施退役工程[M].北京:中国原子能出版社,2013.

［3］　刘坤贤,王邵,韩建平.放射性废物处理和处置[M].北京:中国原子能出版社,2012.

［4］　宋学斌.核设施退役管理实践[M].北京:中国原子能出版社,2013.

［5］　核安全专业实务[M].修订版.北京:中国环境科学出版社,2009.

［6］　罗上庚,张振涛,张华.核设施与辐射设施的退役[M].北京:中国环境科学出版社,2010.

［7］　放射性废物的分类:GB 9133—1995[S].北京:中国标准出版社,1995.

［8］　IAEA. Decommissioning of Nuclear Facilities other than Reactors[R]. Technical Reports Series,IAEA,Vienna,1998(386).

［9］　IAEA. Status of the Decommissioning of Nuclear Facilities around the World[R]. STI/PUB/1201,2004.

［10］　罗上庚.放射性废物处理与处置[M].北京:中国环境科学出版社,2007.

［11］　中国科学院"未来先进核裂变能——ADS 嬗变系统"战略先导科技专项研究团队.直面挑战 追梦核裂变能可持续发展:"未来先进核裂变能——ADS 嬗变系统"战略先导科技专项及进展[J].中国科学院院刊,30(4):527-534,2015.

第 6 章　确定论安全分析（DSA）

为了维持或提高核电厂的安全水平，需要对核电厂的安全进行持续地监督和反复地分析。对核电厂可能发生的事故进行分析是核电厂安全分析的重要内容之一，核电厂事故分析研究故障工况下核电厂的行为，是核电厂设计过程与许可证申请程序中的重要步骤。核电厂安全分析的方法可分为两类，即确定论分析（DSA）方法和概率论分析（PSA）方法。本章讨论的是确定论安全分析方法，以概率论安全分析方法为基础的概率安全评价将在第 7 章介绍。

本章先讨论核电厂的运行事件和事故分类，在此基础上，讨论设计评审中的确定论安全分析方法，并简单介绍了严重事故的确定论分析方法。

6.1　核电厂运行事件与事故分类

在核电发展的最初，对反应堆的安全评价基于"最大可信事故"，此概念表述为：在反应堆寿期内假设的潜在危害不可能被其他任何认为可信的事故所超过的一种事故。由于最大可信事故只关注某一特定事故，而且这一特定事故的选取存在很大的不确定性，据此证明反应堆安全是不充分的。1968 年，F. R. Farmer 首先用概率论的思想推荐了一条各种事故所允许发生概率的限制曲线，可信事故转化为考虑发生频率的"设计基准事故"（Design Basis Accidents，DBAs），后来逐渐取代了最大可信事故，与最大可信事故不同之处在于 DBAs 是一组假想事故。一个核电厂只要满足预设 DBAs 的标准，就足以证明反应堆是安全的，而那些更严重事故发生的频率被认为是足够低的。理论上而言，事故的假设与情景是无穷无尽的，正是设计基准事故的概念衍生出事故分析过程中包络的处理原则和方法（包络的处理原则和方法是指，选择的代表性事故不但在事故的进程和事故现象上具有典型性，而且在同类事故所导致的后果上具有包络性），才使得反应堆的安全评价与监管成为可操作的现实。由此逐渐形成了如今的"确定论"安全分析方法，安全分析人员基于单一故障假设以及工程经验进行设计基准事故的选择，并通过保守假设和评价模型来衡量反应堆物理屏障和安全系统的有效性和充分性。

根据对核电厂运行工况所作的分析，1970 年美国国家标准协会（American National Standards Institute，ANSI）根据核电厂事故出现的预计概率和可能随之带来的放射性后果，将核电厂的运行工况分为四类，分别是：

工况 I，即正常运行和运行瞬变，包括核电厂正常的启动、稳态运行和停闭；带有允许偏差的极限运行，如燃料元件包壳发生泄漏、一回路冷却剂放射性水平升高、蒸汽发生器管道有泄漏等，但未超过规定的最大允许值；运行瞬变，如核电厂的升温升压或冷却卸压，以及在允许范围内的负荷变化等。这类工况出现频率较高,所以要求整个过程中无需停堆,只要依靠控制系统在反应堆设计裕量范围内进行调节,即可把反应堆调节到所要求的状态,重新稳定运行。

工况Ⅱ,即中等频率事件,或称预计运行事件,指在核电厂运行寿期内预计出现一次或数次偏离正常运行的所有运行状态。由于设计时已采取适当的措施,它只可能迫使反应堆停闭,不会造成燃料元件损坏或一回路、二回路系统超压,只要保护系统能正常动作,就不会导致事故工况。

工况Ⅲ,即稀有事故,在核电厂寿期内,一般极少出现的事故,发生概率约为 $10^{-4} \sim 3 \times 10^{-2}$ 次/(堆·年)。处理这类事故时,为了防止或限制对环境的辐射危害,需要专设安全设施投入工作。

工况Ⅳ,即极限事故,发生概率约为 $10^{-6} \sim 10^{-4}$ 次/(堆·年),因此也被称作假想事故。可如果它一旦发生,则会释放出大量放射性物质,所以在核电厂的设计中必须加以考虑。

核电厂安全设计的基本要求是:在发生常见故障的情况下,对居民不产生或只产生极少的放射性危害;在发生稀有事故和极限事故的情况下,专设安全设施的作用应能够保证一回路压力边界的结构完整、反应堆安全停闭,并可对事故的后果加以控制。

这四类工况的分类及其所对应的安全准则见表 6.1。

表 6.1　四类运行工况及其安全准则

	发生概率 次/(堆·年)	放射性后果	安全准则
Ⅰ 正常运行与运行瞬变	—	—	燃料不应受到任何损坏; 不应要求启动任何保护系统或专设安全设施
Ⅱ 中等频率事件(预计运行事件)	$3 \times 10^{-2} \sim 1$	—	燃料不应受到任何损坏; 任何屏障不应受到损坏(屏障本身出现故障除外); 采取纠正措施后机组应能重新启动; 不应发展成为后果更为严重的事故
Ⅲ 稀有事故	$10^{-4} \sim 3 \times 10^{-2}$	全身≤5 mSv 甲状腺≤15 mSv	一些燃料元件可能损坏,但数量应有限; 一回路、安全壳的完整性应不受影响; 不应发展成后果更为严重的事故
Ⅳ 极限事故	$10^{-6} \sim 10^{-4}$	全身≤0.15 Sv 甲状腺≤0.45 Sv	燃料元件可能有损坏,但数量应有限; 一回路和安全壳在专设安全设施作用下应能保证功能有效

为确保核电厂的安全,相关法规要求在安全分析报告中需详细地分析和计算工况Ⅱ、Ⅲ、Ⅳ的各种事件和事故,并给出定量的结果,以评定其是否满足现有的规范和标准。ANSI 对于压水堆核电厂所需分析的事故分类见表 6.2。从表 6.2 可见,核电厂事故分析涉及的范围很广,包括核反应堆物理、热工水力、结构、屏蔽、控制和辐射防护等各方面的问题。

表 6.2　需作安全分析的事故

预计运行事件	稀有事故	极限事故
1. 在反应堆功率运行时,控制棒组件不可控地抽出	1. 一回路系统管道小破裂	1. 一回路系统冷却剂大量流失,堆芯失去冷却剂失水事故
2. 控制棒组件落棒	2. 二回路系统蒸汽管道小破裂	2. 二回路蒸汽管道大破口
3. 硼失控稀释	3. 燃料组件误装载	3. 一台冷却剂泵转子卡死
4. 部分失去冷却剂流量	4. 满功率运行时,一组控制棒组件失控抽出	4. 燃料操作事故
5. 失去正常给水	5. 放射性废气事故释放	5. 弹棒事故
6. 给水温度降低	6. 放射性废液事故释放	
7. 负荷过分增加	7. 全场断电事故	
8. 隔离环路的启动	8. 蒸汽发生器传热管断裂	
9. 甩负荷事故		
10. 失去场外电源		
11. 一回路泄压事故		
12. 主蒸汽系统泄压事故		
13. 功率运行时,安注系统误动作		
14. 汽轮机发电机组故障		

从表 6.2 中可以看出,设计和建造核电厂时所研究的事故与事件可以分为两类:

(1) 没有流体丧失的事故,主要是指一般的瞬变。如有:反应性事故、一回路流量不正常、蒸汽流量不正常、蒸汽发生器给水不正常等。

(2) 以一回路或二回路流体丧失为特征的管道破裂事故,如给水管道破裂事故、蒸汽管道破裂事故、失水事故等。

1975 年,NRC 颁布的《轻水堆核电厂安全分析报告标准格式和内容》(第二次修订版)中给出了需分析的 8 类共 47 种典型的始发事件(见表 6.3),这些典型的始发事件是目前轻水堆事故分析的主要项目。核电厂设计部门需要针对这 47 种典型的事件,进行详细的计算分析,并证明其所设计的核电厂能满足有关的安全标准。

表 6.3　安全分析报告分析的典型始发事件

1. 二回路系统排热增加

1.1 给水系统故障使给水温度降低

1.2 给水系统故障使给水流量增加

1.3 蒸汽压力调节器故障或损坏使蒸汽流量增加

1.4 误打开蒸汽发生器泄放阀或安全阀

1.5 压水堆安全壳内、外各种蒸汽管道破损

2. 二回路系统排热减少

2.1 蒸汽压力调节器故障或损坏使蒸汽流量减少

2.2 失去外部电负荷

2.3 汽轮机跳闸(截止阀关闭)

2.4 误关主蒸汽管线隔离阀

2.5 凝汽器真空破坏

2.6 同时失去厂内及厂外交流电源

2.7 失去正常给水流量

2.8 给水管道破裂

3. 反应堆冷却剂系统流量减少

3.1 一个或多个反应堆主泵停止运行

3.2 沸水堆再循环环路控制器故障使流量减少

3.3 反应堆主泵轴卡死

3.4 反应堆主泵轴断裂

4. 反应性和功率分布异常

4.1 在次临界或低功率启动时,非可控抽出控制棒组件(假定堆芯和反应堆冷却剂系统处于最不利反应性状态),包括换料时误提出控制棒或暂时取出控制棒驱动机构

4.2 在特定功率水平下,非可控抽出控制棒组件(假定堆芯和反应堆冷却剂系统处于最不利反应性状态),产生了最严重后果(低功率到满功率)

4.3 控制棒误操作(系统故障或运行人员误操作),包括部分长度控制棒误操作

4.4 启动一条未投入运行的反应堆冷却剂环路或在不适当的温度下启动一条再循环环路

4.5 一条沸水堆环路的流量控制器故障或损坏,使反应堆冷却剂流量增加

4.6 化学和容积控制系统故障使压水堆冷却剂中硼浓度降低

4.7 在不适当的位置误装或操作一组燃料组件

4.8 压水堆各种控制棒弹出事故

4.9 沸水堆各种控制棒跌落事故

5. 反应堆冷却剂装量增加

5.1 功率运行时误操作应急堆芯冷却系统

5.2 化学和容积控制系统故障(或运行人员误操作)使反应堆冷却剂装量增加

5.3 各种沸水堆瞬变,包括 1.2 和 2.1 到 2.6

6. 反应堆冷却剂装量减少

6.1 误打开压水堆稳压器安全阀或误打开沸水堆的安全阀或泄漏阀

6.2 一回路压力边界贯穿安全壳仪表或其他线路系统破裂

6.3 蒸汽发生器传热管破裂

6.4 沸水堆各种安全壳外蒸汽系统管子破损

6.5 反应堆冷却剂压力边界内假想的各种管道破裂所产生的失冷事故,包括沸水堆安全壳内蒸汽管道破裂

6.6 各种沸水堆瞬变,包括 1.3,2.7 和 2.8

7. 系统或设备的放射性释放

7.1 放射性气体废物系统泄漏或破损

7.2 放射性液体废物系统泄漏或破损

7.3 假想的液体储箱破损而产生的放射性释放

7.4 设计基准燃料操作事故

7.5 乏燃料储罐掉落事故

8. 未能紧急停堆的预计瞬变

8.1 误提出控制棒

8.2 失去给水

8.3 失去交流电源

8.4 失去电负荷

8.5 凝汽器真空破坏

8.6 汽轮机跳闸

8.7 主蒸汽管道隔离阀关闭

在我国,早期的核电厂设计安全规定中将电厂的状态定义为四类,分别是:正常运行、预计运行事件、设计基准事故和严重事故。在《核动力厂设计安全规定》(HAF 102—2004)中,对核电厂工况的分类如图 6.1 所示。

(1) 没有明确地考虑作为设计基准事故,但可为设计基准事故所涵盖的那些事故工况。

(2) 没有造成堆芯明显恶化的超设计基准事故。

图 6.1 HAF 102—2004 中的核电厂工况分类

图 6.1 表明以往核电厂设计的包络范围是正常运行、预计运行事件和设计基准事故。在 HAF 102—2004 中虽然明确要求需适当考虑严重事故,但由于严重事故范围很广,不能也不可能对严重事故分析提出明确的验收准则。

2011 年福岛事故后,国际原子能机构 IAEA 和西欧核能监管机构协会等机构出版的文件指出要基于纵深防御,将以前超设计基准事故的一部分作为设计扩展工况纳入设计基准中来考虑,要求提供附加安全措施。为进一步提高核电厂安全水平,强化核电厂预防和缓解严重事故的能力,实现实际消除大量放射性物质释放的安全目标,我国最新的《核动力厂设计安全规定》(HAF 102—2016)中调整了对核电厂工况的分类,重新将核电厂的四类状态定义为:正常运行、预计运行事件、设计基准事故和设计扩展工况(如图 6.2 所示)。

图 6.2 HAF 102—2016 中的核电厂工况分类

图 6.2 体现了对设计扩展工况(DEC)的安全考虑,其中明确指出,核电厂设计包括的范围已扩大到了设计扩展工况。

DEC 工况包括:选定的核电厂系统设备的多重故障状态,如核电厂全厂断电(SBO)、丧失最终热阱(LUHS)等;选定的严重事故,包括相应的严重事故现象;选定的极端外部事件。对于 DEC 工况,安全分析必须证明安全壳在严重事故过程中能够维持完整。

严重事故指的是核反应堆的堆芯遭到严重损坏或堆芯发生熔化,甚至安全壳也发生损坏的事故。严重事故最终将导致大量的放射性物质被释放到环境中,它是一种超设计基准事故。严重事故的后果非常严重,比如切尔诺贝利核电厂事故释放了大量的放射性物质到环境中,对环境、健康、经济和社会心理带来了巨大影响。

对于超过设计扩展工况的风险,归类为剩余风险。剩余风险指的是,在核电厂设计中无法清晰识别或者认为发生概率很低并且目前没有有效应对措施的超设计基准事故。剩余风险包括两类,分别是超出人类目前认知水平的情况和发生概率极低的事件且目前没有合理可行的应对措施的情况。福岛事故的教训表明,剩余风险仍然是不能忽略的重要因素。对于剩余风险,需在核安全合理可达到的尽量高原则下,采取现实有效的措施以减轻其后果。

6.2　设计基准事故分析

在对核电厂进行确定论安全分析时,首先要分析核电厂的各种运行模式和各种假设始发事件的大致发生频率,并根据事件发生频率的高低将其划分到某一工况。此后,需要对这些始发事件进行分组,对每组仅选择包络工况作为设计基准事故。设计基准事故确定之后,再对每种工况给出相应的可接受的验收准则。验收准则的制定必须考虑如下要求:对于发生频率较高的始发事件,其后果必须仅有微小的或根本没有放射性释放;而对于可能导致严重后果的事件,则要求其发生频率必须足够低。最后,需采用一系列保守的假设和方法对这些事件进行相应的分析,以确定满足验收准则。

6.2.1　分析方法与验收准则

设计基准事故分析是为了考验核电厂安全系统的设计裕度,选择设计基准事故主要依据的是工程判断、设计和运行经验等。目前选用的核电厂设计基准事故已经基本定型,可以从《标准审查大纲》或有关导则中找到。

1. 分析方法

设计基准事故的分析过程包含 4 个基本步骤:

(1) 首先确定一组设计基准事故(例如,反应性引入事故、热阱丧失事故、失流事故和未紧急停堆的预计瞬变事故等);

(2) 选择特定事故下可能造成最坏后果的安全系统单一故障;

(3) 采用保守的分析模型和电厂参量进行分析;

(4) 将最终分析结果与验收准则进行对照,以确认安全系统的设计足够充分。

由于设计基准事故的选择及其分析模型存在很大的不确定性,为了确保分析结果对核电厂各种可能的事故具有包络性,相关法规要求在分析过程中需采用保守的假定。分析中有 2 条基本假设:

(1) 单一故障假设,即被调用的安全系统失去部分设计能力;

(2) 事故发生后短期内操纵员不作任何干预。

设置这两条假设的本意是试图以此证明在最坏的情况下核电厂仍有能力维持安全状

态。这两条假设在多数情况下是适用的。然而,进一步的研究表明,这两条假设是不充分的,有时不是保守的。某些系统在某些事故下无故障比单一故障更不安全,而操纵员的干预有时会使机组状况急剧恶化。因此,除最严重的单一故障外,分析中还有 4 个附加的补充保守假定,分别是:

（1）发生事故的同时失去厂外电源;

（2）控制棒中反应性价值最大的一组因为卡在全提棒位置而无法完成下插;

（3）分析过程中只考虑安全级设备,对于非安全级设备的缓解功能不予考虑;

（4）必要的时候考虑与不利的外部条件相合并。

2. 验收准则

需采用一套定性的或定量的判断依据来判定确定论分析的结果是否符合安全法规的相关要求,这些判断依据即称为验收准则（Acceptance Criteria）。根据设计基准事故的发生频率和严重程度的不同,验收准则也有所区别,越容易发生的事件,其验收准则越严格。针对压水堆核电厂的安全分析,有如下一些验收准则:

（1）对 Ⅰ 类和 Ⅱ 类工况,为了保证核燃料不被烧毁或熔化,有如下一些定量的验收准则:

① 燃料芯块的最高温度不得超过 2 260 ℃（与燃耗末期燃料芯块的熔化温度为 2 590 ℃相比留有 300 ℃ 的裕量）;

② 燃料的线功率不得超过 59.0 kW/m（压水堆的平均线功率约为 17.8 kW/m,堆芯热点因子 F_q 不得大于 3.3）;

③ DNBR 准则,即最小偏离泡核沸腾比 DNBR 不得小于 1.3（用 W-3 公式估算时）,这样可保证在 95% 的置信度下有 95% 的燃料元件不会发生烧毁;

④ 燃料元件包壳外壁面的温度不得超过 425 ℃。

（2）第 Ⅳ 类工况即极限事故,是电厂寿命中预计不会出现的事故,事故发生后可允许有部分燃料元件发生损坏,因而此类事故对于 DNBR 准则可以不予遵守。通过对燃料元件和包壳仔细地研究和分析之后,提出了相应的更为具体的验收准则,即最终验收准则。

（3）作为最富挑战性的极限事故,大破口失水事故的最终验收准则共有 5 条:

① 燃料元件包壳的最高温度不得超过 1 200 ℃。这是为了防止锆水反应的激化,因为当锆包壳的温度达到 850 ℃ 时,锆水反应显著发生,并且温度每升高 50 ℃ 左右它所产生的热功率将上升一倍。1 200 ℃ 时,锆水反应释热已与局部衰变热功率相当。超过 1 200 ℃ 时,锆水反应存在自激励的可能而导致整个包壳熔化、氧化或形成低共熔混合物;

② 对于燃料包壳的局部最大氧化量要求不得超过锆水反应发生前包壳总厚度的 17%,以防止包壳因过量氧化发生氢脆导致机械强度不足而造成包壳破裂;

③ 燃料包壳氧化反应的产氢量不得超过假设所有锆均与水反应的总释氢量的 1%,以限制安全壳内发生氢爆的危险;

④ 堆芯必须保持有可冷却的几何形状;

⑤ 必须能保证事故发生后仍具有排出燃料衰变热的长期冷却能力。

以上详细介绍了设计基准事故分析的步骤、确保分析结果包络性的基本假设、对基本假设补充的保守假定以及判定确定论分析结果是否符合安全法规要求的验收准则,接下来就结合几种典型的设计基准事故进行分析。

6.2.2　几种典型设计基准事故的分析

1. 反应性引入事故

反应性引入事故是指在核反应堆运行时因某种原因突然向堆芯引入一个意外的反应性,引起反应堆的功率急剧上升而引发的事故。这类事故如果是在核反应堆启动的时候发生,则可能会使反应堆出现瞬发临界而造成反应堆失控引发危险;如果在核反应堆的功率运行工况下发生,则会导致堆芯内严重过热,可能对一回路系统的压力边界造成破坏。

有一点应该指出,由于反应堆中各种反应性反馈效应的存在,核电厂发生各种事故时,最终都将导致堆芯反应性的变化,本节仅讨论由于反应性控制系统的不正确运行直接引起的反应性引入事故。

(1) 反应性引入机理

目前,作为大型压水堆的堆芯一般具有初始剩余反应性大、堆芯物理尺寸大和负的温度反馈系数等特点,所以可以把反应性引入事故按潜在因素分为:

① 控制棒失控提升。控制棒失控提升事故又称提棒事故,指的是由于反应堆控制系统或控制棒驱动机构失去控制,造成控制棒不受控地抽出,向堆内持续地引入反应性,进而引起功率不断上升的现象。控制棒失控提升可以根据不同情况分别属于Ⅱ类事故(如调节棒组件失控提升等)、Ⅲ类事故(如单个调节棒组件失控提升)。

② 控制棒弹出事故,又称弹棒事故。弹棒事故指的是,在核反应堆运行过程中,当控制棒驱动机构的密封罩壳破裂时,使压差全部作用到控制棒的驱动轴上,引起控制棒迅速弹出堆芯造成阶跃反应性引入的事故。这种机械故障会导致向堆内阶跃引入反应性的同时也造成冷却剂的丧失。阶跃引入的反应性的大小等于被弹出的控制棒原先插在堆内那一部分的反应性积分价值,冷却剂从破口流失相当于一回路管道小破裂。弹棒事故属于Ⅳ类事故。

③ 硼失控稀释。压水堆在换料、启动和功率运行期间,因误操作、设备故障或控制系统失灵等原因,使无硼纯水流入一回路系统,引起冷却剂硼浓度失控稀释,反应性逐渐上升。反应性引入速率受到泵的容量、管道大小以及纯水系统的限制。

(2) 超功率瞬变

在反应性引入事故工况下,按反应性引入的速率和大小可分为 3 类,分别是准稳态瞬变、超缓发临界瞬变和超瞬发临界瞬变,按反应性引入的方式则有阶跃变化和线性变化的差别。

准稳态瞬变是指核反应堆在功率运行工况下,缓慢地向堆内引入反应性,以致这个反应性被温度反馈效应和控制棒的自动调节完全补偿的瞬变。如在满功率运行时,控制棒组件缓慢抽出的瞬变。由于功率变化十分缓慢,堆内温度可以近似地用稳态分布来描述。反应堆功率增长的幅度与反应性引入速率及持续时间有关。

因为准稳态瞬变时反应性引入的速度比较缓慢,堆芯冷却剂的温度和堆芯功率上升得都不太快,最终因冷却剂平均温度过高引起控制系统启动保护动作紧急停闭反应堆。此时堆芯的功率还没有达到会引起紧急停堆保护的超功率保护整定值。但冷却剂的平均温度和稳压器的压力上升幅度较大,偏离泡核沸腾比(DNBR)下降比较明显,因此会造成偏离泡核沸腾(DNB)的裕量变小。

超缓发临界瞬变指的是这样一类瞬变,向堆内引入的正反应性较快,超过了堆芯的反应性反馈效应和控制系统的补偿能力,致使堆芯总的反应性大于零,但又不超过有效缓发中子份额($\bar{\beta}$)的瞬变。如满功率运行工况下,两组控制棒失控抽出,此时反应堆虽然超临界,但不处于或不超出瞬发临界状态。因此,瞬变中缓发中子起着相当重要的作用。

与准稳态瞬变相比,超缓发临界瞬变功率增长曲线向上弯曲,增长速率受到燃料反应性反馈的影响而逐渐减弱,最后超功率保护紧急停堆。因为功率增长十分迅速,所以在瞬变期间稳压器压力和冷却剂平均温度的变化较小,这些情况恰恰与准稳态瞬变相反,这种事故尚不足以损坏燃料元件。

超瞬发临界瞬变指的是这样一类瞬变,向堆内引入的反应性很大,以至于超过了瞬发临界的程度所引起的堆内瞬变,即引入的反应性超过 $\bar{\beta}$ 的瞬变,如下面举例说明的弹棒事故。由于超瞬发临界瞬变时功率增长很快,分析时可认为堆内传热是个绝热过程,大量的热量聚集在堆芯。由于超临界引起的功率上升及反应堆的负反应性效应共同作用,会引起堆芯功率的震荡现象。在堆芯局部引入的很大的反应性,也会导致堆芯功率分布的严重畸变。

（3）弹棒事故分析

插在堆芯内的控制棒的弹出,使堆芯有一个快速的反应性引入,造成堆内的功率激增,同时引起堆芯功率分布的严重不均匀,会出现一个很大的局部功率峰值。与此同时,弹棒事故也会造成一个当量为控制棒截面直径的小破口失水事故。由于破口很小,因此,从失水事故角度来看,后果不严重。

弹棒事故时,燃料多普勒反应性反馈和慢化剂温度反应性反馈共同作用（多普勒反馈作用更为显著）,限制着功率的激增,之后由于保护系统动作,控制棒下落,反应堆停闭。在事故开始后数秒以内,芯块的温度、包壳温度和系统压力将分别出现峰值,在芯块温度、包壳温度和系统压力这 3 个方面影响反应堆的安全性。

事故开始后的短时间内,局部功率激增产生的能量大部分储存在燃料芯块的内部,然后从燃料中逐渐释放到系统其他部位。燃料中积聚着的大量能量,会导致最热的燃料芯块开始熔化,并且释放出裂变气体在燃料棒内部形成局部高压,导致燃料棒瞬时碎裂并使燃料散落到冷却剂中,散落到冷却剂中的二氧化铀碎粒中的热量可迅速地传递到冷却剂中,部分冷却剂中积聚的过量能量和热能可转变为机械能而形成很强的冲击波,这种冲击波能量大、破坏性强,可能对堆芯和一回路系统造成损坏,进而破坏堆芯的可冷却性。

从燃料芯块传递至元件包壳的大量热量可造成部分过热的包壳发生偏离泡核沸腾,继而有可能使包壳达到脆化温度而影响堆芯的完整性。

热量从燃料传递到冷却剂后,可造成冷却剂系统的温度和压力上升,使一回路压力形成一个高峰,也是对冷却剂压力边界的冲击。

弹棒事故属于极限事故,是反应性引入合并小破口失水的事故,但堆芯功率分布畸变比失水事故发生得更迅速、剧烈,是事故后果的主导因素。由于弹棒事故会影响堆芯功率分布,导致堆芯功率分布严重畸变,想要进行详细分析则需要做三维时空中子动力学分析,并考虑中子学与热工水力学的耦合效应,但是这种计算的代价非常高。所以习惯上仍用大型热工水力系统程序与燃料元件分析程序协同分析。

2. 热阱丧失事故

热阱丧失事故指的是,因为二回路或三回路发生故障而造成一回路堆芯入口处冷却剂温度过高导致堆芯冷却能力不足的事故。

要想能够按额定功率将堆芯燃料裂变释放的热量传递出去,则反应堆的一回路系统必须要有一个热阱,即正常工作的二回路及三回路冷却系统。当二回路或三回路的某个部分发生故障时,一回路产生的热量无法按正常情况及时带走,就会导致一回路冷却剂堆芯入口处温度过高。和堆芯流量减少一样,这也会使堆芯因冷却不足而最终导致堆芯过热,甚至造成裂变产物屏障燃料包壳的破坏。这类事故统称为热阱丧失事故。在压水堆中,热阱丧失事故的始发事件主要可以归结为两类:

(1) 部分或全部给水中断。当给水泵发生机械故障或者失去电源、阀门意外关闭、给水加热器破损、甚至凝结水泵等设备或管路破损等,都可能引起给水减少或中断。给水流量一旦减少,蒸汽发生器内的水位将下降甚至蒸汽发生器内被蒸汽充满,这将导致蒸汽发生器内的传热系数大大降低,导致堆芯一侧将处于近似绝热加热的状态。这种情况下反应堆必须紧急停堆,并同时开启应急给水系统移除堆芯的衰变热,以保护堆芯不被损坏。给水中断是典型的热阱丧失事故,并且发生概率较大。

美国三哩岛事故的发生就是从给水中断开始的。反应堆停堆后辅助给水系统本应打开,但由于检修时阀门被关闭,导致主回路因无法冷却而升温、升压。再加上操纵员的一系列误操作,致使堆芯严重损坏,带有放射性的主回路水通过卸压阀泄漏到安全壳内,最终酿成动力反应堆历史上最严重的事故之一。

(2) 汽轮机跳闸、同时旁路阀门未打开。为了保护汽轮机,当反应堆紧急停堆,或者汽轮发电机组本身发生故障,或者电网发生故障时,都要求汽轮机跳闸,此时主汽门将会立即关闭,与凝汽器相连的旁路阀门必须立即打开,否则就会发生热阱丧失事故。如果跳闸后旁路阀未打开,二回路将被蒸汽充满,堆芯主回路内储存的能量无法排出,则主回路冷却剂将在近似绝热的状态下迅速升温、升压。

热阱丧失后,首先引起主回路冷却剂温度的瞬变。在热阱丧失事故中,由于二回路发生故障,可能使蒸汽发生器二次侧饱和温度上升或传热系数下降,这都将使一回路冷却剂温度上升。一种最典型而极端的情况是:由于二次侧流量下降引起蒸汽发生器的二次侧被蒸汽覆盖,导致蒸汽发生器的传热系数大大下降,进而使主回路的时间常数变得很大,出现主回路近似被绝热加热的状态。如果此时堆芯功率不变,主回路冷却剂温度将随时间线性上升。当然,多数热阱丧失事故是导致主回路系统冷却能力部分丧失,而不是如上所述全部丧失。

在热阱丧失事故中,随着主回路冷却剂平均温度的升高,冷却剂的体积发生膨胀引起主回路系统的压力增高。如果主回路系统中没有相应的补偿空间或者卸压安全排放系统,这种压力升高可能会引起主回路的边界超应力,甚至最终造成破坏。

在压水堆中设有一个稳压器,作为容积补偿和保持系统压力的装置。在正常运行情况下,利用稳压器中电加热器和喷淋系统来维持稳压器温度不变,进而保证系统压力不变。稳压器的压力和主回路中与其相连的波动管入口处压力相同,但稳压器的温度必须高于主回路系统的平均温度。因为稳压器在饱和状态下工作,而它又必须保证回路工作在欠热状态。

只要稳压器的容积较大,在主回路可能发生的温升下足以保有一定的蒸汽空间,就可因蒸汽的凝结而大大缓解压力的瞬时增高(由于蒸汽空间压缩,压力增大,饱和温度上升,蒸汽凝结)。

在出现超压时,可以打开卸压阀将过剩的蒸汽排出稳压器。当卸压阀不足以排出过剩蒸汽而超压或卸压阀尚未动作系统压力即达到不安全值时,安全阀将自动打开,将蒸汽排放到安全壳。

以丧失蒸汽发生器给水为例,给水流量降低使热量导出能力降低。在蒸汽发生器内的水位接近下管板的高度时,进一步加剧传热效率的降低。由于传热效率降低,使一回路流体的温度升高。一回路流体膨胀引起稳压器水位上升,从而导致一回路压力上升。水位上升可能导致(在完全失去给水流量时)稳压器充满水。

在核动力厂的实际运行中,当蒸汽发生器水位极低时,就会引起停堆信号。在反应堆停堆后,蒸汽发生器内水位继续下降。最后,启动辅助给水系统,使蒸汽发生器水位上升,并可以恢复一回路的正常冷却。

3. 冷却剂丧失事故

冷却剂丧失事故(LOCA)指的是反应堆一回路的压力边界(压力容器和一回路管道)发生破裂或者产生破口,导致冷却剂的一部分或大部分发生泄漏的事故。对压水堆来说,就是失水事故。由于冷却剂丧失事故的过程复杂,造成的后果又特别严重,因此在核反应堆安全分析中受到很高的重视。

有很多事故最终都可能造成冷却剂丧失事故,这些事故的种类及其可能的后果主要取决于破口的特性,即破口尺寸和破口的位置等。最严重的 LOCA 事故当属堆芯压力容器在堆芯水位以下的破裂,由于事故发生后堆芯处失去冷却水,因此将导致堆芯熔化和可能随之发生的放射性物质的大量释放。由于反应堆压力容器发生泄漏(或破口)的概率比管道破裂的概率要小几个量级,因此现在依然将管道的双端剪切断裂作为极限设计基准事故。

根据破口的大小和事故后物理现象的不同,通常可将失水事故分为大破口事故、中小破口事故、汽腔小破口事故和蒸汽发生器传热管破裂事故等几类来分析。其中,大、中、小破口之间的分界并不是绝对的,通常加以失水事故谱来辅助判断。

鉴于压水堆失水事故喷放过程更为复杂,实现应急堆芯冷却更为困难,为分析冷却剂丧失事故的物理过程及其后果,确保反应堆的安全,就必须建立更为复杂的模型,进行更为详细的瞬态特性分析和计算,并用一系列的实验来校核计算结果。

(1) 大破口失水事故

大破口失水事故指的是反应堆主冷却剂系统的冷管段或热管段出现大孔甚至双端剪切断裂并同时失去厂外电源的事故。大破口失水事故是极限设计基准事故。

大破口失水事故中发生的事故序列可以分成 4 个连续的阶段,见图 6.3。

第 1 阶段是喷放阶段。破口发生后,一回路冷却剂立即从破口处喷入安全壳,堆芯快速欠热泄压,当堆芯冷却剂压力降低到流体的最高局部饱和压力之后,冷却剂将开始沸腾,冷却剂沸腾后会导致后续的卸压过程将以一个慢得多的速率继续,同时会导致燃料棒的冷却情况发生严重恶化,最终发生偏离泡核沸腾。燃料棒的排热恶化后,燃料内部的大量储热将进行再分布,其内部温度分布将会被拉平,这将导致包壳的温度开始突然上升,最终达到燃料的平均温度。当一次系统压力降到一定程度之后,应急堆芯冷却系统启动,开始应急堆芯冷却。当系统压力降到 1 MPa 左右,低压注射系统就投入运行。在一段短时间内,辅助冷却水由安全注射箱和低压注射系统同时提供,一直到安全注射箱排空。只要有要求,低压注射系统就继续注射水,水取自再淹没水箱,最后取自安全壳地坑。当一次系统与安全壳之间的压力达到平衡,破口质量流量变得很小时,喷放阶段就宣告结束。

第 2 阶段是再灌水阶段。再灌水阶段开始于应急冷却水首先到达压力容器下腔室使水位开始重新回升之时,结束于水位到达堆芯底端之时。从安全注射箱开始注入到再灌水结束的整个阶段里,堆芯基本上是裸露的。在充满蒸汽的堆芯中,燃料棒除了靠热辐射和不大的自然对流以外,没有别的冷却。因此,再灌水阶段是整个冷却剂丧失事故过程中堆芯冷却最差的阶段。

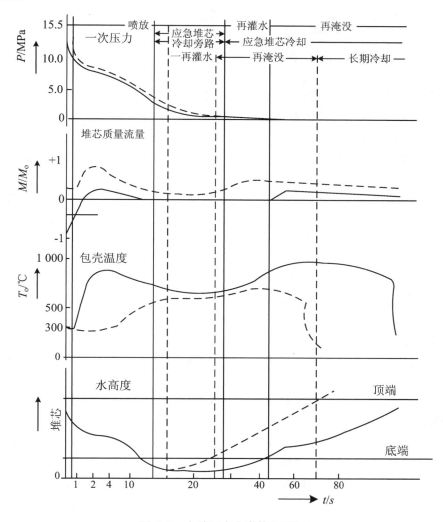

图 6.3　大破口失水事故序列图

第 3 阶段是再淹没阶段。再淹没阶段开始于堆压力容器里的水位达到堆芯底端并开始向堆芯上升的时刻。随着堆芯水位的不断上升,堆芯的冷却效果越来越好,燃料包壳温度上升越来越慢,最终包壳温度在出现第二峰值之后开始下降。当堆芯水位不断上升,应急冷却水淹没包壳表面时,包壳骤冷,温度急剧下降。在此过程中,由于蒸汽流动阻力的原因,会产生蒸汽黏结现象。

第 4 阶段是长期冷却阶段。在再淹没阶段结束之后,低压安全注射系统继续运行,反应堆处于长期冷却阶段。当再淹没储水箱排空时,低压安全注射系统泵的进口转接到安全壳地坑;所有供给反应堆的应急冷却水,从一回路作为蒸汽漏出来在安全壳里冷凝之后,大部分最终都汇集到地坑中。在这个阶段里,要保持冷却,保证衰变热的长期释出。对于 3 800 MW 热功率的压水堆,这个衰变热在停堆 30 天以后还有 5 MW 左右。

（2）小破口冷却剂丧失事故

压水堆核电厂小破口失水事故(SBLOCA)是指由于反应堆冷却剂系统管道或与之相通的部件出现小破裂或破口,所造成的冷却剂丧失速率超过冷却剂补给系统正常补水能力的冷却剂丧失事故。

在反应堆冷却剂装量减少这类事故中,一般来说,大破口失水事故最为严重,但由于小破口失水事故中一回路降压速率慢、事故过程中可能在高压阶段出现长时间的堆芯裸露而引起燃料元件升温并损坏,因而,事故分析中要求对小破口失水事故也要做出全面而深入的分析。

由于破口位置的不同,小破口失水事故可分为冷段破裂小破口失水事故、热段破裂小破口失水事故和汽腔小破口失水事故3种,一般是冷段破裂小破口失水事故最为严重。汽腔小破口失水事故是指稳压器汽空间之上发生小破裂所致的失水事故和稳压器安全阀或释放阀意外开启所致的失水事故,也称为泄压事故,这种事故由于是三哩岛核事故起因而广泛引起人们的重视。

小破口失水事故分析中除对不同破口位置的情况需要分析外,还要求对不同破口尺寸谱进行分析,以找出最危险的极限情况,用该情况的后果来评价核电厂的安全性。

以冷段破口、等效直径为80 mm的小破口失水事故为例,典型的SBLOCA事故进程可以分为4个阶段。

第1阶段是环路自然循环维持阶段。在此阶段,由于环路存在自然循环,堆芯释能及时经蒸汽发生器排出,一回路降压较快,蒸汽发生器在此阶段起着重要的热阱作用。该阶段的压力容器水位下降主要由破口冷却剂欠热排放所致。

第2阶段是环路水封存在阶段。在此阶段,由于环路自然循环终止及环路水封的出现,蒸汽发生器排热受阻,堆芯衰变热主要靠蒸汽发生器传热管的蒸汽回流冷凝及堆内的冷却剂从破口排放来带出。由于这两种方式的排热率较低,不足以及时除去堆芯衰变热,因而堆芯冷却剂大量蒸发,蒸汽在上腔室的积聚迫使压力容器水位快速降低,进而引起堆芯裸露及燃料包壳升温。该阶段是事故的主要阶段,一回路处于准稳压状态(即处于压力平台),堆芯出现裸露,燃料包壳急剧升温。该阶段中,蒸汽发生器二次侧热阱仍然起着重要作用,蒸汽发生器的回流冷凝在较大程度上减轻了事故的后果。

第3阶段是环路水封清除阶段。在此阶段,由于环路水封清除,积聚在上腔室的蒸汽可经环路从破口喷出,上腔室的压力降低,压力再平衡迫使下降段中的冷却剂及高压安注水涌入堆芯,堆芯水位得到恢复,燃料包壳得到冷却。该阶段堆芯衰变热主要靠堆芯冷却剂蒸发并从破口排放而带出。由于蒸汽排热率高,堆芯衰变热能及时从破口排出,一回路压力恢复。由于冷却剂蒸发及破口排放仍然存在,冷却剂装量没有明显回升,堆芯再次裸露的可能性仍存在。

第4阶段是长期堆芯冷却阶段。在此阶段,由于高压安注流量的增加和安注箱的投入,一回路冷却剂装量明显回升,堆芯水位也整体回升。安注箱排空后,低压安注系统将投入注水并切换成再循环工况,实现长期堆芯冷却。

4. 未紧急停堆的预计瞬态

未紧急停堆的预计瞬态(ATWS)是指发生了预计运行瞬变(Ⅱ类工况),电厂参数偏离运行工况而要求自动紧急停堆时,控制棒不能落下而不能完成停堆所造成的事故。这些Ⅱ类工况一般是指二次系统导出热量减少事件,如正常给水丧失、外负荷丧失、汽轮机保护停车、非应急交流电源丧失、冷凝气真空丧失以及控制棒误抽出等。其中以正常给水丧失(LOFW-ATWS)及非应急交流电源丧失(LOOP-ATWS)最有代表性。

ATWS最突出的特点是反应堆冷却剂系统升温升压,特别是当蒸汽发生器蒸干后,尤其猛烈,如果系统设计不好,会造成不可容忍的一次系统超压,因此,ATWS 事故可考验核电厂的稳压器释放阀和安全阀的容量、波动管的设置、第二停堆系统的性能以及操纵员的动作,此外目前很多国家的核安全当局还要求核电厂需具有"ATWS 缓解系统启动线路",此线路要求完全独立地触发两个功能:辅助给水投入和汽轮机停车,其目的是使蒸汽发生器能带走较多的热量。

ATWS 的验收准则按 Ⅳ 类工况考虑,其中最重要的一条是一回路压力不超过 120% 设计值。

ATWS 是介于设计基准事故与严重事故之间的瞬变,分析中一般采用现实假设,各项参数不加不确定性。

下面以秦山核电厂为例简单描述几种主要 ATWS 的事故过程。

(1) 正常给水丧失 ATWS

LOFW-ATWS 以零时刻失去主给水为先导,约 29 s 后蒸汽发生器低—低水位产生停堆信号使汽轮机脱扣,由于汽轮机的停车和蒸汽发生器水位的不断降低,蒸汽发生器的传热能力很快下降,使得堆芯产热和二回路导热量不匹配,一回路冷却剂的温度和压力上升,稳压器的水位升高,堆芯功率因慢化剂的负反应性反馈而缓慢降低,稳压器释放阀的开启阻止了一回路压力的进一步升高;约在 75 s 后蒸汽发生器的水位降至很低,蒸汽发生器的传热能力急剧下降,从而导致了主系统迅速升温升压,堆芯功率迅速下降;约在 87 s 时稳压器安全阀开启,阻止了主系统的进一步升压;约在 113 s 时稳压器失去汽空间。当堆芯功率下降到与辅助给水流量相匹配时,反应堆进入稳压状态,在整个瞬态期间,稳压器的最高压力为 17.26 MPa,大约出现在 57 s 时。

(2) 非应急交流电源丧失 ATWS

LOOP-ATWS 主要特征是因主泵失电而引起失流,而反应堆又停不下来,由于主泵停运堆芯流量很快降低,堆芯局部沸腾引起的空泡负反应性使堆功率快速衰减下来。

(3) 失控提棒 ATWS

控制棒失控提升所引入的总反应性价值为 0.47% $\Delta K/K$,此价值是反应堆寿期初满功率时控制棒处于调节带下限时最大提升价值。随着控制棒的提升,堆芯功率迅速增大,主系统的压力和温度也相应升高,稳压器释放阀的开启抑制住了主系统压力的进一步升高,堆芯功率因慢化剂的负反应性反馈和燃料多普勒效应而下降。二回路的压力随冷却剂的温度升高而升高。当蒸汽发生器的释放阀开启后,蒸汽发生器的传热能力略有加强,主系统的压力和温度有所下降,随着蒸汽发生器水位的降低,蒸汽发生器的传热能力又开始下降,主系统的压力和温度开始升高,堆芯功率下降,直到功率水平与蒸汽发生器传热能力相匹配而达到稳定状态。

(4) 汽轮机事故停车 ATWS

汽轮机事故停车 ATWS 瞬态过程与 LOFW-ATWS 很相近,仅时间上稍有差异。

6.3　严重事故分析

核电厂严重事故是指核反应堆堆芯大面积燃料包壳损坏,可能导致核电厂压力容器或安全壳的完整性丧失,并引发放射性物质泄漏的事故。核反应堆严重事故通常可以分为堆芯熔化事故和堆芯解体事故。堆芯熔化事故是由于堆芯冷却不足,引起堆芯裸露、升温和熔化的过程,如美国三哩岛核事故和日本福岛核事故。堆芯解体事故是由于快速引入巨大的反应性,引起功率激增和燃料碎裂的过程,如苏联切尔诺贝利核事故。

本节主要定性分析压水堆严重事故的诱因、现象与过程、操作管理。

6.3.1　严重事故诱因

导致压水堆严重事故的诱因可分为内部诱因与外部诱因两大类。其中,内部诱因与核电厂的设计特征密切相关,归纳起来主要有:失水事故后失去应急堆芯冷却或失去再循环、全厂断电后未能及时恢复供电、一回路系统与其他系统结合部的失水事故、蒸汽发生器传热管破裂后减压失败、失去公用水或设备冷却水等。此外还需考虑地震、海啸和火灾等外部诱因。研究表明,可能导致严重事故的诱因不是很多,因此,可以从严重事故诱因出发,进一步考虑设计改进、事故预防与缓解。

6.3.2　严重事故发展过程

由于堆芯解体事故过程非常迅速,时间尺度通常是秒量级,难以对其发展过程进行详细分析,同时,一旦发生堆芯解体事故,难以采取有效措施缓解事故进程。因此对堆芯解体事故的发展过程的研究较少。堆芯熔化事故过程发展较为缓慢,时间尺度通常为小时量级,因此有必要对其进行详细分析,以便采取合理措施进行有效的事故缓解。

压水堆的堆芯熔化过程一般可分为低压熔堆和高压熔堆两大类。低压熔堆过程通常以快速卸压的大、中破口失水事故为起点,为缓解上述事故而启动应急堆芯冷却系统,若该系统的注射功能或再循环功能失效,则堆芯会发生裸露和熔化,同时,燃料包壳与蒸汽发生锆水反应产生大量氢气。当堆芯水位下降到下栅格板以下,熔融堆芯由于支撑结构失效而跌入下腔室水中,产生大量蒸汽。此后压力容器在低压下(通常小于 3.0 MPa)熔穿,熔融堆芯落入堆坑,与地基混凝土发生反应,产生 H_2、CO_2 和 CO 等不凝气体释放到安全壳中。此后安全壳可能因不凝气体聚集持续晚期超压(事故后 3~5 天)导致破裂或贯穿件失效,安全壳筏基也可能被熔融堆芯烧穿。

高压熔堆过程往往从堆芯冷却不足开始,堆芯冷却不足主要包括丧失二次热阱事件和小破口失水事故等。与低压熔堆过程相比,高压熔堆过程进展相对较慢,因而有比较充裕的干预时间。随着堆芯水位的缓慢下降,燃料的损伤逐渐加重。由于高压熔堆过程是"湿环境",气溶胶在离开压力容器前有比较明显的水洗效果。堆芯熔融物在高压熔堆过程中,由于压力容器下封头失效时刻的压力差,导致其分布区域比低压熔堆过程更大,并有可能对安全壳内大气直接加热,因而,高压熔堆过程的潜在威胁更大。

压水堆发生严重事故时的主要现象如图 6.4 所示,以下就压水堆严重事故中的一些主要过程加以描述。

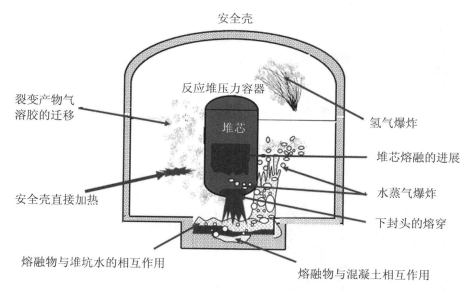

图 6.4　严重事故主要现象

1. 堆芯熔化过程

（1）堆芯加热

在压水堆的 LOCA 事故期间,如果冷却剂丧失并导致堆芯裸露,燃料元件就会由于冷却不足而过热并发生熔化。当主冷却剂系统管道发生破裂时,高压将迫使冷却剂流出反应堆压力容器,即喷放(blow down)过程。对大破口来说,喷放过程非常迅速,只要一分多钟,堆芯就会裸露。在大多数设计基准事故的计算中,重要的问题是,在堆芯温度处于极度危险之前应急堆芯冷却系统是否会再淹没堆芯。对于小破口来说,喷放是很慢的,并且喷放将伴随有水的蒸干。在瞬态过程中,蒸干和通过泄压阀的蒸汽释放将导致冷却剂装量的损失。

上述过程由于冷却剂丧失而导致堆芯裸露,此时堆芯内充满了冷却效果较差的蒸汽,由于冷却不足,燃料元件会由于燃料衰变热而导致温度快速上升。此时燃料棒内的裂变气体由于温度升高而导致压力上升,如果同时主系统压力较低,那么会导致包壳肿胀,这会阻塞燃料元件之间冷却剂流道,使得燃料元件的冷却效果进一步恶化。此时,堆芯冷却的传热方式主要依靠堆内构件和堆芯之间的辐射换热。如果燃料温度持续上升并超过 1 300 K,燃料开始发生强烈的锆水反应,并产生氢气。

（2）堆芯熔化

当燃料继续升温,达到大约 1 400 K 时,堆芯材料也开始发生熔化,这一过程非常复杂且速度较快。堆芯熔化的过程如图 6.5 所示。图 6.5(a)描述的是熔化微滴和熔流向下流到燃料棒的过程,当它们形成后会在较冷处固化,这会导致流道的流通面积减少,并可能进一步完全阻塞部分燃料棒之间的流道,如图 6.5(b)所示。流道阻塞进一步恶化燃料元件的冷却效果,同时由于燃料本身的衰变热,可能出现局部堆芯熔透现象,图 6.5(c)展示的就是一个小熔坑的形成。当堆芯出现了局部熔透现象之后,将会导致熔化燃料元件上端倒塌,从而导致熔坑的径向和轴向不断扩大,如图 6.5(d)所示。最终,大部分熔化材料将到达堆芯下部的支撑板,并停留在支撑板直到将其破坏。

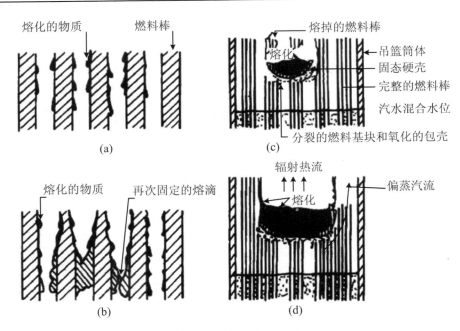

图 6.5　堆芯熔化的过程

（a）熔化的微滴和熔流开始向下流向完整的燃料棒
（b）在燃料棒较冷部形成局部堵塞,熔坑形成并增大
（c）一个小熔坑形成
（d）熔坑径向和轴向增大

2. 压力容器内过程

当堆芯下部的支撑板被破坏之后,堆芯熔融物将跌入压力容器下腔室,同时也可能伴随着倒塌现象的发生。若发生倒塌现象,堆内固态物质会直接落入下腔室。堆芯熔融物在下落的过程中,可能发生两种情况:① 若堆芯熔化速率较慢,会形成碎片坑,并以喷射状下落,三哩岛核事故发生的就是这类情形,此时堆芯熔融物与下腔室中水或压力容器内壁接触的部位较为单一,热容量较大;② 若堆芯熔化速率较快,则可能形成雨状下落的堆芯熔融物,这类情形下事故发展的激烈程度和后果比第一种情形小。

如图 6.5 所示,在上述堆芯熔化的过程中,尽管压力容器内的上部存在着高温,压力容器的下部仍可能保留有一定水位的水。若在压力容器的下部存在一定的水,堆芯熔融物下降后还有可能产生大量蒸汽,并伴随蒸汽爆炸发生;若堆芯熔融物在下降过程中首先接触到的是压力容器内壁,则会发生消融现象,可能极大程度地破坏压力容器的完整性。

一旦堆芯熔融物大部分或全部落入压力容器下部,会将下腔室中可能存在的水快速蒸干,这时堆芯熔融物会与压力容器发生非常复杂的传热传质相互作用,为保证压力容器的完整性必须对下腔室中的堆芯熔融物采取有效的冷却手段。

3. 安全壳内过程

安全壳作为放射性包容的最后一道屏障,其完整性是否能得到保障将直接影响放射性物质是否向环境释放,因此其功能至关重要。按安全壳在严重事故中失效的时间划分,可以将安全壳失效模式划分为安全壳早期失效、晚期失效和安全壳旁路 3 类。

（1）安全壳早期失效

安全壳早期失效是指堆芯熔融物熔穿压力容器前后很短时间内安全壳的失效。由于安全壳早期失效时场外应急程序启动的警报时间很短,安全壳内放射性物质沉淀时间也很短,这会导致更严重的放射性物质释放。因此,对安全壳早期失效的分析十分重要。安全壳早期失效原因主要有安全壳大气直接加热、蒸汽爆炸、安全壳隔离失效和氢气燃烧等。

（2）安全壳晚期失效

如果安全壳不发生早期失效,在熔融堆芯熔穿压力容器后,仍然存在长期危及安全壳完整性的因素,也就是说,安全壳存在晚期失效的可能性。这些因素主要有:晚期可燃气体的燃烧、安全壳逐步超压以及地基熔穿。

（3）安全壳旁路

所谓安全壳旁路事故,是指发生事故后一回路冷却剂以及放射性裂变产物直接排放到外部环境,而不必进入安全壳。在某些情况下,安全壳可能被完全旁路,比如在接口部失水事故中,一种情况是连接主系统与低压系统(如低压安全注射系统、高压安全注射系统、余热排出系统、化容系统以及安全注射箱)之间的隔离截止阀失效,引起安全壳旁路。低压系统设计压力较低(如低压安全注射系统仅为 4 MPa),截止阀的失效使它经受主系统至少 14 MPa 的压力,因而很快会破裂,造成从堆芯到安全壳外辅助厂房的直接主冷却剂泄漏通道。另一种类似的事故是由蒸汽发生器传热管破裂事故引起的堆芯熔化事故,放射性物质将通过事故蒸汽发生器蒸汽管道上的释放阀排到环境中。

6.3.3　严重事故管理

1. 基本概念

由于核电厂的严重事故可能带来非常严重的放射性物质泄漏的后果,对严重事故的管理是当今核工业界一个极为重要的课题。若采取适当的严重事故操作管理,不但可以大大缓解放射性物质向外界的释放量,而且在事故发生的初始阶段就有可能加以终止。

严重事故管理包括两方面的内容:一方面是事故预防,即采用一切可用的措施,防止堆芯熔化;另一方面是事故的缓解,当堆芯开始熔化时,采用各种手段,尽量减少放射性物质向厂外的释放。

从核电厂的基本特征和事故现象出发,事故管理的基本任务依次是:首先,预防堆芯损坏;其次,若堆芯已经开始损坏,则采取手段中止其损坏过程,将燃料滞留在主系统压力边界以内;然后,若不能确保一回路压力边界完整时,尽可能地维持安全壳的完整性;最后,如果安全壳完整性也不能确保,则必须尽量减少放射性物质向厂外的释放。

针对这些任务,事故管理的对策可以被归结为确保 3 项安全功能。为了能够预防或尽可能早地中止堆芯损坏过程,停堆能力应当得到保证,使反应堆始终维持于次临界状态。同时应确保堆芯衰变热顺利带出,使堆芯得以冷却,二次侧补泄过程、一次侧补泄过程及辅助喷淋等手段可以达到此目的。为了维持放射性包容能力,安全壳隔离措施和必要的减压措施应当被考虑。

2. 事故预防

事故预防是事故管理中的首要任务,目的是采用各种手段防止堆芯熔化、防止对公众的伤害并尽可能地减少核电厂的财产损失。

事故预防的关键在于尽力降低严重事故的发生概率。为此,应该考虑技术和组织两个范畴。一方面是利用运行经验,抓好人因,利用制度,抓好管理的组织范畴。另一方面是利用在役检查、维修和单个电厂安全性评价,保障和了解机组硬件设备的可利用性和可靠性,同时利用核安全研究技术预先寻找和评价各种预防对策措施的技术范畴。

按阶段和工作方式,可以将事故预防阶段可用的技术措施列举如表 6.4。

表 6.4　事故预防措施

一次侧	应急堆芯冷却注射含硼水; 高压安全注射加主系统上充下泄,主系统减压引入应急堆芯冷却系统注射,包括启用安全注射箱上充下泄,利用可能的替代水源和替代泵实现应急注入; 启用主泵避免压力热冲击; 发生蒸汽发生器传热管破裂(SGTR)后切断或减少高压安全注射流量
二次侧	小破口失水事故和瞬变下,推迟给水以节省水资源; 在丧失热阱情况下,开启阀门快速减压,利用移动泵供水; 丧失主给水源时利用除盐水; 利用消防水

3. 事故缓解措施研究

事故缓解措施向操纵员提供一套建议,提示在堆芯熔化状态下的应急操作行动。当所有预防性事故干预手段均已失效,燃料包壳和压力容器的屏障作用已经丧失,安全壳也已经受到威胁时,是进入事故缓解措施的时机。

事故缓解的基本目标是尽可能维持已高度损坏堆芯的冷却,从而有利于实现可控的最终稳定状态,为了赢得更多的厂外应急计划时间,要尽可能长时间地维持安全壳的完整性,并尽量降低向厂外的放射性释放,尽量避免土壤和地下水的长期污染。实验与分析均表明,堆芯熔化产生的放射性物质在安全壳内的沉降与滞留的时间效应非常明显,因此尽量避免安全壳早期失效并尽量推迟失效时间,极有意义。

(1)防止高压熔堆

从事故缓解的角度考虑,为了防止高压熔堆(DCH)危及安全壳的早期完整性,应当及早将它转变为低压过程。

研究表明,将一回路转为低压过程可以通过操纵员动作(适时地开启稳压器安全阀卸压)或者自然过程(自然循环冷却)来实现。有些国家还专门设计了涉及系统降压的操作规程。安全阀开启后主系统将迅速转入低压,上封头失效时主系统压力将小于 1.2 MPa,而在相应未开阀的高压瞬变序列下,上封头失效时的压力将接近安全阀的开启整定值,即 15 MPa 以上。

即使没有能动注水补充,单纯的卸压过程不但可以防止高压熔堆,其本身还有延缓堆芯熔化的效果。这是因为减压过程中堆芯冷却剂的闪蒸使混合液位上升,燃料元件上部可以获得汽液两相流的额外冷却,从而延缓过热过程。压力下降到 5 MPa 以下还可引入非能动安全注射箱注水,有效地利用这一部分水资源载出热量。

一回路降压的方法需要注意的问题是稳压器安全阀打开的时机,如果太早势必引起一回路冷却剂装量的更多流失,使堆芯早期加热更加明显。

（2）安全壳热量排出与减压

安全壳内聚积的热量决定安全壳内的压力,安全壳的减压过程也就是排出热量的过程。

喷淋是安全壳排热减压的重要手段。喷淋有两方面的作用,一方面是使安全壳内的水蒸气凝结,从而维持安全壳内较低的压力,另一方面是通过喷淋及其添加剂可以使放射性碘和气溶胶得以洗消,从而降低可能泄出的放射性。通过对喷淋作用的机理分析表明,间歇式小流量喷淋方式有较好的效果,此方式可以保证在安全壳压力不超过设计定值的前提下节省换料水箱的水资源,延长喷淋作用的时间,也即推迟安全壳的超压时间。根据对严重事故瞬变时序的分析结果可知,在事故后 4～5 h,确保至少一路喷淋注射可用,是有效缓解事故的措施之一。

然而,简单喷淋并不会有效排出安全壳内的热量,只能吸收一部分堆芯释热,从而达到暂时缓解安全壳升温的作用。若要有效排出安全壳内热量,需要依靠进一步的安全注射和再循环喷淋,主冷却剂和喷淋液在地坑内积聚并升温,通过热交换器可以将较热的主冷却剂和喷淋液热量传给设备冷却水,然后再排向环境,主冷却剂在环境中降温后被重新注入主系统或喷淋到安全壳。因此,安全注射和喷淋再循环是重要的安全壳排热手段,必须有效保证喷淋或安全注射的再循环功能。在法国压水堆设计中,使低压安全注射泵和喷淋泵互为备用,提高其可利用率,有效缓解了喷淋或安全注射再循环的失效问题。在极端情况下,为了保证喷淋或安全注射的再循环功能,还可以考虑启用移动式泵和热交换器。

喷淋和再循环喷淋措施可以有效地排热减压,但启用喷淋和再循环喷淋的副作用较大。含碱喷淋液会腐蚀设备同时其善后工作较复杂。事故后较晚的时候,锆大部分已被氧化,其他金属也与水蒸气反应缓慢地产生氢气,此时喷淋会使水蒸气快速凝结,安全壳内氢气分压大幅提升,并可能达到燃爆阈值,因此,晚期投入喷淋时一定要慎重。

安全壳风冷系统是另一种可用的安全壳排热减压措施。有些核电厂风冷系统设计成安全级系统,事故下可以自动切换到应急运行状态,降低风机转速,加大公用水基本流量,同时使气流先除湿再进入活性炭吸附器。对于这一类电厂,风冷系统的投入优先于喷淋。另有不少核电厂的风冷系统仅用于排除正常运行时主系统设备所产生的热量,不属于安全级设备,设计容量也较小,因而在事故分析中不考虑其贡献。在事故缓解阶段,如其支持系统（电源、冷却水）能够保障,不妨考虑使其投入。它至少可以载出相当一部分停堆后的衰变热,有利于减轻其他缓解系统的压力。今后设计建造的核电厂,应当加强安全壳的风冷能力,相比之下,这种安全壳冷却方式的副作用较小。

对于自由空间较大、结构热容量也较大的安全壳,还可以在事故后一段时间内采用姑息法,即在一定期间内不采取排热措施,而集中精力于努力恢复正常的冷却通道如再循环系统等。对于这一类安全壳,其超压失效时间通常长达数天,在此期间,安全壳内吸热和壳外壁与外界环境的换热已不可忽略,它们可以有效抑制安全壳内压的上升。

（3）消氢措施

设计中应当考虑完善的消氢系统,以便消除氢爆与氢燃的威胁,免除晚期投入喷淋的风险。

安全级的消氢系统在压水堆核电厂中一般均有装备,该系统抽出一部分安全壳内的气体,让抽出的气体通过被加热的金属触媒网（通常加热到 800 ℃左右）,以催化氢与氧的反应而达到消氢的目的。目前使用的系统还存在着一些不足,比如其触发点的氢浓度在 2%左右,同时系统的进风口又较小,对氢的局部浓聚问题无法有效解决,但分析结果表明,在一定隔室内局部浓聚的氢通过燃烧产生火焰导致氢爆或氢燃的威胁性最大。另外,氢复合器的体积也较大,需要电源的同时也需要冷却水的支持,当发生多重故障时将失去消氢的功能。

氢点火器是美国研制的一种新型消氢装置,这是一种类似矿山安全灯的小型装置,将此装置布置在适当的隔室内,装置内的微小电火花可以促使可能存在的氢气与氧气化合。

缓解氢气爆燃的危险可以采用点火器,也可以采用复合器。这两种装置可单独使用,也可同时使用。这些复合器的工作原理是催化 $2H_2 + O_2 \rightarrow 2H_2O$ 反应,使该反应在较低的氢气浓度下发生。该反应是放热反应,复合器是非能动的,也就是说它们可以自启动和自供给,不需要外部供能,也没有移动的部件。当安全壳内的氢气浓度开始增加时,这些复合器就会自发地动作。

(4) 安全壳功能的最终保障

在喷淋、风冷手段失效的情况下,安全壳功能的最终保障有两个可能途径:

① 过滤排气减压

在安全壳预计将发生超压失效时,提前以可控的方式排放出部分安全壳内气体可以达到减压的目的。这种方法将人为破坏安全壳的密封完整性,采用的时候需要解决的关键问题是减少向厂外的放射性释放,因此,气体在被排出之前需要经过适当形式的过滤。

目前国际上已研制有多种过滤减压装置。瑞典为沸水堆设计了卵石床过滤器,法国则设计了砂堆过滤器,利用固体颗粒表面以吸附和凝结作用去除挥发性裂变产物和气溶胶。

② 安全壳及堆坑淹没

如果水源有保障,事故又发展到极为严重的阶段,向安全壳大量注入冷水是推迟安全壳超压的另一可能措施。

大量冷水注入安全壳后,水将吸收主系统的热量和衰变热,到达相应设计压力下饱和温度以前,安全壳不可能超压。

计算表明,升温速率是很低的,不采用任何其他措施,仅注水也可维持安全壳在失效压力以下几十小时至百余小时。但是,对于堆功率较大而安全壳较小的核电厂,安全壳淹没措施受到某些限制,效果并不显著,而负作用可能较大。因此,能否采用某一缓解措施,是一个电厂特异性问题。

如果不可能或因其他原因不采取安全壳淹没措施,则为了防止熔融堆芯在下封头失效后烧蚀安全壳底板,淹没堆腔仍是有益的。熔融物跌入堆腔时与水作用将使熔融物温度显著下降。由于水池的存在,蒸汽在水中上升时可得到较好冷却,气溶胶上升经过水层也能获得有效的洗刷效果。为了淹没堆腔,安全壳结构上需作少量调整,在地坑与堆腔间保留一定通道,使地坑水达到一定水位(保证再循环用水)后,其余水先溢入堆腔,与地坑形成一体。

6.4 确定论安全分析程序

安全分析程序是进行安全分析的主要手段和工具,可用于堆型研究、核电厂设计、审批、运行、规程以及应急计划制定等各个方面。确定论安全分析的基本方法是根据一定的物理模型,建立各种计算机程序,以分析各种可能发生的事故瞬态。随着计算机技术的快速发展和人们对反应堆热工水力现象认识的不断提高与加深,安全分析程序使用的模型与方法也发生了深刻变化,由最初的保守评价模型与方法,逐渐发展到真实精细的最佳估算模型与方法。

保守估算方法指的是,在标准许可的范围内,计算过程中采用保守的数据与模型。由于核电厂的真实情况无法使用保守的估计值来完全真实地反映,同时保守估算方法还导致了核电厂的经济性和运行灵活性大大降低,因此研究人员提出了最佳估算方法。

最佳估算方法通过采用更为接近真实的数据、模型、边界条件及初始条件、架构关系,使用最佳估算程序计算得到更为真实的系统安全边界。最佳估算分析对物理过程提供的现实评估模型能够与当前现有数据和有关现象的知识相一致。使用最佳估算方法对核电厂进行分析计算,通过对更接近真实的物理现象的分析,能够确保核安全满足验收准则的同时具有更好的经济性。NRC1989 年修改的新的安全评审准则中允许使用最佳估算方法进行安全评审,但要求必须配合不确定性分析。在 1998 年召开的"热工水力安全分析中的最佳估算方法"国际会议上,与会各国普遍认为:在认证级安全分析中使用最佳估算方法可以在保证安全性的同时提高经济性。

最佳估算方法在确保安全的同时还能够提高经济性,但对其计算结果必须配合进行不确定性分析。为此,需要开展大量的研究及实验验证,这些研究和实验需要投入大量的经费和时间。即便如此,由于最佳估算程序计算得到的结果与真实情况更为接近,目前已广泛开展了大量应用最佳估算方法研究反应堆失水事故的工作。

目前,确定论安全分析程序的发展趋势是采用最佳估算方法结合不确定性分析,以减少不必要的保守。

在用确定论方法进行事故分析中,大致需要涉及以下 6 种程序。

(1) 核电厂系统分析程序。可以模拟核电厂的一、二回路系统以及稳压器、蒸汽发生器、泵、阀门和燃料元件等设备。具有能计及各种反应性反馈的中子动力学模型。程序的规模大,总体上分析核电厂在失水事故及各种瞬变过程中系统的响应,是事故分析中最主要的程序。例如:RETRAN、RELAP、ATHLET、CATHARE 和 TRAC 等程序,这些程序都可以采用最佳估算方法进行分析计算。

(2) 堆芯分析程序。如单通道分析程序、子通道分析程序和多通道分析程序等,以系统程序计算的结果作为边界条件,考虑堆芯内各处的燃料元件发热的不同,以及相邻流道之间质量、动量和能量的交换,因而能计算出具有开式栅格的堆芯的流场和焓场,得出各处燃料元件的芯块中心温度、包壳表面温度和 DNBR 等参数。这类程序有 COBRA 系列程序、ASSERT 和 SUBCHAN 等。

(3) 燃料元件分析程序。用于分析在事故工况下面临破坏的燃料元件形状,在程序中提供了包括热辐射在内的各个阶段的传热模型,可以模拟包壳与芯块之间间隙的变化,燃料元件的肿胀、破裂以及流道的阻塞。这种程序也以系统分析程序的结果为输入数据。如 FRAP-T6 和 TOODEE2/MOD3 等。

(4) 堆物理分析程序。用于作弹棒事故以及反应性事故的分析计算。精确的分析需要用三维中子动力学程序和三维热工水力分析程序耦合进行计算,这种程序很耗费计算时间,在进行大量计算时,一般采用经过三维程序校核过的一维程序,如 PDK-Ⅱ 程序等。

(5) 安全壳热工水力响应分析程序。分析核电厂一、二回路破裂,大量质量和能量喷放到安全壳内时,安全壳内的压力和温度的变化,如 CONTEMPT-LT/028、CONTAIN 系列程序和 PCCSAC/PCCSAP 系列程序等。

（6）放射性后果分析程序。这类程序描述放射性物质在系统内的转移、沉积、衰变、向环境的释放以及在大气中的弥散并计算人员遭受的放射性剂量。这类程序的不确定性很大，典型的有 MACCS、CADITAL 和 SGTR 等程序。

此外，还有一体化综合程序，也可称作全范围综合系统分析程序（源项分析），可以分析严重事故现象全部进程，常用的有 MELCOR、MAAP，可涵盖热工水力、堆芯熔化进程、裂变产物从元件释放及在 RPV 内迁移、压力容器失效、裂变产物在安全壳内迁移、安全壳载荷和安全壳行为等几乎所有过程。

多年的核电运行经验表明，确定论安全分析方法在保证核安全方面发挥了重要作用，但应认识到，确定论也不绝对确定，确定论中也同样含有不确定性因素。确定论中的单一故障准则要求不完全合理，目前已充分认识到核电厂的各个安全系统的重要程度并不完全相同，存在很大差异，对所有安全系统都采用单一故障准则并不完全合理。单一故障准则只是在当时的历史条件下综合考虑到系统和设备可靠性、经济可承受性和准则可操作性的一种妥协。三哩岛核事故之后，人们认识到在某些严重事故情况下，多重故障也是可能发生的，这一点对核电厂安全分析提出了新的要求，如将确定论安全分析方法与概率安全评价相结合。

参 考 文 献

［1］　朱继洲. 核反应堆安全分析[M]. 西安：西安交通大学出版社，2004.
［2］　濮继龙. 压水堆核电厂安全与事故对策[M]. 北京：原子能出版社，1995.
［3］　国家核安全局. 核动力厂设计安全规定：HAF 102[S]. 2004.
［4］　国家核安全局. 核动力厂设计安全规定：HAF 102[S]. 2016.
［5］　国家核安全局. 核动力厂安全评价与验证：HAD 102—17[S]. 2006.
［6］　王庆红，龚婷. 福岛核电事故分析及其启示[J]. 南方电网技术，2011，5(3)：17-22.
［7］　俞冀阳. 核电厂事故分析[M]. 北京：清华大学出版社，2012.
［8］　俞尔俊，李吉根. 核电厂核安全[M]. 北京：原子能出版社，2010.
［9］　柴国旱. 后福岛时代对我国核电安全理念及要求的重新审视与思考[J]. 环境保护，2015，43(7)：21-24.
［10］　朱继洲. 压水堆核电厂的运行[M]. 北京：原子能出版社，2000.
［11］　张之华，叶茂，罗昕，等. 日本福岛核事故的思考与警示[J]. 原子能科学技术，2012，46(B12)：904-907.

第7章　概率安全评价(PSA)

1972 年,概率安全评价(PSA)第一次应用于核电厂,里程碑式的报告是发表于 1975 年的《反应堆安全研究:美国核动力厂事故风险评价》(WASH—1400)。自 WASH—1400 发表以来,PSA 方法得到了飞速发展,已经成为一种用于核电厂安全评价的标准化工具,并涌现出一批常用的 PSA 软件。1979 年美国发生三哩岛核事故,人们发现 WASH—1400 报告中,已明确预测了这次核事故的发生、发展过程。自此之后,PSA 得到广泛承认,并应用于各个方面。在分析设计过程中,人们可以通过 PSA 来寻找其中的薄弱环节,进而对其进行改进、故障诊断、运行指导和维修策略制定等,PSA 逐步发展为各工程领域进行安全决策和安全评价的重要工具。

本章首先对 PSA 进行简要概述,再从 PSA 方法、PSA 软件和 PSA 应用三个方面分别展开介绍。

7.1　PSA 概述

概率安全评价,又被称为概率风险评价(Probabilistic Risk Assessment,PRA),它是 20世纪 70 年代后发展起来的一种系统工程方法。PSA 以概率论和可靠性工程为基础,可以对各种复杂工程系统的可能事故发生和发展过程进行全面分析,并从可能事故的发生概率以及造成的后果大小综合评价。

7.1.1　PSA 与确定论的比较

目前有两种评价核电厂安全性的方法:一种是确定论方法,另一种是 PSA 方法。在核电发展的早期,长期使用的方法是确定论方法。PSA 是近年来发展的一种新的安全评价方法,以概率风险理论为基础,运用系统工程的方法,从不同角度对核电厂的安全性做出全面综合的分析和评价。

确定论方法采取一些保守的假设,并结合多年的应用经验,以此为基础,人为地将事故分为"可信"与"不可信"两类。以目前应用范围最广的压水堆核电厂为例,通常将主冷却剂管道冷管段双端剪切断裂设置为最大可信事故,设计时对此作了认真考虑,采取应急堆芯冷却系统等安全设施作为严密的设防手段。即使这种严重的始发事件发生,因为有严密的设防手段,反应堆未必会产生严重的后果。对于类似一回路管道小破口事故等后果较轻的事故,以及运行中发生的运行瞬变等状态,确定论方法并未对此进行深入研究。除此之外,对于核电厂的运行管理以及人员培训等方面,确定论方法也未给予应有的重视。事实上,三哩岛核事故的主要原因就是由于人们没有充分了解过渡工况和小破口失水事故,从而造成操纵员的误判断,使原本轻微的事故一再扩大,最终发展成为核电史上一次严重的堆芯损坏事故。三哩岛核事故的发生,暴露了确定论方法的缺陷。

PSA 方法认为事故并不存在绝对的"可信"或"不可信",仅仅是事故发生的概率的大小有所差别,从而引入了风险的概念。对核电厂风险进行研究,表明向环境释放放射性物质的主要因素是堆芯熔化,而引起堆芯熔化的主要原因是小破口失水事故和运行瞬变。PSA 方法不仅能够确定各类不同始发事件造成的事故序列,还能够尽量真实地、系统地反映事故的发生频率和造成的后果。三哩岛核事故的教训说明,采用 PSA 方法对核电厂进行安全评价是必要的。

确定论方法以核电厂发生设计基准事故时,周围生活的居民接收的辐射剂量是否超过允许规定值作为核电厂安全与否的评价标准。但是,对于大多数公众来说,当辐照剂量超过允许规定值时,他们并不清楚将会导致何等程度的危害,因此公众无法直接将核电厂的危害与火电厂和水电厂等其他危害进行比较。PSA 方法引入了具有定量意义的风险概念,从而可以将 PSA 应用于社会活动的各个领域。这样,便具有了一个共性的平台,可以在同一个基准上比较人为因素或核电厂事故引起的社会风险,同样也能比较火电厂或水电厂引起的社会危害。

在确定论方法中,人们通过机理性的程序来研究事故工况下核电厂的物理过程。事故分析时,通常基于单一故障的基本假设,不考虑该事故发生的概率有多大,也不考虑事故出现后操纵员干预。而 PSA 方法则是一种系统的评价技术,以概率论和严格的数理逻辑推理为理论基础,为找出可信的事故序列,提供一种综合的、结构化的处理方法,对事故发生的概率及造成的后果进行相应的评价和描绘。

应该说,采用 PSA 方法对核电厂进行分析的过程,实际上是对核电厂进行一次全面审查和认识的过程。PSA 方法的分析对象不局限于设计基准事故,而是尽可能地考虑更为广泛的事件谱,并对这些事件的发生、发展过程进行全面分析,在此基础上进一步对风险进行量化,因此 PSA 方法可以较为现实地反映核电厂的实际状态。同时,PSA 方法也不局限于单一故障的基本假设,而是考虑事件进程中各种系统和设备发生故障的可能性,同时考虑了事件发生时人员干预失效的可能性以及系统、设备和人员之间的相关性。

综上,确定论方法与 PSA 方法之间的简要差别如表 7.1 所示。

表 7.1 确定论方法与 PSA 方法的比较

评价方法	确定论方法	PSA 方法
基本假设	单一故障 不考虑人员失误	考虑多重故障 考虑人员失误
模型与参数	保守假设	尽量真实
分析程序	机理性	逻辑性
相关性	难以系统考虑	能系统考虑
最终结果	满足量化验收准则	检查最终风险

作为一个系统的评价工具,PSA 尽管提供了许多有用的信息,但也应该看到其数值结果的局限性和不确定性,比如说 PSA 评价过程中很难对人的行为和人为破坏进行定量描述。

因而,对于具体的核电厂,进行设计时应坚持纵深防御和多道屏障的原则,预防事故发生,减轻事故后果;在确定论方法不能较好处理的某些方面,可采用 PSA 方法对其进行深入分析,从而使二者相辅相成。在《核动力厂设计安全规定》(HAF 102)中明确提到确定论方法与概率论方法是"互补的技术"。在美国 NRC 于 1995 年发布的《概率安全评价方法在核管理活动中的应用最终政策声明》中同样也提到"通过以更有条理、更完整的方式来考虑风险,概率论方法是传统管理方法的扩展和提高""概率安全评价方法在与确定论方法的关系中起着补充的作用"。

7.1.2　PSA 的分级

在核电厂 PSA 的应用过程中,按照 PSA 分析中针对事故后果的不同,一般可划分为三级别,如表 7.2 所示。

表 7.2　概率风险准则及相应的 PSA 分级

风险准则层次		PSA 级别
核电厂	安全系统	一级
	安全功能	
	始发事件	
	事故序列	二级
	堆芯熔化频率(CDF)	
	安全壳性能	
	大量放射性物质释放	
居民与环境	个人风险	三级
	社会风险	
	投资风险	

1. 一级 PSA

一级 PSA 对核电厂进行系统分析,包括对核电厂安全系统和运行系统进行可靠性分析,重点确定能造成堆芯损坏的事故序列和基本原因,进行定量分析并计算事故序列发生的概率。根据一级 PSA 的分析结果,可以很容易地排查核电厂在设计过程中存在风险的环节。

2. 二级 PSA

二级 PSA 除了一级 PSA 分析的结果外,还包括安全壳响应的评价。如在堆芯损坏下,分析研究安全壳所受的载荷、安全壳工作能力丧失时间、安全壳的失效模式和放射性物质在安全壳内释放和迁移等。二级 PSA 分析的关键结果之一是确定放射性核素从安全壳内释放的频率。

3. 三级 PSA

二级 PSA 分析结果加上厂外生态环境的影响评估构成了三级 PSA。三级 PSA 分析放射性物质在厂外环境中的迁移,研究放射性物质在不同距离处浓度随时间变化的关系,评估放射性物质的释放对生态环境及周围居民造成的影响。

7.1.3　PSA 分析步骤

根据《PSA 实施导则》(NUREG/CR—2300)确定,经过系统地总结和归纳,一个典型的PSA 分析包括以下步骤。

1. 初始信息的收集

PSA 是一项内容广泛的整体性工作,需要有大量的信息,这些信息可以分为三类:① 电厂设计、厂址和运行的信息;② 一般性数据和电厂具体数据;③ 关于 PSA 方法的文件报告。

2. 系统分析

该任务包括确定事故序列、分析各系统及其运行特性,形成关于始发事件、部件失效和人因失误的数据库,评价事故序列的频率。系统分析包括多项分任务:① 建造事件树;② 系统建模;③ 人因可靠性和规程的分析;④ 数据库的形成;⑤ 事故序列的定量分析。

3. 安全壳分析

安全壳分析属于二级和三级 PSA 的分析内容,它包括物理过程分析和放射性核素释放与迁移的分析两项分任务。

4. 放射性核素在环境中的迁移和后果评价

根据安全壳分析结果提供的源项,利用厂址处局部的地形信息和具体的气象数据,分析放射性核素在环境中的迁移,计算核电厂周围居民受到的放射性剂量和造成的健康影响,给出放射性核素释放造成的各种后果。

5. 外部事件分析

目前国际上许多核电厂已经进行了如火灾、地震或水淹等外部事件的分析,并形成了比较成熟的分析方法。外部事件的分析结果要归入事故序列的分析中去。

6. 不确定性分析

不管分析的范围如何,不确定性分析都是 PSA 中的一个必要的组成部分。在 PSA 分析的每一步都有不确定性问题,不管是定性分析还是定量分析,都应该考虑数据的不确定性、模式化假设的不确定性以及分析的完整性。在可能的限度范围内,这些不确定性将通过分析被加以传播。

7. 灵敏度和重要度分析

灵敏度和重要度常常被认为是经典 PSA 分析的附加部分,但是绝大多数 PSA 报告都包括这两项分析。灵敏度分析是对不确定性分析的一个补充,它可以获得计算结果的可能范围;重要度分析是寻找最可能失效设备和系统的有效方法,利用它的结果可以帮助电厂设计和管理者把改进、维修和检测等工作的重点放在关键的设备和系统上。

8. 结果的获得与解释

列出对风险有重大贡献的事故序列及频率,建立电厂的累积分布函数,确定能反映事故序列不确定性的分布函数等是 PSA 结果获得的重要内容。

9. 形成结果文档

形成完整的结果文档是 PSA 分析中的重要步骤。

图 7.1 给出了一个完整 PSA 的一般程序。

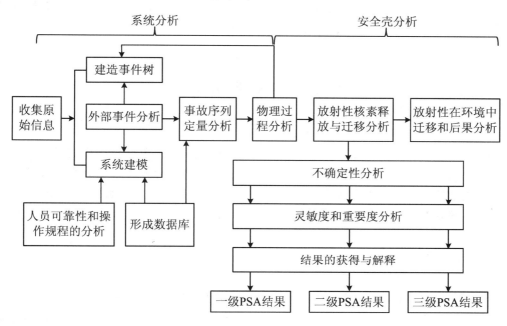

图 7.1　PSA 的一般程序

7.1.4　PSA 方法发展趋势

自 WASH—1400 报告发表以来,经过四十多年的发展和完善,PSA 已经被公认为核电厂安全分析的有效工具,对核电行业的发展起到了非常重要的作用。随着新的技术应用于核电厂,对传统 PSA 方法提出了新的挑战。例如,数字化仪控系统更新或取代传统的模拟仪控系统,当数字化仪控系统存在软件、硬件、人因等交互作用、超过一种失效模式或控制环,传统 PSA 分析方法就不能有效地对数字化仪系统进行建模并解释两类交互作用。鉴于此,一些新的 PSA 方法及相关支撑技术应运而生。

1. 动态 PSA

传统 PSA 分析方法主要采用事件树和故障树方法,从本质上讲是一种静态方法,其在解决包含动态因素的 PSA 方面(如时间变量、过程变量和人的操作行为等)存在着很大的不足,因而,传统 PSA 不能用于估计事故场景最终状态到达的时间分布,也不能为正确计算动态事故场景的发生概率提供足够的信息。例如,传统 PSA 分析方法不能有效地诠释数字化仪控系统存在的交互动作,这可能导致失效事件之间潜在的重要相关性的错误计算,因此需要更好地验证核电厂数字化仪控系统的可靠性特征。为解决这类问题,20 世纪 80 年代发展的动态 PSA 分析方法逐渐在核电厂概率安全评价中得到重视。

2. IDPSA

集成确定论和概率论安全评价(Integrated Deterministic and Probabilistic Safety Assessment，IDPSA)方法是近年来发展起来的一种新的安全评价方法，它采用一种特定的方式来处理随机事件和人因失误的不确定性。IDPSA包括偶然的不确定性(Aleatory uncertainties)和认知的不确定性(Epistemic uncertainties)两个方面。偶然的不确定性包括安全系统的行为、物理或化学过程以及行为的相关性；认知的不确定性包括偶然不确定性的概率分布参数、程序模型以及确定论代码参数等。

7.2 PSA 常用方法

传统的PSA分析通常采用事件树分析和故障树分析，通过事件树分析建立从始发事件到事故后果的路径，计算不同事故序列发生概率，通过故障树分析可以明确系统失效的原因以及系统失效的概率。随着系统安全分析需求的不断扩展以及PSA技术的不断发展，相应地出现了一些新的PSA分析方法。

7.2.1 事件树分析

事件树分析(Event Tree Analysis，ETA)是系统工程中一种常用的演绎分析方法，起源于决策树分析。该方法从一个给定的始发事件开始，按时间进程采用追踪方法，对各缓解系统的状态逐项分析，直到最终后果，从而建成水平树状图用于表达各种事故序列，并进行相关分析。

1. 始发事件的确定与分组

（1）始发事件确定

始发事件是造成核电厂扰动并且有可能导致堆芯损坏的事件，它是否会造成堆芯损坏，取决于核电厂各缓解系统是否能成功地运行。

始发事件一般可分为危害和内部始发事件两大类。危害包括内部原因导致的火灾、爆炸、水淹和飞射物撞击，以及外部原因导致的对若干个系统造成共同的极端环境条件的灾害，如飓风、洪水、地震和飞机坠落等；内部始发事件包括人因失误或计算机软件缺陷造成的核电厂硬件运行错误，以及核电厂硬件失效等，如冷却剂丧失事故(LOCA)、瞬态。丧失厂外电源也可归入外部危害，但一般将它归为内部始发事件考虑。

始发事件的确定一般可以采取两类方法。一类是采用工程评估的方法，包括对本电厂的设计资料等进行系统地工程评价、参照电厂历史运行经验以及以前的PSA资料等，经过判断编制出始发事件的清单；另一类是采用演绎分析的方法，从顶事件开始逐步分解成不同类别的可能导致堆芯损坏的事件，从最底层的各事件选出始发事件。

为了尽可能得到完备的始发事件，人们可以参考现有同类核电厂的最终安全分析报告和所作的PSA分析报告，还可以参考核电厂的运行事件报告(LER)以及有关专题报告。在进行特定核电厂PSA工作时，一开始就对这些报告中列出的始发事件进行分析和筛选，初步形成一个始发事件清单。《ATWS：A Reappraisal》(EPRI-NP—2230)给出了轻水堆始发事件清单，如表7.3所示。

表 7.3　轻水堆始发事件表(取自 EPRI-NP—2230)

1. 丧失反应堆冷却剂流量(一个环路)	22. 各种机械原因导致的给水不足
2. 失控提棒	23. 凝结水泵丧失(一个环路)
3. 控制棒驱动机构的故障和/或落棒	24. 凝结水泵丧失(所有环路)
4. 从控制棒处的泄漏	25. 凝汽器失去真空
5. 一回路系统的泄漏	26. 蒸汽发生器泄漏
6. 稳压器低压	27. 凝汽器泄漏
7. 稳压器泄漏	28. 二回路系统各种各样的泄漏
8. 稳压器高压	29. 蒸汽排放阀的突然打开
9. 不正确的安全注射信号	30. 失去循环水
10. 安全壳的超压问题	31. 失去设备的冷却
11. 化容系统不正常——硼稀释	32. 失去厂用水系统
12. 压力、温度、功率不匹配——棒位错误	33. 汽轮机脱扣,调节阀关闭
13. 隔离的冷却剂泵启动(也称冷水事故)	34. 发电机脱扣或发电机引起的故障
14. 反应堆冷却剂流量全部丧失	35. 厂外电源全部丧失
15. 给水流量丧失或减少(一个环路)	36. 稳压器喷淋故障
16. 给水流量全部丧失(所有环路)	37. 必不可少的电厂系统失去电源
17. 主回路隔离阀完全或部分关闭(一个环路)	38. 未知的原因引起的各种误脱扣
18. 所有的主回路隔离阀关闭	39. 非瞬态工况的自动脱扣
19. 给水过多(一个环路)	40. 非瞬态工况的手动脱扣
20. 给水过多(所有环路)	41. 电厂内的火灾
21. 给水不稳——操作错误	

（2）始发事件分组

一般地,一个核电厂的始发事件通常有几十个,而对这些始发事件全部建树是不现实的,因此,需要对这些始发事件进行分组。根据各个始发事件发生后的事故进程以及所要求的安全系统成功准则是否相同,将事故进程和成功准则相同的始发事件分在同一组考虑。需要注意的是,导致安全壳旁路的始发事件(如蒸汽发生器管道破裂)不能够和其他 LOCA 事故分在一组,因为安全壳的有效性不同。

2. 事件树的建造与简化

确定始发事件后,即可采用 ETA 分析核电厂对每组始发事件的响应。图 7.2 给出了一个简化的失水事故的事件树示例。

事件树最上层称为事件树题头,是按顺序列出可能影响事故进程的一系列事件。它可以是始发事件发生后操纵员的动作,基本事件的发生,所需执行的安全功能,或转变为执行此安全功能的系统。

从图 7.2 左边始发事件(主系统管道破裂)开始进入这棵树,防御措施有 3 个,分别为停堆、应急堆芯冷却系统(ECC)投入和余热排出系统(RHR)投入,这三道防御系统对始发事件形成一个纵深的防御体系。当主系统管道破裂时,首先看停堆是否成功,如果失败,则依次看 ECC 投入和 RHR 投入是否成功。在事件树中给出的每一条途径代表着一种事故情景,即所谓事故序列。

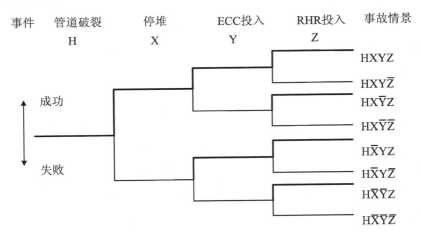

图 7.2　失水事故事件树

事件树中事故序列有时不仅数量多,而且有些事件的发展在事件链发展到最后功能系统前时已经结束,因此必要时,需对事件树进行简化。事件树的简化应遵循以下两条原则:

(1) 失效概率极低的系统可以不列入事件树的题头;

(2) 当系统已经失效,从物理效果来看,在其后继的各系统已经不可能减缓后果时,或后继系统由于前置系统已经失效而同时失效,那么以后的系统不需再考虑。

3. 成功准则分析

事件树分析中事故序列后果的判定和各题头事件发生概率的计算中,首先都需要确定相应的成功准则。

一般通过确定反应堆堆芯是否损伤来判定其状态是否为严重后果。可以采取间接的判别准则,例如对于轻水堆,只要堆芯长期裸露或燃料热通道包壳温度超过 1 204 ℃或反应堆冷却剂系统压力达到其设计压力的 1.25 倍,就认为是堆芯损坏。如果堆芯开始裸露且不太可能采取缓解措施防止堆芯损坏,那堆芯裸露就可以作为堆芯损坏的替代判据。

对于每个始发事件组,为防止堆芯损坏,需要确定考虑实施哪些安全功能,包括:始发事件的诊断、反应堆停堆、余热载出和安全壳保护等,这取决于始发事件的特性。然后确定执行每个安全功能所需要的全部安全系统(缓解系统),并确定每个安全系统的成功准则,它应该是对系统所要求的最低配置。通常要按系统可靠性、多样性和冗余性确定需要运行的列数或者设备的数目。

事件树各个题头成功准则可以来自安全分析报告(SAR),但是由此而得到的成功准则可能过于保守。若可能,应使用较为现实的成功准则,这时需进行必要的热工水力专题分析,采用最佳估算瞬态分析方法进行一系列计算,并用它代替在确定论设计基准分析中所利用的保守的成功准则。在事件树展开分析时会出现 SAR 中未涉及的成功准则,对于这些题头的成功准则也应该由专门的热工水力计算获得。另外,应急运行规程(EOPs)中规定的要求也是成功准则确定的依据,但要经过仔细地分析确认或同样进行专门的热工水力分析。

　　在成功准则中还要考虑把电站带到安全、稳定停堆状态所需的操纵员行为。根据应急规程或分析方法（事故序列图）来确定这些操纵员行为。操纵员行为的成败取决于相关人的认知，能否正确选用和正确执行相关的事故处理规程。人的认知和操作成败概率又依赖于允许时间的长短，而允许时间的长短由热工水力计算分析得到。

4. 事故序列分析

　　事故序列分析的目的是找出待定量化的事故序列和求出各个事故序列的发生概率。在事故序列分析结果中应包括以下几项内容：

　　（1）重要事故序列及其重要的最小割集；

　　（2）所有事故序列的归类；

　　（3）事故序列的点估计和区间估计；

　　（4）堆芯损坏频率；

　　（5）事故序列中系统、割集和部件重要度；

　　（6）灵敏度分析。

　　事故序列的分析一般通过事件树分析来进行。事件树分析分两步：一是在安全功能层次上发展功能事件树；二是进一步细化，用系统行为为安全功能建模。实质上，一个事故序列就是一个由各题头事件用"与"门联系起来的故障树。因此，事故序列分析也是故障树分析。

7.2.2　故障树分析

　　故障树分析（Fault Tree Analysis，FTA）是一种逻辑推理的方法，它在一定条件下，通过分析各种可能造成系统故障的因素（包括软件、硬件、环境和人为因素等）来绘制逻辑结构图（即故障树），从而确定系统故障的原因及其发生概率，是提高系统可靠性的一种设计分析方法。其目的在于判明基本故障，确定故障的原因、影响和发生的概率。FTA 从 1960 年提出来以后，发展逐渐完善，尤其是在核电厂的安全分析中，更是不可缺少的重要工具。

1. FTA 的基本程序

　　一个完整的 FTA 工作大致可以分为以下几步，其基本程序如图 7.3 所示。

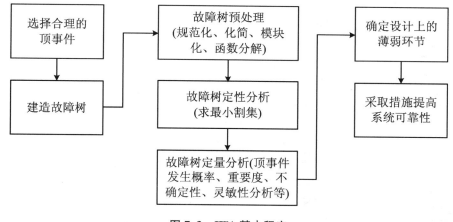

图 7.3　FTA 基本程序

（1）根据工程实际需要，选择合理的顶事件，并确定成功与失败的准则；

（2）通过对已收集的技术资料，在运行管理人员和设计人员的帮助下，建造故障树；

（3）对故障树进行简化、规范化或者模块化（注：故障树的简化并不是 FTA 的必要步骤，如有可能，尽量对故障树进行简化，这样可有效减少故障树的规模和分析的工作量）；

（4）故障树定性分析，求出故障树的全部最小割集；

（5）故障树定量分析，除了对故障树的顶事件发生概率进行计算外，还要进行重要度分析和灵敏性分析；

（6）在对故障树分析的基础上，确定设计上的薄弱环节，找出问题所在；

（7）采取适当措施，提高产品的安全性和可靠性。

2. FTA 的基本原理

FTA 把所有研究系统的最不希望发生的故障状态作为故障分析的目标，然后找出直接导致这一故障发生的全部因素，再找出造成下一级事件发生的全部直接因素，直到那些故障机理已知的基本因素为止。

（1）事件与符号

通常把最不希望发生的事件称为"顶事件"，不再深究的事件称为"底事件"，而介于顶事件与底事件之间的一切事件称为"中间事件"。这些事件由相应符号表示，并用适当的逻辑门把顶事件、中间事件和底事件联结成树形图，即得故障树。它表示了系统设备的特定事件（不希望发生事件）与各子系统部件的故障事件之间的逻辑结构关系。

建造故障树需要一些表示事件之间逻辑因果关系的门符号和事件符号，表 7.4 列出了主要的门符号和事件符号，以及它们的意义。

表 7.4　故障树所用符号表

门符号				事件符号			
序号	使用符号	名称	输入输出关系	序号	使用符号	名称	意义
1		与门	当全部输入发生则输出发生	1		圆形	有足够数据的基本事件
2		或门	任何一个输入存在则输出发生	1		菱形	待发展时间（未探明事件）
3		禁门	在条件存在时输入产生输出	1		矩形	用门表示的中间事件
4		优先与门	按左至右的次序输入发生则输出发生	1		椭圆	用于禁门的条件
5		异或门	输入中的一个发生而另外不发生则输出发生	1		房形	开关事件（发生或不发生），如触发事件
6	m/n	m/n 表决门	n 中有 m 个输入则输出发生	1		三角形	转移出去和转入符

（2）故障树的割集和最小割集

割集是故障树底事件集合的一个子集合,如果该子集的所有这些底事件发生,则顶事件必定发生。

最小割集是割集集合的一个子集,是底事件数量不能再减少的割集,即如果在这个割集中任意去除一个底事件之后,剩下的事件集合不再是一个割集,任一个故障树将由有限数量的最小割集组成。一个最小割集代表引起故障树顶事件发生的一种故障模式。

（3）结构函数

y 为描述顶事件状态的布尔变量,故障树的结构函数定义为:

$$y = \Phi(x_1, x_2, \cdots, x_n) = \begin{cases} 1, \text{若第 } i \text{ 个底事件发生} \\ 0, \text{若第 } i \text{ 个底事件不发生} \end{cases} \quad i = 1, 2, \cdots, n \quad (7.1)$$

其中,n 为故障树底事件的数目,$x_1, x_2, \cdots, x_n$ 为描述底事件状态的布尔变量,即

$$x_i = \begin{cases} 1, \text{若第 } i \text{ 个底事件发生} \\ 0, \text{若第 } i \text{ 个底事件不发生} \end{cases} \quad i = 1, 2, \cdots, n \quad (7.2)$$

（4）故障概率函数

在故障树所有底事件相互独立的条件下,顶事件发生的概率 Q 是底事件发生概率 q_1, $q_2, \cdots, q_n$ 的一个函数,记为

$$Q = Q(q_1, q_2, \cdots, q_n) \quad (7.3)$$

称其为故障树的故障概率函数。

（5）重要度

重要度系指一个部件或者割集对顶事件作出的贡献,重要度分析是确定每个底事件的发生对引起顶事件发生的重要程度,以便合理设计和正确选用部件或元件的可靠性等级,识别设计上的薄弱环节。几个常用的底事件重要度定义如下。

① 底事件结构重要度

第 i 个底事件的结构重要度为

$$I_\Phi(i) = \frac{1}{2^{n-1}} \sum_{(x_1, \cdots, x_{i-1}, x_{i+1}, \cdots, x_n)} \left[\Phi(x_1, \cdots, x_{i-1}, 1, x_{i+1}, \cdots, x_n) - \Phi(x_1, \cdots, x_{i-1}, 0, x_{i+1}, \cdots, x_n) \right]$$

$$i = 1, 2, \cdots, n \quad (7.4)$$

其中,$\Phi(\cdot)$ 是故障树的结构函数,$\displaystyle\sum_{(x_1, \cdots, x_{i-1}, x_{i+1}, \cdots, x_n)}$ 是对 $x_1, \cdots, x_{i-1}, x_{i+1}, \cdots, x_n$ 分别取 0 或 1 的所有可能求和。

底事件结构重要度从故障树结构的角度反映了各底事件在故障树中的重要程度。

② 底事件概率重要度

在故障树所有底事件互相独立的条件下,第 i 个底事件的概率重要度为

$$I_P(i) = \frac{\partial}{\partial q_i} Q(q_1, q_2, \cdots, q_n), \quad i = 1, 2, \cdots, n \quad (7.5)$$

其中,$Q(q_1, q_2, \cdots, q_n)$ 为故障树的故障概率函数。

第 i 个底事件的概率重要度表示,第 i 个底事件发生概率的微小变化导致顶事件发生的概率的变化率。

③ 底事件的相对概率重要度

在故障树所有底事件相互独立的条件下,第 i 个底事件的相对概率重要度为

$$I_C(i) = \frac{q_i}{Q(q_1, q_2, \cdots, q_n)} \cdot \frac{\partial}{\partial q_i} Q(q_1, q_2, \cdots, q_n), \quad i = 1, 2, \cdots, n \qquad (7.6)$$

第 i 个底事件的相对概率重要度表示,第 i 个底事件发生概率的微小相对变化导致顶事件发生的概率的相对变化率。

④ 底事件的相关割集重要度

若 $X_1, X_2, \cdots, X_n$ 是故障树的所有底事件,$C_1, C_2, \cdots, C_r$ 是底事件组成的故障树的所有最小割集,其中包含第 i 个底事件的最小割集为 $C_1^{(i)}, C_2^{(i)}, \cdots, C_{r_i}^{(i)}$,记

$$Q_i = P(\sum_{k-1}^{r_i} \prod_{X_j \in C_k^{(i)}} X_j) \qquad (7.7)$$

以上 $\sum$ 和 $\prod$ 分别表示集合(事件)运算的并和交。当故障树所有底事件相互独立的条件下,Q_i 是底事件发生概率 $q_1, q_2, \cdots, q_n$ 的函数

$$Q_i = Q_i(q_1, q_2, \cdots, q_n) \qquad (7.8)$$

第 i 个底事件的相关割集重要度定义为

$$I_{RC}(i) = \frac{Q_i(q_1, q_2, \cdots, q_n)}{Q(q_1, q_2, \cdots, q_n)} \qquad (7.9)$$

第 i 个底事件的相关割集重要度表示:包含第 i 个底事件的所有故障模式中至少有一个发生的概率与顶事件发生的概率之比。

(6) 灵敏性分析

敏感性分析的目的是为了找出那些对结果有潜在重大影响的问题,如建模假设和数据等。这些假设或数据通常是在缺乏信息或强烈依赖于分析者判断的情况下得出的。在敏感性分析中用另外的假设或数据进行替换,评价它们对结果的影响。

(7) 不确定性分析

不确定性分析的目的是为 PSA 结果(即堆芯损坏频率、主要事故序列和事故序列族的频率)的不确定性提供定量分析手段和定性讨论。分为以下三个主要类别:

① 不完备性:PSA 模型的目标是找出能够导致不希望后果(对一级 PSA 是堆芯损坏)的所有可能的情景。但是不能保证这个过程是完备的,所有可能的情景都被识别和评价了。这种不完备性引起了结果的不确定性。这类不确定性是很难评价或定量化的。

② 模型不确定性:对已识别出的事故情景、概念模型、数学模型、数值近似、程序错误和计算限制都会带来不确定性。模型不确定性的定量化仍然是个很困难的任务,目前还没有被认可的有效方法。

③ 参数不确定性:由于数据的缺乏或不足、电厂群体和部件的变化,以及由专家作假设,在 PSA 所用各种模型的参数存在不确定性。参数不确定性是三种不确定性中目前最可定量化的一种。

3. 故障树的建造

在故障树分析中,建树是一个关键的,也是基本的步骤,建树是否完善将直接影响分析结果的准确性。在故障树的建造过程中,一般应遵循以下基本规则:

(1) 失效模式及影响分析(Failure Mode and Effects Analysis,FMEA)。FMEA 是一种对系统设计或制造过程自下向上进行归纳推理的分析方法,目的在于评估失效的可能。在此分析中要识别出所有可能的失效模式,确定每种可能失效模式造成的影响,并确定出关键

性的影响。

（2）明确建树的边界条件形成简化系统图。由于一棵故障树不可能建得过大,为了突出故障树的重点和减小故障树的规模,应在 FMEA 分析的基础上,舍去不重要的部件,运用适当的逻辑关系形成一个等效的简化系统图。

（3）顶事件应严格定义。在用 FTA 计算事件树中支点的分支概率时,顶事件通常由系统在事件树中的成功准则来规定。有时一个系统在不同的始发事件下必须采用不同的成功准则。

（4）试验、维修和人因。除去硬件失效造成系统无法使用外,试验和维修活动对系统无效度也会有明显的贡献,其影响大小与试验和维修行为的频率与持续时间有关。

（5）相关性。在故障树中应该认真考虑各种相关性,这包括:始发事件和系统响应之间的相互关系、前沿系统与前沿系统或事件的相关性、各前沿系统之间共用的部件。

（6）故障树的层次结构。从一开始,就是按层次结构看待系统的,一个系统由子系统组成,子系统本身又包括子系统,这种分解一直到部件一级,在部件一级,可以获得失效率数据。在建树时,为了避免遗漏,应该按这种层次从上向下逐级建树。

（7）事件的命名和描述。采用标准格式对故障树中基本事件进行命名是保证故障树质量的重要环节,必须与所选用的计算机程序相配。

图 7.4 为一个简化的应急冷却注入系统,以此为例说明故障树建造过程。该系统的投入由安注信号触发,安注信号将向安注泵及有关阀门发出。该故障树的顶事件为“未能通过阀门 D 取得足够的流量”。

建树时从阀门 D 开始,查找发生顶事件的原因,可能是因为阀门 D 没有接收到安注信号,也可能是因本身原因而未能使阀门 D 开启,或者是阀门 D 未能从阀门 B 和阀门 C 得到水流量。按照系统的层次将此过程继续进展下去,便可以得到最后简化应急冷却注入系统的故障树,图 7.5 为简化应急冷却注入系统的故障树图。

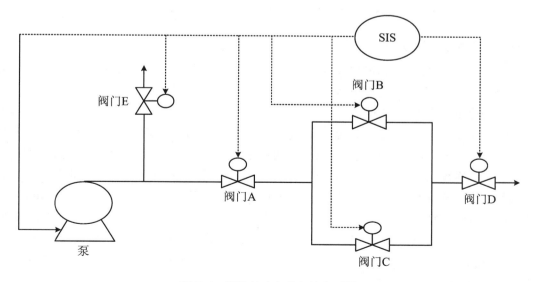

图 7.4　简化的应急冷却注入系统

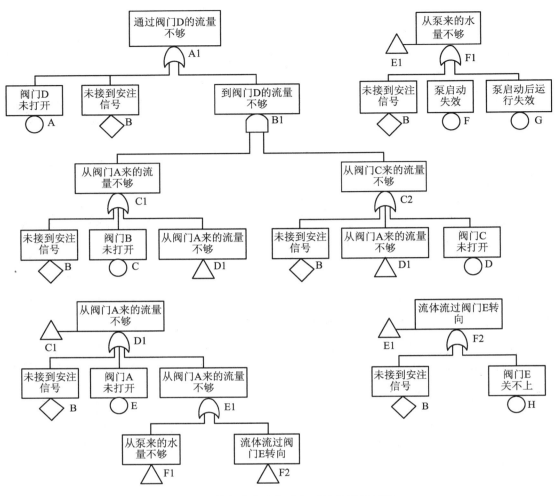

图 7.5　简化应急冷却注入系统的故障树图

4. 故障树分析算法

为了开展故障树定性和定量分析,需要采用相关 FTA 算法计算得到系统对应故障树的最小割集,目前 FTA 算法主要分为以下几类:

(1) 基于逻辑结构的算法

最早提出的上行法和下行法是一类基于故障树逻辑结构的两种比较经典算法。上行法,又称 Semanderes 法,它从故障树最下一级基本事件开始,将基本事件按逻辑门的类型进行布尔运算,逐步往上进行,直到顶事件为止;下行法,又称 Fussell-Vesely 法,它与上行法相反,从顶事件开始,按照由上往下的顺序逐级展开,依次把上一级事件置换成下一级事件,直到所有事件被置换成基本事件为止。下行法具有自身的优点,如逻辑简单、不易出错等;但不可避免地,下行法也有自身存在的不足,对于过于复杂的系统,采用下行法进行计算时,由于其计算量过大,从而导致计算过程中会耗费大量计算资源与时间,甚至无法完成计算。

(2) 基于矩阵分析的算法

基于矩阵的故障树分析方法以二进制编码法和 Petri 网算法为代表。二进制编码法的基本思路是将故障树中的基本事件用二进制数中的某一位表示,割集即事件组合用二进制数中某几位表示,这些二进制数构成了一个仅含 0、1 两种元素的矩阵,即割集矩阵,这样就可以将割集操作转化为矩阵操作;Petri 网算法的基本思路是将故障树模型转化为 Petri 网模型,再根据特定规则变换 Petri 网的关联矩阵到特定状态,所得列向量即为故障树的最小割集。这类基于矩阵分析的算法可以看成是 Fussell-Vesely 法的一个变种,采用另一种不同的方式来表达故障树逻辑结构,然后对其进行搜索,搜索过程中利用矩阵形式对割集进行存储。优点在于算法中引入了用矩阵来表达割集的形式,因而一些对于割集的操作就可以通过矩阵运算,通过矩阵算法快速实现。尽管如此,但这类方法并没有从根本上减少实际计算量,当故障树规模较大时,割集矩阵的维度将会变得很大,导致一般计算机无法存储。

(3) 基于香农分解的算法

基于香农分解的分析算法的主要代表为二元决策图(Binary Decision Diagram,BDD)算法。这类算法是利用二元决策图表示故障树结构函数的香农分解过程,再根据二元决策图搜索最小割集,并进行相应分析。BDD 起源于 20 世纪 50 年代,它的发明者 Lee 最初将 BDD 用于表达逻辑电路。1986 年被 R. Bryant 引入布尔函数的处理,随后人们借助 ITE(if then else)结构给出了一套 BDD 算法的实现方法;1993 年,A. Rauzy 将 BDD 算法引入 FTA 领域,并制定了系统的运算规则以及相应的数学涵义。尽管与传统的 Semanderes 法和 Fussell-Vesely 法相比,BDD 算法有不可比拟的优越性,较大地改善了计算速度和计算机内存的消耗,但是 BDD 算法仍然有其无法克服的技术难点和应用障碍。事实表明,当故障树规模增大到一定程度的时候,BDD 算法的中间结果会非常庞大,这同样会消耗过多内存,导致无法计算。

在 BDD 算法基础上,人们还提出了 BDD 的很多变种,其中较为重要的一种是 ZBDD(Zero-suppressed Binary Decision Diagram),它可以较为有效地对大规模故障树进行分析。ZBDD 数据结构是在 1993 年被 S. Minato 提出来的,后来被引入核电厂 PSA 领域,并基于该算法开发了核电厂 PSA 与风险监测软件。

(4) 基于布尔代数的算法

分支演绎法(BRANCH-AND-DEDUCE,B&D)是一类基于布尔代数和集合论的新型算法。这类算法直接基于最小割集/质蕴含集的数学原理等相关故障树理论进行求解。分支演绎法的基本思想是基于割集定义的,寻找那些使故障树顶事件发生的事件组合,即为割集;而那些使故障树顶事件成功的事件组合,则一定不是割集;如果不确定该事件组合能否使故障树发生或成功,则在该集合之外再选择一个基本事件(或其对立事件)加入该集合中,直到符合前两个规则为止。基本事件的选择对递归深度有较大的影响,可能几次递归就能符合前两个规则,也可能需要很多次递归,因此该算法的效率具有不确定性。

下面以图 7.6 的故障树为示例,简单介绍下行法和上行法求最小割集的过程。

(1) 下行法

下行法从顶事件开始,按照由上往下的顺序逐级展开,依次把上一级事件置换成下一级事件,直到所有事件都置换成基本事件为止。在展开过程中,遇到"与门"时将其所有输入事件排成一行,遇到"或门"时将其每个输入都单独排一行。这样直到基本事件为止。最后一步所得的各项即为故障树的割集,它不一定是故障树的全部割集,但一定包含故障树的全部最小割集。表 7.5 演示了使用 Fussell 法求解图 7.6 的过程。

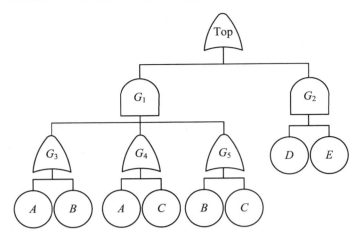

图 7.6 故障树示例

表 7.5 Fussell 法求解故障树的割集

步骤	1	2	3	4	5	6	7	8
Top	G_1	G_3,G_4,G_5	A,G_4,G_5	A,A,G_5	A,A,B	A,B	A,B	A,B
	G_2	D,E	B,G_4,G_5	A,C,G_5	A,A,C	A,C	A,C	A,C
			D,E	B,A,G_5	A,C,B	A,C,B	A,B,C	
				B,C,G_5	A,C,C	A,C		
				D,E	B,A,B	A,B		
					B,A,C	B,A,C		
					B,C,B	B,C	B,C	B,C
					B,C,C	B,C		
					D,E	D,E	D,E	D,E

从上表可见,执行到第五步时得到 9 个割集,通过第六步至第八步对割集进行幂等律和吸收律运算,最后得到 4 个最小割集,分别是 $\{A,B\}$,$\{A,C\}$,$\{B,C\}$,$\{D,E\}$。

（2）上行法

上行法与下行法进行方向相反,上行法从故障树最下一级基本事件开始,将基本事件按逻辑门的类型进行布尔运算,逐步往上进行,直到顶事件为止。图 7.6 使用 Semanderes 法求解最小割集过程如下:

$$G_3 = A + B$$
$$G_4 = A + C$$
$$G_5 = B + C$$
$$G_2 = D \cdot E$$
$$G_1 = G_3 \cdot G_4 \cdot G_5$$
$$= A \cdot A \cdot B + A \cdot A \cdot C + A \cdot B \cdot B + A \cdot B \cdot C + A \cdot B \cdot C + A \cdot C \cdot C + B \cdot C \cdot B + B \cdot C \cdot C$$

利用布尔规则 $A \cdot A = A, A + A = A, A + A \cdot B = A$ 进行化简得到：

$G_1 = A \cdot B + A \cdot C + B \cdot C$

$Top = G_1 + G_2 = A \cdot B + A \cdot C + B \cdot C + D \cdot E$

故该故障树共有 4 个最小割集，分别是 $\{A,B\},\{A,C\},\{B,C\},\{D,E\}$，与下行法求得的结果完全一致。

7.2.3　人因可靠性分析

人因可靠性分析(Human Reliability Analysis, HRA)是以人因工程、系统分析、认知科学、概率统计和行为科学等诸多学科为理论基础，以对人的可靠性进行定性与定量分析和评价为核心内容，以分析、预测、减少与预防人因失误为研究目标。

三哩岛和切尔诺贝利核事故发生之后，对于核电厂这类大规模的现代化人—机系统运行安全问题，人们已深刻认识到人的因素的极端重要性。进一步的研究表明，随着科技的进步和发展，硬件和软件可靠性的加强和提高，运行环境的不断改善，整个核电厂的安全性和可靠性有了很大程度的提升。但是人作为核电厂人—机系统极其重要的一方，一方面，由于人的生理、心理、社会、精神等特性，既存在一些内在弱点，又有极大可塑性和难以控制性；另一方面，尽管系统的自动化程度提高了，但归根到底还是要由人来控制操作，要由人来设计、制造、组织、管理、维修和训练，要由人来决策，因而人在系统中的作用不是削弱了，而是更加重要和突出了。特别是从安全角度来看，由于人因失误而诱发的事故已成为核电厂最主要的事故源之一。因此，如何有效地预防与减少人因失误已成为确保核电厂安全运行过程中所亟须解决的关键问题之一。

1. 人因失误的特点

人具有生理、心理、社会、文化、变化的多样性和复杂性。人与人之间的个体差异，致使研究结果具有不确定性。目前对控制人的行为、特别是认知行为的大脑机能，尚未完全弄清楚。人因失误的突发性和无序性，也使得其数据收集和掌握规律很困难，所以人因数据库建设多年仍然进展缓慢，人因失误构成的潜在失效致使大量人因信息丢失。总体来说，人因失误有如下特点：

(1) 重复性：人因失误重复性主要体现在，不论外界环境是否相同，或是不同，人因失误总是不可避免地会重复出现，造成这种重复性的根本原因之一就是人的能力与外界需求的不匹配。对于一般的部件或设备发生失效，只要找出失效原因，即可以通过修改设计对失效加以克服；而人因失误虽然可以通过有效手段尽可能地避免，但是不可能完全消除。

(2) 潜在性和不可逆转性：对三哩岛核事故原因进行分析发现，其中之一就是维修人员检修后未将事故冷却系统的阀门打开，造成潜在失误而引起的。大量事实说明，这种潜在失误一旦与某种激发条件相结合就会酿成难以避免的大祸。

(3) 可修复性：许多情况表明，在良好反馈装置或人员冗余条件下，人有可能发现先前的失误并给予纠正。此外，当系统处于异常情况下，由于人的参与，往往可以得到减缓或克服，使系统恢复正常工况或安全状态。在核电厂 PSA 中，风险值的计算结果直接受到人的恢复因子的影响。

(4) 情景环境驱使性：人的任何活动都离不开当时所处的情景环境，系统中的人因失误行为往往受到情景环境的驱使。硬件的失效、虚假的显示信号和紧迫的时间压力等的联合效应会极大地诱发人的非安全行为。

（5）人的行为的固有可变性：这是人的一种特性，也就是说，在不借助于外力的情况下，一个人不可能用完全相同的方式（指准确性、精确度等）重复完成一项任务。起伏太大的变化会造成绩效的随机波动而足以产生失效，这种可变性也是人发生错误行为的重要原因。

（6）人具有学习的能力：人能够通过不断地学习从而改进他的工作绩效，而机器一般无法做到这一点。在执行任务过程中适应环境和进行学习是人的重要行为特征，但学习的效果又受到多种因素的影响，如动机和态度等。

2. 人的行为类型

在 HRA 中，经常按照 SRK 三级认知行为模型，将人的行为划分为技能型（Skill-based）、规则型（Rule-based）及知识型（Knowledge-based）三种类别，它代表了人的三种不同的认知水平。

技能型行为是指在信息输入与人的响应之间存在非常密切的关系，它不完全依赖于给定任务的复杂性，而只依赖于人员的实践水平和完成该项任务的经验。它是个体对外界刺激或需求的一种条件反射式、下意识的反应，如操纵员对一些控制器的简单操作或将仪表从某个位置调整到另一位置，操纵员对这些操作非常熟练，无需作任何思考。如果操纵员有很好的培训，有完成任务的动机，清楚地了解任务并具有完成任务的经验，这类行为可以划归为技能型。疏忽大意是技能型失误的主要表现形式。

规则型行为是指人的行为由一组规则或协议所控制或支配，它与技能型行为的主要不同点是来自对实践的了解或者掌握的程度。规则型行为包括诊断或者操纵员要根据规程的要求实施某种操作或行动，其判断标准为：对诊断而言，可采用某种规则："如果……（条件X）那么……（原因 Y）"，对动作而言，可采用规则："如果……（情况 X）那么……（进行 Y）"。规则型失误的主要原因是对情景的误判断或不正确的选择规则。

知识型行为是指当遇到新鲜情景，没有现成可用的规程，操作人员必须依靠自己的知识和经验进行分析诊断及处理。由于知识的局限性和不完整性，该水平上的失误很难避免，其结果往往也很严重。当前面两种情况不能应用或操纵员必须理解系统状态条件、解释一些仪表的读数或者做出某种困难的诊断时，这类行为应划归为知识型。

SRK 分类法是以人的行为特征作为人机交互作用（HI）分类的显式依据，而事件的特征因素作为隐式依据被包含在分类的结果中。

3. 人因事件的分类

（1）按人因失误导致的结果分

人以什么行为方式影响系统的安全或风险，是确定事故序列和人与系统的交互作用对系统风险贡献的关键因素，必须把它们完整地反映在 PSA 模型之中。在以往的 HRA 研究与实践中，主要着眼点在于事故后的人因可靠性分析。按照事故序列的进程，PSA 中应该考虑的人因事件包含以下三类：

① 类型 A：在始发事件发生前，人为行动影响了系统或设备可用性。

类型 A 的人为行动是在反应堆停堆之前电厂正常运行期间发生的人为行动。它们可能引起一个设备或系统在需求时不可用或失效。人因失误可能发生在维修、维护、试验或标定工作中。对 A 类型人为行动宜使用严重事故评价计划（ASEP）HRA 处理方法进行分析，但这不是唯一的方法，其他方法也可用。

② 类型 B:人为行动引起了一个始发事件。

类型 B 的人为行动是引起始发事件的人为行动。在 PSA 分析的范围内,这种类型的 HRA 分析很少。但在分析始发事件发生频率时,要计入人为事件对始发事件频率的贡献。

③ 类型 C:在响应始发事件中而进行的人为行动。

类型 C 的人为行动是在电厂紧急停闭后操纵员按照规程和培训内容进行的操作,以便将电厂带入安全状态。这类人为行动是 PSA 分析重点考虑的。分析这类人为行动有很多可选用的方法,如人的认知可靠性(HCR)、人误概率预测技术(THERP)、成功似然指标法(SLIM)等。

在 PSA 事故序列中,各人因事件的分布如图 7.7。

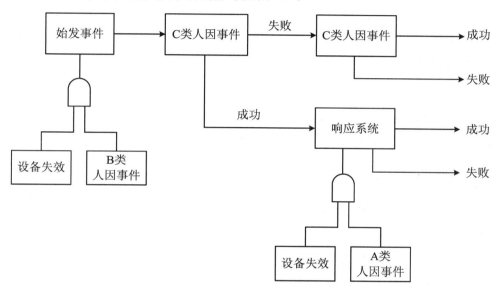

图 7.7　人因事件分布

(2) 按人因失误的行为特征可以将主要的人因失误分为未发现报警或者事故征兆、对事故征兆或者事件判读失误、人员间交流不足或者交流不当、操作失误和组织管理不当等。

(3) 按人员活动的类型分为:

① 技能型失误:在操纵人员的能力范围之外,虽然是熟悉的经常性工作,仍出现无意识行为疏忽或者过失;

② 程序型失误:在执行程序(根据经验、培训或者书面指令积累而成)时出现的失误,通常是有意识做某种工作,但是错误地运用规则或者由于疏忽造成的失误。

4. HRA 过程范式

根据 PSA 的基本分析方法、主要功能及对 HRA 的本质需求,PSA 中的 HRA 过程应该包含七项基本任务,每项任务又包括输入、活动和输出三个环节。这七项任务及其目标是:

(1) 定义:在研究范围内,要充分考虑所有不同类型的相关人员行为,确保在系统分析的逻辑结构关系图(事件树和故障树)中包含关系的 HIs。

(2) 筛选:采用定性和定量分析相结合的方法,识别那些对系统安全及运行造成显著影响的人员行为,最终得到关键的 HIs。

(3) 定性分析:对系统中重要的人员行为进行详细描述,确定影响建模的关键因素,包括行为类型、探测方法、允许时间、报警方式、反馈、应激条件和行为形成因子等。

（4）表征：选择和运用切实可行的技术对重要人员的行为进行逻辑表征，说明人的行为是如何对事故的进程进行改变的。表征的过程应考虑数据赋值的可能性，否则应采用其他形式的表征方法。

（5）模型集成：首先研究已经找出的关键 HIs 人的行为对系统响应的影响，包括对始发事件、系统可用度、共因失效、事件树定量化以及可能产生新的事故序列的影响；然后按影响度筛选分类，将其归入到原来分析的事件树和故障树模型中，若发现新的影响后果时，应建立新的分析和定量化模型。

（6）量化：应用恰当的数据或其他量化方法对所考虑的各种人员行为确定概值，分析灵敏度，建立不确定性范围。

（7）建立文件：包括所必需的信息，以使评价是可追溯的、可理解的和可重复产生的。

HRA 分析作为 PSA 分析的一个重要组成部分，它是在初步 PSA 分析工作的基础上，进一步考虑人的因素对 PSA 分析结果的影响。因此，要特别注意 HRA 与 PSA 任务中其他工作的接口，在建造事件树和故障树时，应自动地包括"部件"边界定义下的与人因失误相关联的失效事件。对逻辑模型中包括的每一事件，均需辨识其事故序列进程，以确定哪些人的活动是重要的，而且只包括那些没有被列在部件数据中的人因失误。所以，PSA 系统分析专家与 HRA 专家应密切配合，以使分析结果具备合理性和一致性。

5. HRA 分析方法介绍

HRA 方法发展迅速，种类繁多，有些已在 HRA 中正式得到应用，有些仅是提出作为 HRA 的可选择方法。表 7.6 汇总了部分重要方法的主要特点。

表 7.6　人的可靠性分析方法汇总

序号	方法全称	评价
1	THERP（Technique of Human Error Rate Prediction）人误率预测技术	① 迄今为止最系统的 HRA 方法；② 有较好的数据收集条件；③ 在应用于事故下的规则性失误分析时，可获得信赖的结果；④ 有一套较完整的表格，查表可量化人因失误
2	OAT（Operator Action Tree）操纵员动作树	① 早期开发的一种方法，用于诊断或与时间有关情况；② 可用于操纵员的决策分析；③ 仅用于粗略分析
3	AIPA（Accident Initiation and Progressing Analysis）事故引发与进展分析	① 用于与响应时间相关联的情况；② 用于估算在高温气冷堆运行中的操纵员响应概率；③ 类似于 TRC 模型；④ 对 PSF 的修正考虑较少
4	HCR（Human Cognitive Reliability Model）人的认知可靠性模型	① 适用于诊断的决策行为的评价；② 将人的行为进行简化的处理后，再考虑一个不完全独立于时间的 HEP；③ 模式已考虑人员间的相关性

续表

序号	方法全称	评价
5	PC(Paired Comparison) 成对比较法	① 在简单估计 HEP 情况下,采用专家判断结果;② 对复杂任务 HEP 获得困难
6	DNE(Direct Numerical Estimation) 直接数字估计法	① 要求有较好的参考数值;② 不适用完全的 HRA 情况;③ 在多位专家中进行有效的讨论
7	SLIM(Success Likelihood Index Methodology) 成功似然指数法	① 较好的灵活性,无法验证;② 是一种专家判断的技术;③ 较好的理论基础;④ 不过分强调外界可观察的错误而选用较确切的失误概率值;⑤ 不考虑 PSF 的相互作用
8	STAHR(Sociotechnical Approach to Assessing Human Reliability) 社会技术人的可靠性分析法	① 一种依赖于主观推测和心理分析结合的方法;② 可以考虑比较复杂的,更为仔细的 PSF 相依问题;③ 一般在 PSA 中不采用;④ 具有较强的灵敏度分析能力;⑤ 利用影响图进行技术上的分析,而社会分析是指对影响图中技术因素影响的分析
9	CM(Confusion Matrix) 混合矩阵法	① 用于分析在始发事件诊断中的混淆错误;② 很强地依赖于专家判断;③ 是一种定性的分析
10	MAPPS(Maintenance Personel Performance Simulation Model) 维修个人行为模拟模型	① 是一种较适合于分析 PSA 中有关维修工作的方法;② 技术性较强的一种方法,结果较难理解
11	MSFM(Muliple-sequentril Failure Model) 多序贯失效模型	① 是一种研究以维修为导向的计算机软件模型;② 提供为 PSA 用的维修活动的数据;③ 方法本身是一种事件树的模拟,为分析人员提供有用的信息
12	SHARP(Systematic Human Action Reliability Procedure) 系统化的人的行为可靠性分析程序	美国电力研究院(EPRI)进行人因分析的标准步骤,可使分析结果更加系统化、条理化
13	COGENT(Cognitive Event Tree System) 认知事件树系统	① 是对 THERP 中 HRA 事件树的一种扩展,可描述几种认知失误;② 对认知失误的分类基于 SRK 框架和 slips,lapes 及 mistakes 的组合

序号	方法全称	评价
14	ATHEANA(A Technique for Human Error Analysis) 人误分析技术	① 提出了迫使失误情景的概念;② 当前最新的 HRA 方法之一;③ 其成熟性尚未证明,且可用数据缺乏
15	CREAM(Cognitive Reliability and Error Analysis Method) 认知可靠性与失误分析方法	① 基于认知心理学而提出的 HRA 最新方法;② 使用较为复杂,可操作性尚待强化

除此之外,还有十余种几乎未被应用或现已很少使用的方法,如时间相关事故序列分析(TDASA,1984)、模拟机数据(SD,1983)、专家评估(EE,1984)、维修个人行为模拟模型(MAPPS,1985)、人行为概率(HAP,1981)、操纵员可靠性计算和评估(ORCA,1988)、Fullwood 方法(1976)、时间可靠性曲线(TRC,1982)、人误数据信息调整(JHEDI,1990)、变化图(VD,1987)、原因树(TC,1976)、墨菲图(MD,1981)、人的问题解决(HPS,1983)执照事件报告(LEP,1982)、矫正模型(SRM,1987)、任务集成网络系统分析(SAINT,1978)和速度—精度比较评定(SAT,1984)等。

7.3 PSA 常用软件

PSA 方法从 20 世纪以来到现在得到了长足的发展,促使 PSA 软件也得到了蓬勃发展,国际上 PSA 软件的发展及市场化水平比较高,所发展的 PSA 软件各有特色。随着我国核电厂的大规模发展,国内 PSA 软件的自主化步伐也得以加速,从核心算法先进、软件性能突出、实用性强等角度而言,国内 PSA 软件实力已达国际先进水平。

7.3.1 PSA 软件发展历程

随着 PSA 技术应用的不断深入,PSA 软件也逐渐开始普及。回顾国际 PSA 软件的发展历史,可将其大致分为如下三个阶段(如图 7.8 所示)。

1. 萌芽阶段(20 世纪 70 年代)

从 20 世纪 70 年代开始,PSA 逐步在核能、军工和航天等领域获得广泛的应用,由于大型复杂系统的可靠性分析需求,少量的 PSA 软件开始出现,如 Elraft、FAUNET、Supkit、Bit-Frantic,但这一阶段的 PSA 软件大多只有故障树分析功能,用户界面也比较简单,部分软件甚至没有用户界面,单纯依靠命令参数运行程序。

2. 快速成长(20 世纪 80~90 年代)

1979 年的三哩岛事故和 1986 年的切尔诺贝利事故对整个核工业影响深远,美国核管会在两次核事故后分别出版了《PSA 实施导则》(NUREG/CR—2300)及其配套报告、《核电厂运行安全目标:政策表述》《严重事故风险:5 座美国核电厂的评价》(NUREG—1150)及其配套报告等,对 PSA 发展起到了重要的指导作用,在世界范围内开始利用 PSA 技术对核电厂安全进行安全评价。1986 年,中国国家核安全局首次组织对正在设计建造的核电厂进行 PSA 研究,在 1995~1999 年间也完成了针对运行核电厂的第一份 PSA 报告。随着 PSA 逐步趋于成熟,PSA 软件得到迅速发展,多款经典 PSA 软件进入市场,形成百家争鸣的局面,如 Ftap、Aftp、Paft-F77、Ffta、Cafta+、RiskMan、ITEM toolkit、Fault Tree+、PTC Windchill FTA、Reliasoft、LESSEPS、Risk Spectrum、Kirap、LIPSAS、MetaPrime、Ftaes、FA-MOCUTN & CUTQN、DIFtree、FORTE、PROFAT、Galileo 等。这一阶段的软件功能得到较多扩展,基本具有 PSA 分析的全部功能(包括用户界面),同时一些国家的核能管理机构也开始研发自己的审评用 PSA 软件。

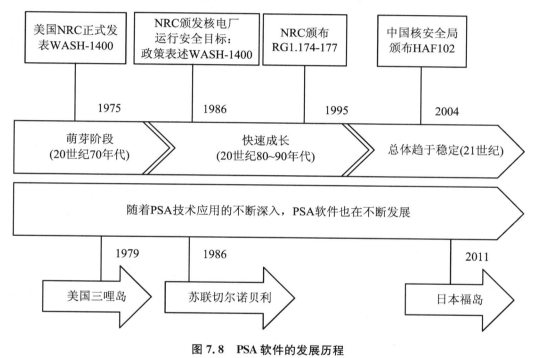

图 7.8　PSA 软件的发展历程

3. 总体趋于稳定(21 世纪)

在这一阶段,PSA 技术的应用越来越广泛和深入,2002 年美国机械工程师协会正式颁布 PSA 标准(ASME-RA-S—2002),之后持续更新。2011 年日本福岛事故的发生使得 PSA 方法更受关注,中国政府也于 2012 年发布《核安全与放射性污染防治"十二五"规划及 2020 年远景目标》,对 PSA 工作提出了新的要求和目标。PSA 软件经过多年的发展之后在行业内也呈现出了比较成熟的态势,少数比较经典的软件应用范围得到扩大,部分研发机构在原有的基础 PSA 功能上开始推陈出新,并出现开源软件。这一阶段的软件功能比较完善实用,架构相对稳定,用户界面也更加易用。此阶段也陆续出现了一些新的 PSA 软件,例如 RiskA、CRISS、SAPHIRE、TREEZZY2、FTREX、RADYBAN、SAREX、NFRisk、MatCar-loRe、XFTA。

目前从一个软件行业的角度来衡量,PSA 软件已经逐步发展成熟。从 20 世纪 80 年代以来,大量故障树分析相关的软件问世,但是经过多年发展,发展为成熟稳定且应用广泛的

PSA 软件却并不多,表 7.7 列出了国际 PSA 软件发展史中比较有代表性的一些 PSA 软件的概况及其特点。

表 7.7　国内外代表性 PSA 分析软件

名称	年份	国家	机构	特点
RiskMan	1980s	美国	ABS Consulting	整合专家系统,训练模块,绘图模块等
ITEM toolkit	1985	英国	ITEM	基本 PSA 功能,集成不同领域的标准分析包
Risk Spectrum	1985	瑞典	Relcon AB	以软件系列的形式集成全面的 PSA 功能
SAPHIRE	1993	美国	NRC & INL	由 IRRAS、SARA 组成,涵盖可靠性与 PSA
R&R WorkStation	1995	美国	DS&S EPRI	有友好和直观的故障树建模分析界面(CAFTA 模块),可作为 PSA 工作站使用
RiskA	1999	中国	中国科学院核能安全技术研究所·FDS 团队	集成 PSA 的全部功能,友好的故障树绘图界面,可独立发布的高速故障树计算引擎

7.3.2　典型 PSA 软件介绍

RiskA 是由中国科学院核能安全技术研究所·FDS 团队自主研发的中国首款自主知识产权的大型商业 PSA 软件,相对于国内其他的单位有着可靠性高、技术成熟等比较大的优势。RiskA 具有故障树分析、事件树分析、不确定性分析、敏感性分析和重要度计算等核心功能,还提供多种主流模型智能互转、交互式图形建模、报表输出、多线程协同计算和网络化部署等特色辅助功能。该软件通用性强,目前已在 600 多家单位应用,已成功应用于核能、航天航空、电子、国防等众多领域,包括我国秦山第三核电厂风险监测、国际热核聚变实验堆 ITER 安全性评价与建造许可证取证、国家大科学工程——全超导托卡马克核聚变实验装置 ESAT 可靠性分析、中国科学院战略性先导科技专项——ADS 嬗变系统安全分析、激光雷达系统安全分析、国家环保部核安全审评独立校核计算等重大安全分析与监测项目。

瑞典 Scandpower 公司开发的 Risk Spectrum PSA 软件目前在核电厂中应用较为广泛,Risk Spectrum PSA 是 Risk Specturm 系列安全分析软件中的一款,可以进行故障树分析和事件树分析,其一体化分析工具 RSAT 可以用来处理大规模故障树模型,提供了 MCS、BDD、敏感度、重要度和时变分析等功能。

7.4　PSA 的应用

从 PSA 技术的诞生至今日,随着核技术及计算机技术的飞速发展,不仅 PSA 方法学本身得到不断发展与完善,而且 PSA 的应用也更加深入、广泛和系统化,甚至将 PSA 技术及研究成果融于管理决策体系。PSA 已经从过去作为少数专家的研究开发工具,向大多数机构和组织的核电安全和经济辅助决策工具转变。

7.4.1　PSA 应用历程

1975 年 10 月，NRC 发表的 Rasmussen 报告即 WASH—1400，是核领域中被公认的第一份真正意义上的概率风险评价报告。WASH—1400 报告选取了 Peach Bottom 沸水堆核电厂和 Surry 压水堆核电厂，利用事件树和故障树方法对大量可能导致堆芯熔化的事故序列进行了系统地研究，建立了一套相对完整的核电厂 PSA 技术。但是此时的 PSA 技术并未引起足够的重视，反而引起了相当大的争论，赞成者和批评者兼而有之。

1979 年，Lewis 小组对 WASH—1400 报告进行了肯定的评价，并向 NRC 提出了积极的建议。同年 3 月 26 日发生了三哩岛事故，证明了 WASH—1400 报告的预见性，改变了对 PSA 技术作用的认识，两个主要的三哩岛核电厂事故调查报告（Kemeny 和 Rogovin 研究报告）都建议在核电厂安全分析中应用更多的 PSA 技术来支持传统的非概率论的方法。自此以后 PSA 技术在全世界范围内得到积极的响应，极大地促进了 PSA 技术的发展。

作为对三哩岛事故的响应，同时为了推动 PSA 方法的发展，20 世纪 80 年代 NRC 开始推行单个电厂评价（Individual Plant Evaluation，IPE）计划，几乎所有业主不约而同地（或者早有准备地）选择了提交 PSA 报告作为它们完成 IPE 的主要方式。NRC 对所有报告进行审评和修改后，选择了具有代表性的 Surry、Zion、Seyuoyah、Peach Bottom 以及 Grand Gulf，作为《严重事故风险：5 座美国核电厂的评价》（NUREG—1150）以及配套报告（NUREG—4550、NUREG—4551）的主要内容。与 WASH—1400 相比，这份报告取消了难以量化的经济分析，采用了最新的 PSA 模型与改进的严重事故序列、严重事故源项和放射性后果的分析方法。这些报告总结了自 PSA 技术发展以来数十年的研究成果，对以后的 PSA 工作起到了重要的指导作用，同时，也为 NRC 执行安全监管时如何应用这些分析技术提供了有益的见解。

1995 年，为了促进 PSA 技术的应用并规范核安全监管要求，NRC 正式颁布了《概率风险评价在核安全监管活动中的应用》，其目的是通过应用 PSA 技术来改善核安全监管，加强安全决策的有效性，更有效地利用监管资源，减轻核电厂不必要的负担。声明中提到：

（1）应根据 PSA 方法和数据的现状所能支持的程度，加强 PSA 技术在所有核安全管理事务中的应用；

（2）PSA 和相关的分析（如敏感性分析、不确定性分析和重要度评估）应该应用在各项管理事务中，以减小现今管理要求、管理导则、许可证承诺和 NRC 实践中不必要的保守，要认识到这一政策本意是必须遵守现今的管理规定和管理导则，除非这些规定和导则已经修改；

（3）在支持核安全管理决定方面的 PSA 评价应尽可能现实，相应的支持数据应可公开审查；

（4）在向核电厂许可证持有者提出要求或根据反馈提出新的通用要求，进行管理决策时，可使用 NRC 的核电厂安全目标和附属量化目标值，但要适当考虑不确定性。NRC 在推行 PSA 技术及应用的同时，为配合相关的监管要求，于 1998 年先后发布了与之相对应的管理规定和导则。政策声明和这些导则的发布，表明了管理当局在核安全监督管理领域监管理念的转变，大大促进了 PSA 技术和风险指引型技术在改进安全管理与安全决策方面的更广泛的应用，PSA 已经有条件可以更好地为核电经济性和安全性服务。

1998 年,NRC 为确定联邦法规 10CFR50 的修改方向,提出了三个选择方案(如图 7.9 所示):

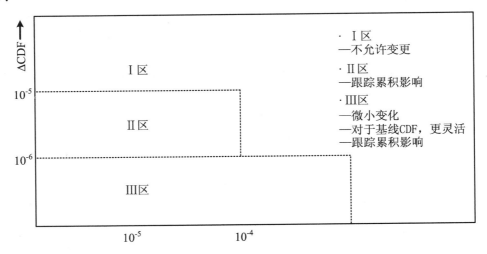

图 7.9　10CFR50 关于 CDF 的风险可接受准则

(1) 不做改变的选择Ⅰ,该方案将中止 NRC 工作人员以风险为导向对现有 10CFR50 作全面改变而进行的活动,对于已制定出的一些导则,NRC 工作人员可以继续使用,对于正在进行的包含风险指引的导则的制定活动仍继续进行;

(2) 对质量保证、技术规格书、环境鉴定和设备规范等可做特殊处理的选择Ⅱ,在Ⅱ选择下需要对 10CFR50 中涉及的构筑物、系统和设备需要特殊处理的范围作出修改,但此选择不涉及改变电站的设计或设计基准事故,对根据风险评价得出的低安全重要性的构筑物、系统和设备,将降低管理要求;

(3) 改变某些管理要求并在 10CFR50 中加入风险决策条款的选择Ⅲ,在这种方案下,要对 10CFR50 本身进行改变,使之在要求中包括风险评价的属性。

1999 年 6 月 NRC 同意了这个建议,采取分阶段的方法来进行该项工作,根据第二种选择开始工作,并同时对第三种选择进行研究,对于按第一种选择开展的法规制定工作要继续进行。目前属于选择Ⅱ和选择Ⅲ的多项法规已制定完毕或在制定过程中。

2000 年以后,NRC 与美国工业界携手在 PSA 技术开发与应用方面取得了长足进步。美国联邦法规在反应堆监管过程的建立、维修规则的实施(10CFR50.65,2000.07)、核动力厂修改(10CFR50.59,2000)、将防火规程转换成以风险指引性能为基础的规程(10CFR50.48(C),2004.09)、SSC 的风险指引型分级和处理(10CFR50.69,2004.11)等方面颁布了新的法规要求。

2006 年 6 月,美国核管会公布了 NUREG—1860《发展基于绩效、风险指引型替代 10CFR50 方法工作大纲》的工作草稿,目的是阐述用于未来核动力厂执照申请的基于绩效、风险指引方法发展的技术基础。NRC 将建立一套用于未来核动力厂的执照申请的法规 10CFR50 的新法规体系。新的法规将充分考虑核电厂运行经验、现行法规执行中得到教训以及采用风险指引技术带来的益处,确保法规的实施可以让核安全监管部门和工业界资源合理地运用于改进核电厂中最薄弱的环节,从而更好地保证公众的健康和安全。

PSA 技术的推动,IAEA 也起了很大的作用。在 IAEA 先后出版的一级、二级、三级

PSA 指南以及各种 PSA 应用技术文件中，明确将完成 PSA 等要求加入了新的安全标准中。全球范围内，越来越多的拥有核电的国家都不同程度上对核电厂开展了 PSA 相关的工作，并且尝试将 PSA 技术应用到更广的范围。

核工业界一直是推动 PSA 技术应用的积极力量，美国的南德克萨斯核电厂在推动部件特殊处理中作出了开创性的贡献。美国核能研究所、电力研究院、机械工程协会和核学会等也编制了大量的 PSA 技术指导文件或标准。近年来国际电气和电子工程师协会、欧洲经合组织等国际组织也开始制定有关 PSA 应用的政策声明及标准。与此同时，韩国等国家也制订了相应的 PSA 应用计划并正在逐步实施以推动 PSA 在核领域中的应用。

7.4.2　PSA 应用范围

目前，世界上所有发展核电的国家，无一例外地都开展了 PSA 方面的工作，方法本身已经趋于成熟。绝大多数国家已完成了在役及在建核电厂的一级 PSA，多数国家完成了或正在实施二级 PSA，极少数国家完成了三级 PSA。PSA 被制造商、运营单位、研究单位、专家以及管理当局认可，PSA 技术在各方面得到了广泛应用。

1. PSA 在设计中的应用

在 IAEA 的安全标准丛书中已涉及了与设计安全有关的概率论的考虑。安全标准丛书 NS-R—1"核电厂设计的安全"中定义了一般安全目标，并由此在辐射防护和技术方面补充了两个具体安全目标。在技术安全目标中明确规定"在核设施设计时考虑所有可能的事故，包括很低概率的事故，任何的辐照后果应该是微小的，低于规定低限值，保证有严重辐射后果的事故概率是极低的"。并具体规定了在电站设计的安全分析应用确定论和概率论两种方法，对正常运行、预计运行事件、设计基准事故和可能导致严重事故的事件序列进行审查。

许多国家管理当局都建议在设计新型反应堆时使用 PSA 技术。PSA 技术应用于新型反应堆设计中有以下优点：

（1）能够从风险的角度对各种不同的设计选择方案进行评价；

（2）识别和解决核电厂设计中弱点；

（3）识别系统间的相关性和潜在的共因失效；

（4）找出与人员错误密切相关的事故情景和操纵员行为；

（5）在事故预防和事故减缓解之间建立综合平衡；

（6）能够从安全性和可靠性度角度对系统和部件进行优化；

（7）通过定性分析了解不同系统和部件对事故序列的贡献度。

2. PSA 在运行中的应用

核电厂运行中，日常的维修、试验以及设备故障等各种因素引起风险状态时刻变化。为了评估并有效地管理这种风险变化，目前核电厂已经开展了大量的 PSA 应用工具的开发以满足法规要求，风险监测器（Risk Monitor），缓解系统性能指标（MSPI）和安全事项重要度确定程序（SDP）是目前核电厂主要的三大 PSA 应用工具。

1999 年，NRC 在 10CFR50.65（a）（4）中规定：在执行维修活动（包括但不限于：定期实验，维修后的验证实验、纠正性维修和预防性维修）之前，电厂必须评估这些维修活动可能引起的风险增加。美国的实践证明，在对核电厂进行维修前进行必要的风险评估，有利于提高电厂的安全水平和设备可靠性,降低返修率和重复性维修。

Risk Monitor 是一款方便快捷、直观易懂的核电厂实时安全监控系统软件,通过 Risk Monitor 的监控,核电厂人员可以及时掌握机组的风险信息,对核电厂风险影响的各项活动进行快速评价。在维修活动前、维修计划制定期间或进行安全相关的试验时,核电厂操纵人员可以通过 Risk Monitor 对机组状态,或将要实施的活动制定一系列具有前瞻性的计划,使高风险发生的可能性降低,从而有效提高核电厂的安全运行水平。

3. PSA 在管理上的应用

(1)"知风险的"管理

"知风险的"方法(Risk-informed Approach),又称风险指引型方法,它和基于性能的方法(Performance-based Approach)相结合形成了"知风险的"、基于性能的管理方法。"知风险的"是指管理过程中要综合考虑风险分析结果和制定管理规范等其他因素,重点关注那些与核电厂安全目标同样重要的问题,如设计问题、运行问题等;"基于性能的"是指管理决策的主要基础和依据要根据一组性能标准和结果来共同确定。"知风险的"管理方法综合了纵深防御原理的工程分析和判断、历史性能、风险分析和安全裕量。其优点在于:

① 将注意力集中在核电厂最重要的活动;

② 为评估体系确定可计算或可测量的参数;

③ 为评估核电厂性能确定目标标准;

④ 灵活地决定如何满足所确定的性能标准;

⑤ 关注作为主要管理决策基础的结果。

(2)严重事故分析管理

2016 年发布更新版本的《核动力厂设计安全规定》(HAF 102)中明确要求,将可能发生严重事故的序列纳入核电厂设计安全分析中,并且针对这些事故序列,在设计安全分析中需要确定合理可行的预防方案或缓解措施。

PSA 在严重事故研究和各类导则的制定中扮演了非常重要的角色,那些可能导致严重事故的主要贡献事项通常要通过 PSA 分析得到的相关结果来确定,进而寻找到核电厂的薄弱环节;与此同时,针对薄弱环节所采取的相关措施,是否能够有效地预防或缓解严重事故也需要 PSA 来进行判定;除此之外,对核电厂采取相关的改进措施后,总体的安全水平是否提高也要通过 PSA 来评价。

7.4.3　PSA 应用实例

一般认为,成功应用 PSA 的一个先决条件是要有一个高质量的能够支持各种应用 Living PSA,世界上许多的 PSA 已经按 Living PSA 的架构在维护。此外,随着目前计算机技术发展,有可能频繁重复完成 PSA 计算,评价运行和设计中变化造成的影响,允许按 Living PSA 和风险监测器形式给出 PSA 结果。

目前,我国核电厂已经具备了广泛应用 PSA 的技术条件:拥有能同时评价 CDF 和 LERF 这两个风险度量指标的一体化的 PSA 模型(CDF-LERF),并历经了 IAEA、美国专家等多方面的同行评审和国家核安全局组织的全面审评;同时,还拥有以电厂 PSA 模型为基础的在线风险评价系统(Risk Monitor),并已应用于日常风险管理,取得了较好的效果,如秦山第三核电厂风险监测器(TQRM)是我国首个具有完全自主知识产权的风险监测系统。我国的 PSA 技术力量、PSA 模型质量以及 PSA 应用工具即使与很多美国核电厂相比也并不逊色。尽管如此,我国仍积极跟进 PSA 技术发展的潮流,进一步提高 PSA 模型的质量和拓展其覆盖范围。我国将根据最新的技术标准改进低功率与停堆 PSA 模型,并进行火灾 PSA 的开发,这些措施将为我国核电应用 PSA 技术奠定更加坚实的基础。

参 考 文 献

［1］　朱继洲.核反应堆安全分析[M].西安:西安交通大学出版社,2004.

［2］　马明泽.核电厂概率安全分析及其应用[M].北京:原子能出版社,2010.

［3］　周法清.核电厂概率安全评价[M].上海:上海交通大学出版社,1996.

［4］　薛大知,梅启智,奚树人.PSA 发展现状及其应用[J].核科学与工程,1996(3): 235-242.

［5］　杨红义.OASIS 程序的开发与应用[J].中国原子能科学研究院年报,2001,21(4): 322-325.

［6］　Lederman L. Probabilistic safety assessment:Growing interest [R]. IAEA Bulletin, Autumn 1985.

［7］　李兆桓.概率安全分析讲义[M].北京:中国原子能科学研究院,1987.

［8］　杨红义.中国实验快堆设计阶段内部事件一级概率安全评价[D].北京:中国原子能科学研究院,2004.

［9］　周忠宝,等.概率安全评估方法综述[J].系统工程学报,2009,24(6):725-733.

［10］　故障树分析指南:GJB/Z 768A—1998[S].北京:中国标准出版社,1998.

［11］　核动力厂设计安全规定:HAF 102—2016[S].北京:国家核安全局,2016.

［12］　核动力厂安全评价与验证:HAD 102/17—2006[S].北京:国家核安全局,2006.

［13］　李春,张和林.概率安全分析的发展及应用展望[J].核安全,2007,1(1):54-59.

［14］　GIF. Technology Roadmap Update for Generation Ⅳ Nuclear Energy Systems [R].2014.

［15］　张力.概率安全评价中人因可靠性分析技术研究[D].长沙:湖南大学,2004.

［16］　戴立操.重水堆核电厂人因可靠性分析[D].长沙:中南大学,2012.

［17］　Woo S J,Sang H H,Jaejoo H. A fast BDD algorithm for large coherent fault trees analysis[J]. Reliability Engineering & System Safety,2004,83(3):369-374.

［18］　张力,黄曙东,何爱武,等.人因可靠性分析方法[J].中国安全科学学报,2001,11(3): 6-16.

［19］　殷园,杨志义.国际概率安全分析软件发展现状与展望[C].第四届核能行业概率安全分析(PSA)研讨会,2014.

［20］　Rauzy A. New Algorithms for Fault-Trees Analysis[J]. Reliability Engineering & System Safety,1993,40(3):203-211.

［21］　Rauzy A. Anatomy of an Efficient Fault Tree Assessment Engine[C]. Proceedings of 11th Probabilistic Safety Assessment and Management,2012.

[22]　Rauzy A. Mathematical foundations of minimal cutsets[J]. IEEE Transactions on Reliability,2001,50(4):389-396.

[23]　吴宜灿,胡丽琴,李亚洲,等.秦山三期重水堆核电站风险监测器研发进展[J].核科学与工程,2011,31(1):68-74.

[24]　Wu Y C. Development of reliability and probabilistic safety assessment program RiskA[J]. Annals of Nuclear Energy,2015,83:316-321.

第8章 核 应 急

核事故应急,简称"核应急",是指为了控制或者缓解核事故、减轻核事故后果而采取的不同于正常秩序和正常工作程序的紧急行动,是政府主导、企业配合、各方协同、统一开展的应急行动。核应急不仅仅是核安全的一项基础业务工作,更是一项为社会与公众服务的管理工作。

本章首先从核应急的基础概念入手,分别从法规体系和组织体系两方面介绍核应急管理体系,重点对核应急准备和响应进行展开介绍,最后对当前形势下核应急工作面临的新问题和挑战进行探讨。

8.1 核应急概述

核应急是核能事业持续健康发展的重要保障,是核安全纵深防御的最后一道屏障,对于保护公众、保护环境、保障社会稳定及维护国家安全具有重要意义。核设施发生严重事故时,不同于其他紧急情况,可能导致放射性物质发生不可接受的释放,造成环境大范围的放射性污染,而核事故应急工作就是为了缓解或避免放射性物质释放到环境中给公众造成辐射损伤和环境的放射性污染。

1979年3月,美国发生了世界商用核电史上二十年来最严重的一起事故——三哩岛事故,这起事故暴露了各级政府机构响应迟缓、管理混乱和权责不明等问题,促使美国在世界范围内最先建立了系统的核应急行动水平制定方法,并陆续制定了一系列的核应急法律法规。

从1997年起至2011年,IAEA在美国法规的基础上,相继制定了《核事故中决定防护措施的通用程序》《核与辐射紧急情况的应急准备和响应》《核与辐射应急的准备与安排》和《核与辐射应急准备和响应准则》等一系列核应急相关的准则与技术文件,对核应急准备和响应过程中的概念、活动的实施进行了逐步地完善。

2013年后,根据福岛事故的经验和总结,IAEA修订了《核与辐射紧急情况的应急准备和响应》,补充了国际区域或全球协同核应急问题,并更加明确了核应急相关的概念,在附录中增加了紧急防护行动中通用的各类剂量限制标准表,供各国使用。

核应急的行动过程包含核应急准备与核应急响应两个阶段。

(1) 核应急准备是为应对核事故或辐射应急而进行的准备工作,应急准备活动贯穿于核设施的选址、设计、运行直到退役的全过程。在应急准备阶段,核应急应首先成立应急组织,同时制订应急计划,为核应急工作提供组织保障与行动指南,确保应急响应的顺利实施。为了保证核应急能力的适应性,需要对应急计划按流程进行审查并根据核设施的状态变化进行不断的修订。为确保核应急工作开展的可操作性,需要提前准备应急设施、设备与物资,并对这些设施物资进行日常维护。为保证应急工作实施的协调性,建立一套统一、互通及共享的信息系统也是非常必要的,同时应建立对公众和核设施营运人员的应急教育和训练体制以及具有实效和定期的应急演习体制,进行人员培训与演习。

(2) 核应急响应是为控制或减轻核事故或辐射后果而采取的紧急行动。为了更好地了解核事故状态及其后果的严重程度,首先需要对核设施工况参数以及事故区域的辐射水平、气象条件、地理环境和社会舆情等信息进行监测,并在此基础上开展事故后果评价,包括对核事故环境与社会影响的评价。然后根据评价结果,按照法律法规以及应急计划的要求与方案开展相应的应急防护与救援行动。同时还要保持各级应急组织和各行动参与方之间的信息畅通,进行响应的通知报告。为了稳定社会舆论,更为重要的是保证场外应急工作的顺利开展,需要及时向社会公众通报应急行动的进展及注意事项,开展有效的公众沟通。

从核应急的定义及工作内容不难看出,核应急是一项综合性的系统工程,需要有体系化的法律规范和完备的组织体系对应急工作的管理与实施提出相关要求,保障应急工作的协调开展。此外,核应急工作是面对核事故的一项特殊工作,同时需要专业技术的支持,以进行更加有效的核事故控制与缓解。

8.2 核应急管理体系

核应急管理体系包括核应急法规与核应急组织两部分内容。核应急法规是核应急管理制度化、规范化和法制化的保证,为核应急工作的实施提供了法律规范与工作要求;而核应急组织是执行核应急管理与实施工作的主体,为核应急工作提供了组织协调保障。

8.2.1 核应急法规

为了提高核事故应急的处置能力,联合国和 IAEA 积极在各国之间斡旋并制定了核事故应急方面的一系列国际公约和法律文件,并被许多国家直接或间接引用。我国借鉴国外先进的核应急管理理念和法律制度,并结合核应急工作的特点,制定符合我国国情的核应急法规,形成了层次分明、权责明确的核应急法规体系。

1. 国际核应急法规

从国际核应急法规的层次上来分,主要包括国际公约、安全要求和安全导则两类。

(1) 国际公约

核事故应急领域的国际公约,根据内容可分为核应急准备和核应急响应两大类。

核应急准备方面,相关的国际公约通常对核应急计划、能力保持等方面进行原则性的规定。1994 年,国际原子能机构发起并制定的《核安全公约》是各国在核事故应急领域的重要国际法律,指导各国建立核应急活动法规。例如,《公约》第十六条提出缔约方在"应急准备"方面应履行以下义务,包括:① 确保核设施有场内和场外应急计划,并定期进行演习,并且此类计划应涵盖一旦发生应急时将要进行的活动;② 确保可能受到辐射应急影响的本国居民和邻近核设施的国家主管部门得到所需的适当信息,以便于制订应急计划和做出应急响应。

此外,《乏燃料管理安全和放射性废物管理安全联合公约》和《国际原子能机构公约》,这两个公约对乏燃料和放射性废物的安全管理及应急准备以及 IAEA 成员国之间的协商机制等方面进行了规定。

核应急响应方面,相关的有《及早通报核事故公约》和《核事故或辐射紧急情况援助公约》等国际公约。这些公约是核事故应急领域最为重要的两个国际法律文件,它们确立了在核事故或辐射紧急情况下及时交换信息、迅速提供援助,以尽量减轻危害后果的国际框架机制。

(2) 安全要求和安全导则

在国际公约的基础上,国际原子能机构也发布了与核应急相关的安全要求和安全导则及其他有关的技术文件。发布的"基本安全原则"(《安全标准丛书》第 SF—1 号)中,提出了核应急准备与响应是核安全的十大基本安全原则之一,明确规定"必须为核事件或辐射事件的应急准备和响应做出各项安排"。

在联合国粮农组织、OECD 等国际组织共同倡议下,IAEA 又随后制定并通过了安全要求《核或辐射应急准备与响应》和安全导则《核或辐射应急准备的安排》,对核事故应急准备与响应工作提出了明确要求和实施细则。

2. 各国核应急法规

为了更安全地利用核能,核能发达国家已经建立了比较完善的突发事件应急法律体系。然而各国的法律体系特点不尽相同,如美国的综合型立法、法国的分散型立法和日本的综合防灾型立法。美国的核应急法律体系建立了以《原子能法》为核心的综合型法律,规范了核能事业各领域的活动,如事故防控、放射性废物管理与处置、辐射防护等。法国没有制定出《原子能法》这样的专门法律,而是将核事故预防的相关法令分散在环境保护法、水法、空气和能源合理利用法、环境法典、公共卫生法典和劳动法典等立法中。日本建有完善的全国性灾难管理机制,以灾难管理的《紧急事态法》为基础制定了核应急领域的《核灾害事件应急特别法》,主要对如何防止核灾害事件的发生进行了相关规定。

3. 我国核应急法规体系

在核电厂的核应急管理方面,我国已建立了一套比较完善的核应急法规体系。这些法规原则上与国际上有关核应急管理的准则和标准相接轨。我国的法规体系分为强制性、推荐性和参考性法规三类,由国家法律、国务院条例/中央军委条例、国务院各部委部门规章、国家标准和管理导则等组成(见图 8.1)。

在国家法律层面,《中华人民共和国突发事件应对法》是我国核应急工作的顶层法律,为其他法规制定提供参考。《中华人民共和国放射性污染防治法》提出要建立健全核事故应急制度。《中华人民共和国国家安全法》中,进一步强调加强核事故应急体系和应急能力建设。此外,与核应急相关的法律还有《中华人民共和国安全生产法》《中华人民共和国环境保护法》和《中华人民共和国职业病防治法》等。这些法律组成了我国核应急法律体系的顶层法律。

在国务院/中央军委条例层面,为加强国家核应急事务管理,国务院制定了《核电厂核事故应急管理条例》《放射性同位素与射线装置安全和防护条例》和《民用核设施安全监督管理条例》等条例。为规范军队在核事故条件下参加应急救援工作,中央军委制定了《中国人民解放军参加核电厂核事故应急救援条例》。

在国务院各部委规章层面,国防科工局、国家核事故应急办公室和国家核安全局等发布了核应急各种规定和条例实施细则,如《核电厂核事故应急管理条例》,构成了核应急法规体系的重要组成部分。

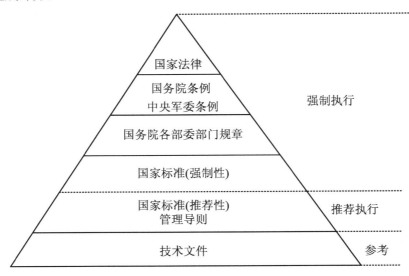

图 8.1 我国核应急法规体系

在国家标准、管理导则和技术文件层面,强制标准主要是国家质量监督检验检疫总局发布了《电离辐射防护与辐射源安全基本标准》,它是我国核应急管理中的一项重要标准。推荐性的标准主要包括核设施应急计划与准备相关的准则,这些标准为实施核设施场内和场外应急提供了重要的技术依据。此外,核应急管理导则和核安全导则等文件均涉及核应急准备与响应,是对上述国务院各部委的部门规章的说明或补充以及推荐使用的指导性文件。

技术文件包括核应急技术文件和核安全技术文件,虽然不作为法规体系的一部分,但仍是核应急工作具体实施的参考文件。

8.2.2 核应急组织

1. 国外核应急组织体系

(1)美国核应急组织体系

1979 年,三哩岛事故后,美国开始建立核应急体系。美国核应急采用四级管理体系,从上到下依次是联邦、州、地方、核设施营运单位。联邦一级的核应急工作主要涉及联邦应急管理局、NRC 和能源部等三个部门。联邦应急管理局是专门应对各类灾害或突发事件、保护关键基础设施、公众生命和财产安全的政府机构,在美国联邦应急预案的框架内对各种灾害进行总体协调与管理。NRC 独立于核能发展部门,负责民用核设施与核活动的核安全监督,负责民用核设施以及核技术应用的场内应急管理。能源部牵头负责发证单位的核应急工作,负责军用核设施与核活动的应急管理,并对 NRC 负责的核应急工作提供技术支持。与联邦层面的核应急组织相比,州及州以下层级的偏重于应对民用核设施的突发事故。

美国现行应急组织体系采用规范化的统一模式,高效处理不同紧急事件,强调对紧急事件做出一体化、协调一致的反应。各州和地方政府对各类紧急事件作最初反应,如果紧急事件超出地方政府处理范围,通过地方政府的申请,由总统正式宣布该地区属于受灾地区或出现紧急状态,《联邦核应急预案》随之启动。

（2）加拿大核应急组织体系

与美国核应急组织体系相似,加拿大采用四级核应急管理体制,由上到下分别是联邦、省、地方、核设施营运单位。联邦政府负责制定核应急政策法规与标准、国际合作、提供支援与技术支持。

卫生部作为联邦政府负责核应急管理的牵头部门,协调与核应急有关的联邦政府多部门的规划、准备和响应,卫生部部长作为国家层面的协调人,在应急情况下,卫生部的主要任务是提供总协调,确保信息的畅通与共享,确保相应任务的完成。

省政府对所辖区域的核应急准备与响应负第一责任,负责场外应急响应行动的指挥和协调,省核应急管理协调委员会是省政府应急准备与响应的协调机构,其主要职责是评估省及地方的核应急准备工作,对较大规模的演习实施评估并对应急准备与响应工作提出持续改进的建议。

地方政府负责社区层级的应急准备与响应。

核设施营运单位负责指挥场内应急响应行动及对场外的通告与协助。

（3）日本核应急组织体系

在日本核应急体系中国家核事故对策总部主要涉及内阁府、经济产业省和文部科学省、国土交通省等部门。对策总部的最高长官由经济产业省大臣和文部科学省大臣分管担任。经济产业省大臣负责核电厂应急工作,文部科学省大臣负责核燃料和同位素生产方面的应急工作。当发生涉及公众需要撤离的严重核事故时,由内阁总理大臣亲自担任核事故对策总部的最高指挥官,统一指挥应对灾害的一切活动。同时,在事故现场建立由经济产业省、警视厅、防卫厅等组成的事故现场对策总部,由经济产业省副大臣担任最高长官,全面负责事故现场应急工作的指挥与管理。

福岛核事故发生后,针对核应急时出现的责任推诿现象,相关专家建议日本核应急组织之间的权利和义务需要进一步的明确,落实核应急情况下的指挥权。

2. 我国核应急组织体系

中国政府高度重视国家核应急管理工作,积极贯彻执行“常备不懈、积极兼容、统一指挥、大力协同、保护公众、保护环境”的核应急工作方针,已经形成了较完善的核应急组织管理体系。我国的核应急采用三级管理体系,即国家核应急组织、省(自治区、直辖市)(以下简称省)核应急组织和核设施营运单位应急组织。

（1）国家核应急组织

国家核应急组织是国家核事故应急协调委员会(以下简称“国家核应急协调委”),负责我国核事故应急准备和应急处置工作,其日常办事机构为国家核事故应急办公室,设在国防科工局。

国家核应急协调委下设专家委员会和联络员组。专家委员会由核工程与核技术、核安全、辐射监测、辐射防护、环境保护、交通运输、医学、气象学、海洋学、应急管理和公共宣传等方面专家组成,为国家核应急工作重大决策和重要规划以及核事故应对工作提供咨询和建议;联络员组,由成员单位司、处级和核设施营运单位所属集团公司(院)负责人组成,承担国家核应急协调委交办的事项。

（2）省核应急组织

省核应急组织为省核应急委员会（以下简称"省核应急委"），负责本行政区域核事故应急准备与应急处置工作，对本行政区域核事故场外应急响应行动进行统一指挥。

省核应急委下设专家组和省核事故应急办公室。专家组提供决策咨询；省核事故应急办公室承担省核应急委的日常工作，负责本行政区域核事故应急准备与应急处置工作。其中，安徽省依托中科院核能安全技术研究所成立了首个省级核应急专业技术支持中心，为安徽省提供核应急相关的技术支持、咨询和研究。

（3）核设施营运单位核应急组织

核设施营运单位核应急组织负责本单位场内核应急准备与应急处置工作，统一指挥核应急响应行动，配合和协助做好场外核应急准备与响应工作，及时提出进入场外应急状态和采取场外应急防护措施的建议。

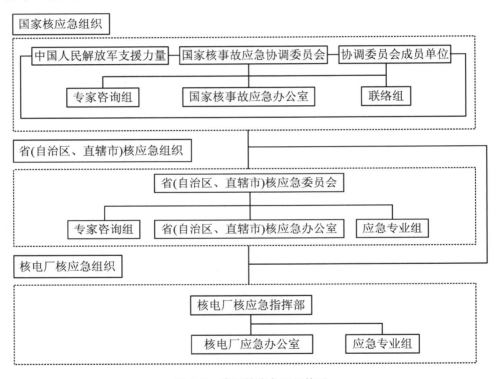

图 8.2　我国核应急组织体系

8.3　核应急准备

核应急准备是为应对核事故或辐射应急而进行的准备工作，包括建立应急组织，制订应急计划，准备必要的应急设施、设备与物资，以及进行人员培训与演习等。本节从应急计划、应急设施设备、核应急能力保持三个方面进行介绍。

8.3.1 应急计划

应急计划是经过审批的,描述核应急实施单位应急响应能力、组织、设施和设备以及和外部应急机构的协调和相互支持关系的文件。应急计划执行程序是应急期间采取应急响应行动的程序和用于应急准备的执行程序,其提供全面具体的方法和步骤,以保证协调一致和及时有效的行动。

应急计划的主要内容包括应急准备与响应的任务、组织机构、设施和设备等。该计划应明确在特定的应急状态下"做什么""由谁做"和"如何做"等内容。作为具体执行核应急工作的核设施营运单位和地方政府,其应急计划通常应包含以下主要内容:核设施概况、干预水平、应急计划区、应急状态与应急行动水平、组织、通知和通信、设施和设备、评价活动、防护措施、公众教育与公众信息、培训与演习和应急的终止与恢复活动等。

下面着重从核应急准备的干预水平、应急计划区、应急状态与应急行动水平几个方面进行介绍。

1. 干预水平

干预水平是指针对应急辐射情况或持续辐射情况所制定的可防止剂量水平,当达到这种水平时应考虑采取相应的防护行动。可防止剂量指的是采取某种防护行动或一系列防护行动后的安全辐射剂量。预期剂量指的是在不采取应急防护措施条件下居民个人可能受到的剂量。

根据《核事故辐射应急时对公众防护的干预原则和水平》规定,在核事故或辐射应急情况下,用来保护广大公众或工作人员的措施的有效性,取决于预先制定的应急计划干预水平的适用性。干预水平应根据应急计划中各种不同的防护行动特点来规定,在规定这些水平时,还应详细考虑场址的特点和事故的具体条件。

虽然 IAEA 和 ICRP 推荐的干预水平有所差异,但很多国家都以这两个机构的推荐值作为参考,也有一些国家采用了不同于这两个机构的推荐值,表 8.1 给出了 IAEA 和 ICRP 推荐的采取防护行动时的干预水平。

表 8.1　IAEA 和 ICRP 推荐的采取防护行动的干预水平

防护行动	干预水平	
	IAEA 推荐值	ICRP 推荐值
隐蔽	10 mSv	5~50 mSv(2 天内)
撤离	50 mSv	50~500 mSv(一周内)
服用碘片	100 mGy	50~500 mSv(甲状腺的当量剂量)

2. 应急计划区

应急计划区是为在事故时能及时、有效地采取保护公众的防护行动,事先在核设施周围建立的、制定有应急计划并做好应急准备的区域。

从应急计划区的定义可以看出,应急计划区划分的目的是在应急干预的情况下便于迅速组织有效的应急响应行动,最大限度地降低事故对公众和环境可能产生的影响。根据核事故影响范围和放射性核素的照射途径的不同,应急计划区分为烟羽应急计划区和食入应急计划区。烟羽应急计划区针对放射性烟羽产生的直接外照射、吸入放射性烟羽中放射性核素产生的内照射和沉积在地面的放射性核素产生的外照射;食入应急计划区则针对摄入被事故释放的放射性核素污染的食物和水而产生的内照射。

国际上划分应急计划区的一般方法是:首先对应急计划所考虑的事故进行分析并评估场外的预期剂量,然后通过预期剂量与干预水平相比较,使得应急计划区内预期剂量不得超过干预水平。在具体的做法上,所考虑的事故和采用的干预水平,各国都有比较大的差别。

国标《核电厂应急计划与应急准备准则 第1部分:应急计划区的划分》(GB/T 17680.1),对应急计划区划分的准则和方法等内容给出了建议和参考。另外,为了使得划定的应急计划区边界符合当地的实际情况,在确定应急计划区时不仅要考虑事故及其源项,而且还应考虑核设施周围的具体环境特征(如地形、行政区划边界、人口分布、交通和通信)、社会经济状况和公众心理等因素。

我国《核电厂核事故应急管理条例》对应急计划区做了如下的规定,核电厂周围应建立烟羽应急计划区和食入应急计划区。烟羽应急计划区应以反应堆为中心,7~10千米为半径,在此区域(外区)内,需要依据实际情况做好实际防护措施的准备。同时,还要考虑在3~5千米半径的区域(内区)内,做好人员撤离的准备。食入应急计划区是以反应堆为中心,30~50千米为半径,在此区域内,应加强辐射监测,并做好食物和饮水控制准备。图8.3为应急计划区划分示意图。

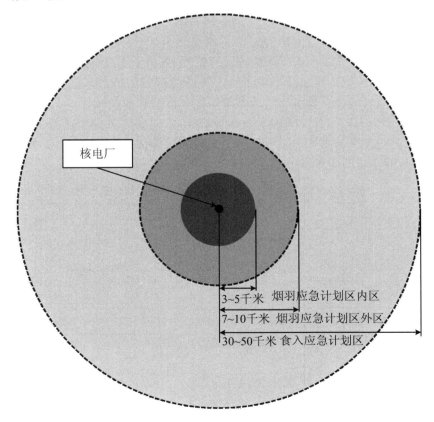

图8.3　应急计划区划分

3. 应急状态与应急行动水平

核设施的应急级别是根据核设施出现紧急情况的特征、性质、规模、后果及严重程度进行划分的,在划分过程要特别关注可能造成放射性后果的严重性及影响范围。判断进入应急状态的依据可以是某个特定值,也可以是某个特定程度的事件,满足该依据则进入相应的应急状态。如 IAEA《安全术语汇编(IAEA Safety Glossary 2016 Revision)》中给出了核设施运行工况与核应急的对应关系。文中指出,核应急是在核设施发生超设计基准事故工况下采取的紧急行动;我国《核电厂核事故应急管理条例》根据核电厂堆芯损伤程度和事故辐射情况的不同,规定了核电厂的应急状态分为应急待命、厂房应急、场区应急和场外应急四个等级,其详细描述见表 8.2。

表 8.2　核电厂不同应急状态等级的描述

应急等级	核电厂堆芯状态	辐射情况
应急待命	堆芯燃料没有损坏	放射性物质的释放不超过技术说明书中的规定(或每年的剂量)
厂房应急	核电厂的安全水平出现实际的(或潜在的)明显下降	放射性物质的释放造成的厂址边界外的剂量仅仅是干预水平很小的一部分
场区应急	保护公众的核电厂设施的功能明显失效	放射性物质的释放造成的厂址边界外的剂量不超过干预水平
场外应急	堆芯已经发生或即将发生损坏	场外剂量实际或可能超过干预水平

应急行动水平是用来建立、识别和确定应急等级和开始执行相应的应急措施的预先确定和可以观测的判据。它们可以是特定仪表读数或观测值、辐射剂量或剂量率、气载、水载和地表放射性物质或化学有害物质的特定的污染水平。

应急行动水平的制定需考虑其适用条件,这些适用条件主要包括放射性物质存在的位置及所经历的运行模式。

以核电厂为例,核电厂运行模式包括具有相近热力学和堆物理特性的多个标准运行工况和标准状态。不同的适用条件能够影响应急行动水平制定的核电厂系统布置、放射性物质屏障状态等特性。根据核电厂的设计特征和厂址特征,营运单位应提出确定应急等级的初始条件和应急行动水平。初始条件是预先确定的、触发核电厂进入某种应急状态的一类应急行动水平的征兆或标志。一般地,初始条件和应急状态等级共同构成初始条件矩阵,可以用来快速判断是否需要进入应急状态以及确定应急状态的等级。在初始条件矩阵中,通常按应急等级依次递增或递减的顺序说明各种识别类中,每个初始条件与应急等级之间的对应关系以及这种对应关系的使用条件。

识别类就是对初始条件按照一定方式进行分类,通常分为如下四种:① A 类,指异常辐射水平和放射性流出物排放;② F 类,指裂变产物屏障丧失;③ H 类,指影响电厂安全的灾害和其他条件;④ S 类,指系统故障。

8.3.2　应急设施设备

根据核应急计划的要求和核应急准备的需要,应急设施和设备的配置原则是需满足"日常运行和应急相兼容"的要求,即核应急设施设备在核设施运行过程中要满足正常工况下的使用功能,同时在核事故紧急情况下具有可直接用于应急响应或可及时转换用于应急响应的功能。应急设施设备主要分为场内与场外核应急设施等。

1. 场内核应急设施

场内核应急设施主要包括主控制室、辅助控制室、技术支持中心、应急控制中心、运行支持中心、公众信息中心、通信系统、监测和评价设施、防护设施和应急撤离路线和集合点等。

场内应急设施的配置除满足相兼容的通用原则外,还应达到"可居留性"和"可达性"等安全性要求。"可居留性"是指在应急状态下,在规定辐射照射剂量控制值或有毒物质暴露控制值的限制内,某一场所内人员可以连续或暂时停留的状态特性。例如,在主控制室内设定的持续应急响应期间(一般为 30 天)内工作人员接受的有效剂量不应大于 50 mSv,甲状腺当量剂量不应大于 500 mGy。而"可达性"是指主要应急设施的设计需要考虑应急响应期间,相关应急人员可以顺利地到达该设施,并能够进行应急响应工作。

下面对主要场内核应急设施进行简要介绍。

(1) 主控制室

核应急初始阶段,应急控制中心还未启动前,通常在主控制室内进行应急响应的临时指挥。主控制室内设备需满足在应急期间对核设施的控制和监测要求,同时设计中应采用冗余度和多样化的办法来保障通讯的可靠性。另外,主控制室应具有足够的屏蔽、密封和通风能力,满足可居留性要求。

(2) 辅助控制室

辅助控制室的功能是主控制室丧失其基本功能时,能够替代主控制室执行主控制室的基本功能,主要包括停堆、停堆状态的保持以及余热导出和监测电厂基本运行参数等功能。辅助控制室应有足够数量的仪表及控制设备,并需满足可居留性要求。

(3) 应急控制中心

应急控制中心是应急指挥部举行会议并进行现场指挥的场所。在应急期间,如果证明应急控制中心不能适用于所有假设的应急状态,则要在其他合适地点设立一个备用应急控制中心,其功能应基本达到应急控制中心的相关要求。

(4) 技术支持中心

技术支持中心是获取核设施运行参数、信息和制定严重事故对策的工作场所,其主要功能是为主控制室的工作人员提供技术与决策方面的支持。另外还可作为与主控制室操作不直接相关人员的应急工作和会议的地点。

技术支持中心与主控制室分开设置,但二者之间要有安全可靠的通信、信息交流设备,并配备常用电源和备用电源,保障技术支持功能的实施。技术支持中心的可居留性要求与主控制室相同。

(5) 运行支持中心

运行支持中心是执行设备检修、对系统或设备进行损坏检查以及堆芯损伤取样分析和其他执行纠正行动任务的人员以及有关人员集合与待命的场所。

运行支持中心应与核设施主控制室、技术支持中心分开设置,需满足可居留性要求,并提供安全可靠的通信设备,以保证运行支持中心与主控制室、核设施场内的响应队伍及场外的响应人员(如消防队)进行通畅的联络,并要求有足够的空间用于响应队伍的集合、装备和安排工作。

（6）公众信息中心

公众信息中心是按规定向新闻媒体和公众及时提供有关应急和公众防护行动信息的场所，需要对公众和新闻媒体的信息需求第一时间做出响应并澄清失真的传闻。

该中心可设置在核设施所在场区以外，通常位于烟羽应急计划区之外。需要具有足够的空间和为媒体安排的基础设施来进行信息的发布。

（7）通信系统

应急通信系统需要能保障在应急期间营运单位内部、国家核安全监管部门以及场外应急组织等单位的通信联络和数据信息传输，具有向国家核安全监管部门进行实时在线传输核设施重要安全参数的能力。

通信系统应具有足够的通信容量和多样的通信手段，要具有防干扰、抗过载、防窃听或在丧失电源时不造成损坏的能力，以确保在应急状态下的信息畅通。

（8）监测和评价设施

监测和评价设施用于监测在适当范围内仪器设备的有关参数，可用于监测、诊断和预测核设施事故状态，监测其运行状态和事故状态下的气载或液载放射性释放，监测事故区域的辐射水平和放射性污染水平，监测厂址地区气象参数和其他自然现象（如地震），并能预测和估算事故的场外辐射后果，以便在可能的范围内可靠地调查分析事故的演变过程并进行合适的辐射防护评价。

（9）防护设施

防护设施是为人员与设备提供辐射防护掩蔽所等的设施，需要满足辐射屏蔽、通风和物资供给等要求。

（10）急救和医疗设施

急救和医疗设施属于辅助应急设施，主要包括场区医疗应急设施、淋浴与去污设施，具有必要的隔离和快速清除放射性污染的设备以及相应的实验室和仪器等条件。

（11）应急撤离路线和集合点

应急撤离路线和集合点应设置足够的数量，且标志要求醒目持久。撤离路线应配备必需的照明、通风和其他应急辅助设施。集合点应具有抵御恶劣的自然条件的能力，应当满足辐射分区、防火、工业安全和安保等要求。

2. 场外核应急设施

场外核应急设施一般包括场外应急指挥中心、前沿指挥所、场外应急监测中心、评价中心和公众信息中心等。设置场外核应急设施需要考虑场外各应急响应组织的任务、规模以及他们的相互关系，还应考虑应急设备和资源的可获得性，并能为这些设备与资源提供维修和存放的场所。此外，还需考虑场外核应急设施是否靠近国界以及是否有备用电源等因素。

下面对场外核应急设施进行简要介绍。

（1）场外应急指挥中心

场外应急指挥中心指在应急响应期间进行组织、指挥和协调所有场外应急响应行动的工作场所。通常位于省人民政府所在地，也可根据情况设置在核设施所在辖区内，可以与当地非核设施的防灾、救灾指挥设施兼容。

应急指挥中心的功能应满足管理和指挥全部场外应急响应行动的需要，能够与核设施营运单位有效协调，为各级应急组织和指挥人员联络和其他必需的活动提供保障。另外，还要求能迅速获得应急决策所需的各种数据、资料与预测的评价结果，为应急决策提供各种必要的手段和设备。

（2）前沿指挥所

在场外应急状态时，前沿指挥所是省级应急总指挥或相关人员，在邻近核设施的地方指挥各种应急响应工作的场所，设置的地点可以与当地非核设施的防灾、救灾设施兼容。

前沿指挥所应设在相对接近核设施厂址、但又不受核事故影响的安全地方。由于前沿指挥所是在平时提前准备、在事故较为严重时启用的应急设施，因此前沿指挥所应具有开展必要的调度、通信、通告和发布命令等指挥行动的功能，保证场外应急指挥中心与事故核设施周围现场的各应急队伍、设施之间联络和信息交流通畅，并能接受场外应急指挥中心的信息，保障前沿指挥、工作人员及抵达现场的国家、省级各有关领导的指挥活动的顺利进行。

（3）场外应急监测中心

场外应急监测中心是指在事故期间进行环境样品的采集、核素分析以及进行环境监测综合评价的场所。场外应急监测中心应位于核事故的烟羽应急计划区以外的地方。

在应急期间，场外应急监测中心可以接收核设施的事故信息并加以分析，能够对事故后果进行评价，并且据此给出防护行动建议。

（4）评价中心

评价中心是接收和分析来自核设施和场外应急监测中心提供的事故信息的场所，在评价中心内进行事故后果评价工作，并为应急工作人员提供评价结果和提出防护行动建议。

评价中心的位置应尽量靠近场外应急指挥中心，以便及时传送事故信息和为决策提供技术支持。评价中心应具有汇集与事故有关的信息和进行事故后果评价的计算机系统、评价软件及其他外围设备。

为了便于对各场外核应急设施功能有清晰的了解，场外核应急设施功能清单见表 8.3。

表 8.3　场外核应急设施功能清单

功能		场外应急设施			
		应急指挥中心	前沿指挥所	应急监测中心	评价中心
基本功能	应急管理	√	—	—	—
	应急评价	√	—	√	√
	实施防护措施	√	√	—	—
支持功能	技术支持	√	√	√	√
	通信联络	√	√	√	√
	通知	√	√	√	—
	数据交换	√	√	√	√
	行政管理	√	—	—	—
	后勤支持	√	√	—	—
	消防支持	√	√	—	—
	治安支持	√	√	—	—
	医疗支持	—	√	—	—
	公众信息	√	—	—	—

注：√表示场外应急设施具备的功能，—表示不具备。

8.3.3 核应急能力保持

应急能力的保持是核应急准备的重要组成部分,通常包括应急资源、应急计划与执行程序的保持和人员及其知识、技能的保持两个方面。

1. 应急资源、应急计划与执行程序的保持

应急资源的保持包括对应急设施、设备和通信手段等进行定期检查、保养与清点等工作。而应急计划与执行程序的保持主要包括对应急计划与程序文件进行评审、修订和批准等工作。

应急设施和设备可用性是应急能力保持的重要方面,因此需要定期检查、保养和清点应急设施和资源,确保应急设施、设备、器材和文件等处于良好的备用状态。为了达到这一目标,应急设施设备的管理需要所有应急设施及设备均指定专门单位并由专人负责管理和维护,定期对应急设备进行清点检查和测试并做记录,以及定期更新需要更换的物品和文件资料。对于应急设施和资源的维护,需要设立监督检查部门,对设施、设备、器材和资料的维护和更新进行监督和检查。

应急计划和执行程序的保持是指为确保应急计划和执行程序在整个寿期内有效,进行定期和不定期评审、修订和批准。在保持过程中,需要考虑国家有关应急的法律、法规和标准的变化,应急练习、演习和培训的反馈结果以及核设施本身的修改、现场与环境条件的变化和设施与设备的变动情况、技术的进步等因素来进行修订。对应急计划和执行程序的审评和修订应进行周期性的自我评审。同时,还需要有对应急计划和执行程序不负有直接执行责任的人员进行独立评审。经过评审和修订后的应急计划和执行程序必须得到相关主管部门的批准。

2. 人员及其知识、技能的保持

需要组织日常的培训和演习等活动,保持相关人员的应急知识与技能。

培训是应急准备中不可缺少的组成部分,是核应急响应能力保持中的重要内容和执行核电安全保障规定的重要环节。组织应急培训既为了提高受训者的应急响应水平,又为了严格执行有关规定。培训的目的是使得在场内、外所有承担应急职责和任务的工作人员熟悉和掌握应急计划的有关内容、应急组织的职责,具有完成特定应急任务的基本知识和技能,明确响应程序、行动方法及协同事项。应当建立必要的管理体系,保证满足培训频度的要求,应当保证给在岗学习者提供必要的培训时间。

演习的目的主要是验证应急计划和程序的合理性和有效性、提供真实情形下的培训以及探索和检验应急安排的新概念和新想法这三个方面。其中验证应急计划和程序的合理性和有效性是演习最主要的目的,重点是验证整个应急组织的绩效,而在练习中经常是检验个人的响应能力。相对于其他核设施而言,核设施的应急演习所涉及的范围更为广泛,内容更为复杂,因而演习的组织、准备、实施和评估也需要相当多的人力和物力资源的支持。演习主要分为以下三种:(1) 单项演习,由有关业务部门或应急专业组负责实施;(2) 综合演习,国家、省和核设施营运单位核应急组织,由各级核应急组织负责实施;(3) 联合演习,由国家、省和核设施营运单位中的三级或两级部门联合负责实施。

8.4 核应急响应

核事故发生后应根据核事故应急状态的级别立即按预先编制的执行程序启动和实施核应急计划,即启动并实施核应急响应。应急响应主要包含应急监测、后果评价和应急行动等主要内容。

8.4.1 应急监测

应急监测是开展应急响应行动的前提与依据。应急监测的主要目的是为应急行动的各个阶段提供辐射影响方面的监测数据,为后续剂量评价和防护行动决策提供依据。

按照事故发生的规模分为小规模事故应急监测和中到大规模事故应急监测两大类,小规模事故主要指的是小型放射源丢失、放射物质泄露或在运输过程中发生泄露等事故。中到大规模事故指的是伴有大气释放的核事故,这类事故后果严重,影响范围也广,如核电厂运行事故。鉴于篇幅的限制,本节仅以核电厂事故为例简要介绍应急监测的内容和手段。对于其他小规模事故,读者可查阅相关标准与手册。

1. 监测阶段划分与任务

核电厂事故发生的不同阶段,应急监测的主要任务与内容将随着事故的发展有所变化,按照事故发生的进程,通常分为早期、中期及后期监测。

事故早期,由于对事故场内的情况了解不多,要想获得充分和可靠的辐射剂量是非常困难的,但可以尽可能获得一些场外监测数据。用这些监测数据可以预测事故的影响范围、辐射源的种类及大致位置等信息,以便提高早期防护决策的置信度。

事故早期监测主要是对场外实施应急监测,监测的任务包括:

(1)烟羽特性的监测,即确定烟羽的方向和高度以及烟羽中放射性核素的浓度和组成等随空间和时间的变化;

(2)外照射剂量率的监测,即确定来自烟羽和地面的外照射,如 β-γ 和 γ 等;

(3)放射性气体、易挥发污染物和微尘浓度的监测,主要是对核设施周围的大气进行监测,初步确定事故的影响范围,主要关注具有放射性核素的浓度分布。

事故中期监测不仅要继续对场外进行实时监测,还要重点对事故现场进行监测,其主要目的是预测事故发生的趋势,以便能更准确表征事故的影响范围与发展态势,为制定更加有效的应急救援方案与缓解事故行动提供决策依据。

事故后期,又称"事故恢复期",这一时期事故现场已经被控制,放射性物质的泄露与释放已采取措施进行隔绝,事故影响区的放射性污染物基本已经消散,对影响区内的人员已经不会造成严重的危害。这个时期监测是为了了解事故现场及附近环境敏感区域(居民住宅区、学校及工厂等)的恢复情况,以便为制定恢复行动的决策和残留污染物的长期辐射预测提供依据。

2. 监测主要方法与手段

针对事故不同阶段的应急监测任务,需采取不同的监测手段和方法,为了达到监测目的,需要对烟羽、环境、地面沉积、设施表面及人员的辐射剂量等进行监测,分别简要介绍如下。

(1)烟羽辐射测量

烟羽辐射测量的目的是为了确定放射性烟羽的边界。首先通过对烟羽的横向弥散范围和循迹路径进行测量,然后再结合烟羽周围剂量率的大小综合确定烟羽的边界。通常采用车载方法测量,即需要采用装载在车辆上的测量设备(如 γ 剂量测量仪)测量烟羽。

(2)环境辐射剂量测量

环境辐射剂量的测量是评估放射性物质释放引起的周围区域内辐射剂量,用于对烟羽轨迹或辐射影响范围进行重建。通常采用热释光剂量计对怀疑有烟羽沉积的区域进行测量。

(3)地面沉积辐射测量

地面沉积辐射测量是为了获得由地面沉积的放射性物质所产生的辐射剂量率,其目的是给出有限大小范围内的放射性物质沉积分布图。测量区域应尽可能大,可以采用地面移动车或飞机等航空器装载的仪器进行测量。

(4)表面污染测量

表面污染测量的主要目的是提供地区、物件、工具、设备以及车辆受污染的信息,为启动防护行动、清污或去污操作等提供决策依据。表面污染测量通常采用直接测量方法。对于某些辐射本底高、灵敏度低和不易接近等情况,需要采用擦拭(间接)法。

(5)人员污染测量及去污监测

人员污染测量及去污监测是为了对从事故现场出来的人员在去污前、去污中以及去污后的皮肤和衣服污染进行监测,对人员甲状腺中吸收的放射性碘量进行监测。其方法是采用与所探测的污染特性相适应的污染检查仪进行人员污染测量和去污监测。

8.4.2 后果评价

后果评价是为对公众和核设施工作人员的应急防护响应和减缓辐射后果提供依据,是决定实施具体防护措施而必须获得和处理信息所采取的活动。后果评价包括事故环境的监测、事故后果的预测以及对监测与预测结果的分析和评价。主要包括源项估算、核素扩散分析和辐射剂量估算三个环节。

1. 源项估算

源项估算的内容主要包括堆芯释放的放射性物质成分、数量、释放率以及释放方式等。目前国际上常用源项估计方法是 IAEA 开发的 InterRAS 程序,估算时首先对堆芯内产生的裂变产物总量进行评估,然后计算其从堆芯释放的数量,并识别释放的主要产物类型及其释放途径,考虑其在向环境迁移途中的滞留率,计算最终释放到环境中的放射性物质数量。

这种方法实际上是通过预先计算的严重事故源项与事故时详细计算结果进行比较,并允许根据一小部分预先确定的假定去分析大范围的事故工况和堆芯损伤状态,虽然估算结果有很大的不确定性,但仍有可能获得各种不同事故情景下的潜在后果。

2. 核素扩散分析

核素扩散是指核素在核设施内及环境(大气、水体、土壤和食物链)中的迁移与释放过程。核素在大气中的扩散是事故工况下核素扩散的主要途径。由于核素在大气中扩散过程的复杂性和随机性,通常采用简化的定量数学模型描述核素在大气中的扩散过程。常用的大气扩散模型有欧拉模型和拉格朗日模型。

欧拉模型能够描述流体质点在空间各点各时刻的速度场,它建立在梯度输送理论上,讨论在空间固定点上由于大气湍流运动而引起的放射性核素浓度。欧拉模型是一类典型的网格模式,其基础在于描述污染扩散过程的平流扩散方程及其求解,一般是将已知的风场作为输入或把流动方程与物质守恒方程(浓度方程)相耦合,计算求解模式区域每个网格的浓度变化。欧拉模型的突出优点是较容易处理源项及气象场的时空变化,如果有相应的转化方程或参数化方案,则可以有效地预测放射性核素或其他空气核素的浓度变化。由于流动和扩散方程组的不闭合,对其中的湍流黏性系数和扩散系数须另行求解,或者采用当前实用模式的通常做法,引入现成的研究成果。但对于复杂地形和特殊的气象条件,这些专门的研究成果未必适用。

拉格朗日模型则是描述每个流体质点的位置随时间的变化规律,分为随机游走模型和随机游走粒子——烟团模型。

随机游走模型,又称为蒙特卡罗模型,其基本原理是用大量标记粒子的释放来表征核素的连续排放,使它们在流场的平均风中输送,同时又用一系列随机位移来模拟湍流扩散,并跟踪它们的运动轨迹,最后统计这些粒子在时间和空间上的总体分布,从而得出核素的扩散规律。

随机游走粒子——烟团模型,是对粒子随机游走模型的进一步发展,以假想示踪粒子代表核素,通过追踪大量粒子在大气中的运动和分布而定量计算出核素的浓度。该模型可以真实反映所模拟大气的平均风场和湍流场的作用,尤其适用于流场具有复杂的时空变化的情况,具有实际应用价值。但该模型需释放大量粒子才能获得污染物扩散稳定的统计结果,具有计算量大和时间长等特点,不利于核应急响应活动的开展。另外在烟云边缘粒子分布变得稀疏,计算得到的浓度会有较大的涨落。

核素在大气中扩散的其他计算模型还有高斯模型、CFD 湍流模型和耦合嵌套模型等。

3. 剂量估算

核事故发生后,根据剂量估算可采取相应的防护行动,以减少或避免食入放射性物质的总量。不同事故阶段照射途径有所差异,见表 8.4。

表 8.4　不同事故阶段的照射途径

事故阶段	照射途径
早期	烟云浸没外照射 吸入内照射 地面污染外照射
中、后期	地面沉积外照射 地面沉积再悬浮吸入内照射

近临释放点的烟羽外照射途径剂量估算采用有限烟云的方法计算,其他照射途径剂量计算所采用的方程形式是:剂量＝核素积分浓度×剂量转换因子×外照射屏蔽因子。例如对于远距离的烟羽外照射途径的剂量计算方程,以上这些量就是:该地公众受照射时段的积

分空气浓度、外照射剂量转换因子和外照射屏蔽因子。其中,积分空气浓度是大气扩散模式计算出并结合防护行动的开始与结束时刻而确定的;外照射屏蔽因子是由隐蔽外照射屏蔽因子、撤离外照射屏蔽因子或正常生活的外照射屏蔽因子和该时间段内的公众所实施的防护行动所决定的。

8.4.3　应急行动

应急水平进入到不同应急状态时,核设施营运单位需要马上采取相应的响应行动。下面分别对应急待命、厂房应急、场区应急和场外应急四类应急状态对应的应急响应行动进行简单介绍。

1. 应急待命

应急待命状态下,核设施营运单位需要适当采取以下应急响应行动:

(1) 对导致应急待命的条件进行分析并确定,采取针对性的缓解措施,以减轻潜在威胁;

(2) 根据需要在核设施附近进行监测,必要时向主控制室或操纵员提供技术支持;

(3) 及时向场外通告核事故或事件的状态与响应行动的进展。

2. 厂房应急

营运单位需启动场内应急计划,并根据应急计划实施适当的响应行动,包括:

(1) 采取适当措施使核设施恢复安全状态,以缓解应急状态,必要时对主控制室或操纵员提供技术支持;

(2) 撤离无关人员和参观者,并将其安置在安全区域;

(3) 为场内应急响应人员和从场外到来的应急人员提供防护;

(4) 监测场内人员的污染情况,确保受污染的人员或物项不会未经检测就离开场区;

(5) 在核设施附近实施监测,以确认场外无需防护行动;

(6) 场外通告。

3. 场区应急

营运单位应根据场内应急计划,并采取相应的响应行动,主要包括:

(1) 采取适当的措施和行动使核设施恢复安全状态,缓解应急状态;

(2) 为主控制室提供技术支持,并请求场外援助;

(3) 启动场内技术支援中心、应急控制中心和厂址附近后备应急设施,扩大可用的应急力量;

(4) 清点所有现场人员,撤离场内无关人员和参观者,并安置于安全区域;

(5) 根据危险情况为场内应急响应人员和从场外到来的应急人员提供防护;

(6) 对事故的性质和后果进行评价,并采取相应的行动,按规定向场外报告事故(或事件)情况,在核设施附近的场外实施监测。

4. 场外应急

当需要进入场外应急状态时,核设施营运单位向省核应急组织及时提出进入场外应急状态和场外实施防护行动的建议,并实施场外应急计划,启动所有的响应,包括:(1) 清点所有现场人员,将无关人员和参观者撤离,并安置于安全区域;(2) 根据危险情况为场内应急响应人员和从场外到来的应急人员提供防护；（3）采取行动缓解应急状态，包括请求场外援助；（4）对控制室提供技术支持；（5）启动场内技术支持中心、应急控制中心和厂址附近后备应急设施，扩大可用的应急力量；（6）对事故的性质和后果进行评价，并采取相应的行动；（7）通过指定的人员或自动化设备传输气象资料和剂量评价结果；（8）根据已得到的电厂资料和预计的未来情况，提供预期的放射性释放量和剂量值；（9）对核设施附近的场外实施监测。

当事故辐射后果影响或可能影响邻近省（自治区、直辖市）时，由地方应急组织负责按规定通报事故情况，并提出相应建议。

8.5　新问题与挑战

在核电发展的新时期，随着核能技术的发展，大量新堆型涌现、内陆核电厂建设以及信息技术爆炸式发展等均给现阶段核应急工作的开展带来了前所未有的挑战。本节将对现阶段面临的先进堆应急计划简化、跨地区核应急、核应急信息化和应急决策支持等内容进行简要的介绍。

1. 先进堆应急计划简化

相对在役核电堆型而言，目前提出的先进堆（如 AP1000、EPR 等）设计具有更好的安全特性，具有事故发生概率低、事故情况下放射性事故具有较长的延长时间以及事故情况下的后果缓解措施能够将放射性的释放限制在较低的水平上等安全优势。这些优势是先进堆应急计划能够得以简化的重要技术依据。

但如何进行简化，是目前实际操作中面临的最为核心的技术问题。普遍认为目前仍要以传统应急计划区划分方法为基础，并充分考虑事故概率准则的使用进行应急计划区简化。因此，使用何种概率准则，包括概率截断值在什么水平，是现阶段需要深入研究的问题。同时，还需要考虑应急准备的代价和有效性，这是一个涉及众多影响因素的复杂问题，其中最重要的是对公众接受性影响的考虑，其考虑的原则是应尽量降低成本，但不应降低应急准备的有效性。

2. 跨区域核应急

我国核电发展初期，核电厂均分布在沿海，无需考虑跨区域的核应急问题。近年来，随着我国内陆建设核电厂的呼声越来越高，这一问题显现得尤为明显。主要表现在基于前期核电发展环境制定的核应急相关法规，缺乏关于跨区域核应急的明确表述，同时也无具体实践可供参考。处在行政区域边界的新建核电项目，如拟建设的彭泽的核电厂，其地理位置濒临长江，处于江西和安徽跨界区域，临近南昌和合肥两大城市。一旦发生事故，核应急准备与响应过程中均要充分考虑两个或多个行政区域的应急组织与管理问题。

解决跨区域核应急面临的问题，应首先考虑核事故后果对环境与公众的影响，并在此基础上制定合理可行的应急计划。为核设施跨区域相关省份核应急组织和应急协调机制建设提供技术依据，是保障跨区域核应急工作顺利开展的重要研究内容。

3. 核应急信息化

核应急是一个多方参与、统一协调的复杂系统工程。在进入核应急状态时,后果预测评估、在线自动监测、协调指挥调度以及数据分析处理,都将随同应急所需的人、财、物同时动作,这就使得信息与数据的传输和通信量大幅增加,核应急信息系统常因关联单位多、信息分散等问题给应急决策和行动带来障碍。因此,对于应急响应所需大量信息的有效及规范管理,并提取有价值的信息去支持响应行动,是核应急活动实施有效性的一个关键问题。

国务院发布的《中国的核应急》白皮书明确给出了解决这一问题的方案,即"开展核应急数据采集和传输标准化研究,建立健全全国核应急资源管理系统。研发核应急指挥信息化系统,创新核应急预案模块化、响应流程智能化、组织指挥可视化、辅助决策科学化等技术,实现日常管理与应急响应一体化,提高核应急响应能力和组织指挥效率"。对于上述方案与措施,目前仍有大量工作需要进一步开展。

4. 应急决策支持

一直以来,核事故期间应急干预措施的决策就是一个非常棘手的课题,主要困难包括如何处理决策分析过程中存在的不确定性和如何考虑决策者的偏好及价值判断两个方面。核决策者在决策时往往考虑到了预期最大受照个人剂量、个人剂量和集体剂量等辐射因素,但对其他因素如极端气候条件、政治、社会和心理因素以及经济代价、健康影响等非确定性因素,虽有所考虑但在模型建立和应用方面还存在很大的空白。

因此,在应急决策支持研究方面,要考虑确定性和非确定性因素。同时,还必须考虑某些多属性因素本身的模糊性以及各方面专家对这些属性因素的倾向性。如何综合考虑这些多属性因素,将是发展更加科学的决策方法,支持核应急决策的重要课题。

参 考 文 献

[1] 中华人民共和国国务院新闻办公室. 中国的核应急[M]. 北京:人民出版社,2016.
[2] 核电厂核事故应急管理条例:HAF 002[S]. 北京:中国法制出版社,1994.
[3] 核电厂核事故应急管理条例实施细则之一:核电厂营运单位的应急准备和应急响应:HAF 002/01[S]. 1998.
[4] 核动力厂营运单位的应急准备与应急响应:HAD 002/01—2010[S]. 北京:中国法制出版社,2010.
[5] 中华人民共和国国务院. 核事故应急预案[M]. 2013.
[6] 廖乃莹. 我国核事故应急法律问题研究[D]. 北京:华北电力大学,2012.
[7] 黄平,倪峰. 美国问题研究报告 2012:美国全球及亚洲战略调整[M]. 北京:社会科学文献出版社,2012.
[8] 中国核应急代表团,王毅韧,巢哲雄. 加拿大美国核应急考察报告[J]. 中国应急管理,2007(5):55-57.
[9] 施仲齐. 核或辐射应急的准备与响应[M]. 北京:原子能出版社,2010.
[10] 电离辐射防护与辐射源安全基本标准:GB 18871—2002[S]. 北京:中国标准出版

社,2002.

[11] 岳会国. 核事故应急准备与响应手册[M]. 北京:中国环境科学出版社,2012.

[12] 姚仁太. 核事故后果评价研究进展[J]. 辐射防护通讯,2009,29(1):1-10.

[13] 刘爱华,蒯琳萍. 放射性核素大气弥散模式研究综述[J]. 气象与环境学报,2011,27 (4):59-65.

[14] 高立本. 新形势下我国核应急管理工作探讨[J]. 中国核工业,2008(8):48-50.

[15] 陈晓秋,李冰,林权益. 对 AP1000 核电厂简化应急计划的探讨[J]. 辐射防护,2008, 28(4):244-249.

[16] 曲静原. 先进堆的应急计划:现实与挑战[C]. 21 世纪初辐射防护论坛第三次会议暨 21 世纪初核安全论坛第一次会议,2004.

[17] 黄挺,曲静原. 先进堆应急计划研究中的若干问题[J]. 科技导报,2009,27(23): 92-95.

[18] 陈志刚,孙群利,仲崇军. 核电厂跨省核应急工作对策探索[J]. 核安全,2010(4): 40-44.

[19] 许平. 国家核应急管理工作概况[C]. IAEA 跨区域核应急研究专家培训交流 会,2015.

[20] 陆能枝. 核应急决策支持系统的框架结构及模糊决策方法在评估子系统的应用[D]. 北京:中国原子能科学研究院,2001.

[21] IAEA. Method for the Development of Emergency Response for Nuclear or Radio-logical Accidents[M]. IAEA-TECDOC—953,1997.

[22] ICRP. Recommendations of the International Commission on Radiological Protection [M]. 2007.

第 9 章　核安全监管

核安全监管是为了保证核设施的安全所实施的国家监督管理活动。政府通过建立核安全法律法规,为监管提供法理基础;核安全监管机构行使独立的监督管理职权对核设施进行监管活动。核设施主要包括核电厂在内的核动力厂、研究堆、核燃料循环设施、燃料制造厂、放射性废物处置设施和放射性废物库。监管活动包括核设施选址、设计、建造、调试、运行和退役期间的所有与核安全相关的活动。

本章系统地介绍了与核安全监管相关的国际组织与公约、世界各核能大国的核安全监管机构以及法规体系,并在此基础上,详细介绍了我国核安全监管机构、法规体系和许可证制度,最后对核安全监管过程的有效性进行了探讨。

9.1　国际组织与公约

世界上与核安全监管相关的国际组织主要包括 IAEA 和 OECD-NEA。虽然这些国际组织对各国家的核安全监管没有强制的约束力,但是对世界核能的和平利用起到了一定的促进作用。同时,世界各核能拥有国通过国际合作等手段缔结一系列的国际公约,以保证世界范围内核能的安全利用。

9.1.1　国际原子能机构

为了消除人们对核技术的恐惧以及满足对核技术多样化的应用需求,美国总统艾森豪威尔在 1953 年的联合国大会发表了题为《和平应用原子能》的演讲,倡导成立国际原子能机构 IAEA,这一提议得到了参会的 81 个国家的一致赞同。

经过世界各国的努力,1957 年 IAEA 正式成立,总部设在奥地利维也纳。IAEA 作为国际核能领域的合作中心,其宗旨是加速和扩大核能对全世界和平、健康及繁荣的贡献,具有促进全球核能的和平利用和防止核扩散两项职能。它是国际核能领域的政府间科学与技术合作组织,同时也监管各国家与地区核安全与测量检查,主要工作包括核领域的安全和安保、科学和技术、保障与核查三大内容。

IAEA 由全体成员国联合大会(简称大会)、理事国会(简称理事会)和秘书处组成,详细组结构如图 9.1 所示。决策机构是大会和理事会,由大会和理事会共同协商制定 IAEA 的工作方案、执行预算及任免 IAEA 的总干事。秘书处由总干事直接领导,是 IAEA 的执行机构。IAEA 就重要议题形成的相关报告由秘书处负责组织完成,再由总干事向理事会和大会报告,并就重要问题形成决议,决议对秘书处和所有成员国都具有约束力。

秘书处下设管理司、技术合作司、核能司、核安全与核安保司、核科学与应用司及保障司。执行核安全职能的主要部门是核安全与核安保司,其内部又下设核设施安全处、辐射、运输、废物安全处、应急中心和核安全与安保协调科。

此外,IAEA 还设有国际核安全专家咨询组(INSAG),设立于 1985 年,专家组由世界各国推荐的核能领域的权威专家组成,为 IAEA 和总干事提供核安全方面的咨询。INSAG 不定期就国际核安全方面的重要议题撰写报告,由 IAEA 发布,至 2016 年已发布了 26 份 IN-SAG 报告。

IAEA 的核安全工作可以分为安全标准的制定、国际同行评议、知识管理和能力建设、组织技术会议等。

制定并推广安全标准是 IAEA 的一项重要工作。IAEA 的安全标准在纵向上分为 3 个层次,从高到低依次是:安全基本原则(Fundamental)、安全要求(Requirement)和安全导则(Guide)。安全基本原则是纲领性文件,安全要求是确保安全必须达到的标准,而安全导则是推荐性的。IAEA 的安全标准对成员国不具有强制性,但是很多国家的安全监管当局采用了 IAEA 的安全标准,使其在国内具有法律约束力。

在同行评议方面,IAEA 组织各类国际专家同行评议,对成员国某个领域进行专家评估并给出建设性的意见。评议意见并不具有强制性,但有很大的影响力。目前 IAEA 所有同行评议都是基于成员国自愿原则进行的。在福岛核事故发生后,一些国家曾建议成员国必须定期接受综合监管审评服务。

在知识管理和能力建设上,IAEA 作为国际核领域唯一的政府间组织,通过多年的积累,拥有大量的各式数据库、专题报告、培训材料和会议记录等等,形成了一个巨大的知识库。

在组织技术会议方面,IAEA 是讨论各类技术问题的平台,与全球各个领域的高水平专家保持着密切联系。组织的重要技术会议在全球范围具有很大的影响力,比如福岛核事故发生后,IAEA 在核安全行动计划框架内组织召开的讨论事故经验教训系列专家会,已经成为最具影响力的福岛核事故研讨平台。

IAEA 成立以来,在国际原子能法框架下,在安全保障机制的建立和核能和平利用领域做了大量的工作,先后主持并制定了《核安全公约》等 11 项与辐射安全、放射性废物管理和核损害责任制度等核安全有关的国际条约;在此基础上,组织制定了大量核安全导则和标准,并积极向国际推广;同时 IAEA 在促进国际核安全监管和核能和平利用等方面的科学与技术合作也发挥着出色的协调作用。

1983 年 9 月,中国政府正式提出申请加入 IAEA,于 1984 年 1 月 1 日起正式成为 IAEA 成员国。加入 IAEA 使得中国有更多的机会了解世界核工业的发展动向,并开展与国际核技术先进国家的合作与交流,同时也为 IAEA 和世界各国了解中国核工业的发展提供便利。作为成员国,中国也有更多的机会参与国际原子能法律的起草和修订,以此为契机,能够代表国家与其他发展中国家利益发声,并为促进核能和平利用与保障机制的平衡发展,协调各方立场,发挥大国在世界和平与发展中的作用。

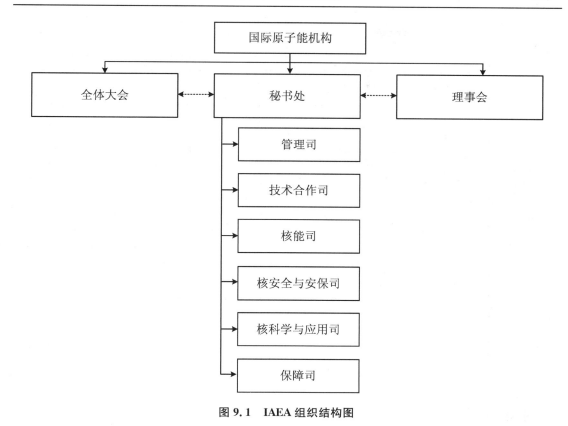

图 9.1　IAEA 组织结构图

9.1.2　经济合作与发展组织核能署

OECD-NEA,前身是 1958 年成立的欧洲核能机构(ENEA)。因 1972 年非欧盟成员国日本的加入,更名为核能署,这标志着核能署成为促进核能合作与发展的国际性组织,其总部设在巴黎。核能署的主要职能是通过成员国的国际合作,并利用合作研究、制定发展规划以及交换科学与技术经验情报等方式,促进 OECD 范围内的核能和平利用。

核能署下设 7 个专业委员会(图 9.2),分别为核设施安全委员会、核监管活动委员会、放射性废物管理委员会、辐射防护与公众健康委员会、核科学委员会、核能发展与核燃料循环技术经济研究委员会和核法律委员会。

核设施安全委员会的职能是协助各成员国更好地评估核反应堆以及核燃料循环设施的安全性。委员会由各国核安全监管部门或技术研发部门的代表,或承担安全技术及科研项目的资深科学家及工程师组成。

核监管活动委员会负责指导核能署在核设施安全领域的法规、许可和监督领域开展的活动,由成员国核安全监管机构的高级代表组成,具体任务包括监管机构信息和经验交流、评估可能影响核安全监管的最新进展以及评估当前实践和运行经验等。

中国目前还不是核能署的成员国,目前的合作主要参与核设施安全委员会、核监管活动委员会以及多国评价计划项目(MDEP)框架下的活动。

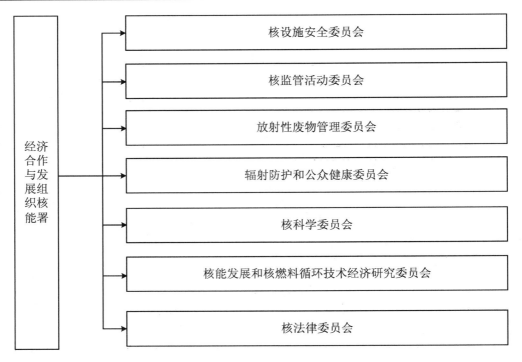

图 9.2　OECD-NEA 组织结构图

9.1.3　国际公约

三哩岛与切尔诺贝利核事故使得核安全问题得到了全世界范围内的高度重视。在 IAEA 的推进下,以成员国的核安全和核材料实物保护实践经验为基础,编制了一系列的法规,通过成员国谈判共同拟定了相关的国际公约,并由理事会批准后推荐给成员国采用。

与核安全监管相关具有法律约束性的公约有:

《及早通报核事故公约》:于 1986 年 10 月 27 日生效,旨在进一步增强核能安全发展与利用方面的国际合作,并要求缔约国之间能尽早提供有关核事故的情报,以使核事故的后果降到最低。

《核材料实物保护公约》:于 1987 年 2 月 8 日生效,旨在对核材料(主要指核燃料)的国际运输提出了明确要求。

《核事故或紧急辐射情况下援助公约》:于 1987 年 2 月 26 日生效,旨在建立发生核事故后能够迅速提供援助的国际援助体制。

《核安全公约》:于 1996 年 10 月 24 日生效,旨在规定各缔约国有义务和责任在本国的法律框架内,采取必要的立法、监督、行政措施及其他手段,保证核安全。

《乏燃料管理安全和废物管理安全联合公约》:于 2001 年 6 月 18 日生效,其目的是在世界范围内实现和保持高安全水平的乏燃料和放射性废物管理,并确保乏燃料和放射性废物管理的全过程都有潜在危害的有效预防措施。

上述国际核安全公约的生效,是各成员国核立法工作推进的基本原则和参考标准,同时也为核技术的国际间合作提供了统一的要求与规范。

9.2 国外核安全监管

核安全法规是核安全监管的依据,核安全监管机构是核安全监管活动的执行者。目前,世界各核能拥有国都建立了本国的核安全法规体系,并拥有自己独具特色的核安全监管机构。

9.2.1 法律法规

各个国家核安全法规体系有相同之处,也各有自身特点。

从法规体系的层次上看,美国的核安全法规体系分为五个层次,既全面又细致;日本与韩国的分为四个层次,虽没有美国分得细致,但也层级清晰;俄罗斯与加拿大的分为三个层次;而法国核安全相关的法律分布在不同的法律文件中,没有系统的层次。

从核能领域的基本法角度看,美国、日本、俄罗斯和韩国都有原子能法,以原子能法为起点,逐渐细化展开,对后续相关法律法规的制定有统领的作用;加拿大虽然有原子能法,但是与其他国家原子能法不同,仅针对核能利用和发展,并非核能领域的基本法,而核安全与控制法,是其最重要的核安全法律;法国则没有一部较为全面的、统领全局的基本法,例如原子能法,会对今后相关法律的制定以及监管部门的执行带来不便。

1. 美国

美国的核安全法律法规是以《原子能法》为中心展开的,它是世界上唯一一部同时规范核能军用与民用的原子能基本法。该法以保障公众安全和国防安全为立法目的,鼓励核材料(含燃料)、核设施的开发与研究,同时也注重规范原子能工业各领域的活动,对组织管理、许可制度、信息管理、核损害责任、知识产权、司法程序、进出口制度、矿业开采与供应和军事领域等方面做出了详细规定。

美国的原子能法规体系共包括以下五个层次(见图 9.3)。

第一层次是国会制定的法律。与核安全相关的法律主要有以下 8 部,分别是《原子能法》《普莱斯—安德森法》《能源重组法》《铀矿尾矿控制法》《低放废物处理政策法》及其修改法、《放射性废物政策法》及其修正案、《能源政策法》和《核管会财政法》。其中《原子能法》是基本法,对其他法律起指导和统领作用。

第二层次是 NRC 制定的联邦法规。联邦法规的第 10 部分"能源",对原子能的和平利用原则和准则进行了有针对性的规范和确定,在核监管实践中发挥重要的指导作用,具有法律效力,如 10CFR100 反应堆选址准则和 10CFR50 生产和应用设施的执照发放等。值得关注的是,NRC 目前对 10CFR50 不断修改,使其包含风险决策条款及风险评价的属性,试图逐渐建立基于性能的(Performance-based)、"知风险的"(Risk-informed)的核安全法规体系。

第三层次是 NRC 制定的安全管理导则。导则共分为 10 部分,主要涵盖核电厂、研究堆、核材料设备等核设施的管理、环境和厂址以及职业保健等内容。制定的目的是为了保证核设施在实践过程中符合法律法规的要求,并提供指导和可行的解决办法,但安全导则不具有法律效力。

第四层次是由 NRC 组织或者委托的研究机构对领域内的某个技术问题进行详细的分析而形成的文件,该类文件属于建议性的,供核设施营运单位参考,不具有法律效力。

第五层次是美国的核电标准及规范。包括三种类型:一类是由美国国家标准,如《核电站技术规格书准则》(ANSI/ANS.58.4);一类是美国工业界行业协会或学会编制的标准,如美国机械工程师、电气与电子工程师学会、材料和试验学会和混凝土学会等编制的核电标准;第三类是其他领域的核电标准。

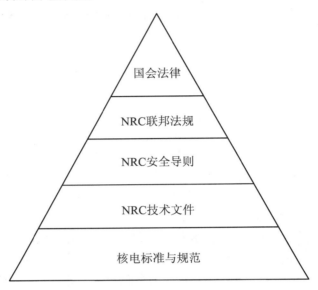

图 9.3 美国核安全法规体系层次图

2. 法国

法国没有类似具有美国原子能法职能的基本法律。其核能利用及管理活动的立法是一个分布在众多领域的复杂而庞大的法律体系,即众多法律与法规分散在不同领域的法规文件中。

核安全规则的法规分为强制性和非强制性两类:强制性法规包括国会通过的法案、法令和部委命令以及法国核安全监管当局(ASN)的监管决定,非强制性法规主要包括 ASN 的基本安全要求和导则。

核能相关法律主要包括《核民事责任法》《核材料保护与控制法》《核废物管理研究法》《信息透明与核电安全法》和《放射性材料和废物可持续管理规划法》等。

3. 日本

日本的核安全法律法规体系分为以下四个层次(图 9.4):

第一层次:日本《原子能基本法》,它是日本原子能法律体系的起点与核心,对核设施与活动的各个领域进行了规范,构成了严密的法律体系,从而使基本法的原则性上升,充分发挥了对整个法律体系的统领与协调作用。

第二层次:政府进行安全监管和规定运营者义务的法律法规,主要有:

《核原材料、核燃料材料和核设施监管法》,该法规定了全面的许可机制,由经济产业部在征询原子能委员会和核安全委员会意见后,对核原材料的富集、核燃料的制造与使用、核设施的建造运行与退役,放射性废物处置和其他核材料的国际控制进行许可管理;由基础设施运输部对核动力船舶的运行实施许可管理。政府部门还对核设施的建造、运行与退役实施监督和检查。

《辐射防护法》，主要对放射性同位素和产生电离辐射的装置的使用、销售、出租和处置等进行规范。任何计划使用放射性同位素和产生电离辐射装置的个人和单位都应当得到文教科技部的许可，文教科技部可以在许可中附加安全要求，对不符合法律相关规定的申请，有权暂停或撤销许可；对含有放射性同位素的密封源，对于所含质量在规定以下的，可以免除许可。

《原子能损害赔偿法》，确定了运营商的唯一责任与无限责任，但免除核电运营商因异常天灾、社会动乱等不可抗力造成核事故的赔偿责任。

《高放废物处置法》，规定了日本对高放废物的处理政策和最终处置计划的制订与实施、选址的条件和程序、承担实施责任的实体以及处置活动的资金机制。2000 年该法授权经济产业部批准成立私营性质的放射性废物管理组织，自筹资金对高放废物进行最终处置。

第三层次：原子能监管部门制定的用于安全审查的指导类文件，类似于我国的部门规章。例如《轻水核动力堆设施安全审查方针》《关于商用动力反应堆建造与运行的规则》。

第四层次：民间导则，例如《日本电力协会导则和规程》等。

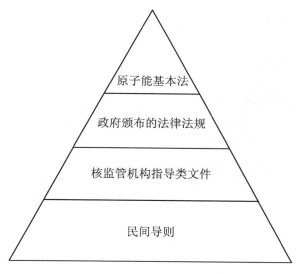

图 9.4 日本核安全法规体系

4. 俄罗斯

俄罗斯的核安全法律法规体系分为以下三个层次：

第一层次由俄罗斯联邦宪法、联邦法律以及由总统颁布实施的政府法律法规和技术法规组成。其中《俄罗斯联邦原子能利用法》是俄罗斯原子能利用方面的基本法，以促进原子能科学与技术的发展、保护公众和环境安全为立法目的。政府以总统命令或者联邦政府命令形式对核能利用进行细则规定，其中总统命令主要包括《核材料、核装置与核技术的出口控制法令》《核电公用事业规定》和《核能企业私有化以及市场经济下的管理》等；政府命令主要包括《出口核能装置、材料和技术的文件规定》《保护核装置附近居民安全的措施》和《俄罗斯联邦核能企业重组法令》等。

第二层次由俄罗斯核安全监管当局颁布、实施的原子能利用领域的联邦标准和条例、行政管理条例、指导文件及安全指南等特殊的技术法规组成。俄罗斯联邦原子能与辐射安全监管机构颁布的法律文件,被汇编为《主要科学技术文件》,是其在核能安全监管中使用的重要法律依据,内容包括核设施的选址、设计、建造运行和退役问题,核材料的控制,放射性物质的管理等各个方面,其法律地位相当于各个国家监管机构发布的安全导则。

第三层次主要是由非强制性的国家标准及企业标准等组成。

5. 加拿大

加拿大核安全相关法律包含三个层次:

第一层次:由议会制定并发布的法律,其中最重要的是《加拿大核安全与控制法》,其他法律主要有:

《核损害赔偿法》,建立了第三方损害赔偿责任,为核事故的受害人提供了一个界限清楚的赔偿体系。该法要求核设施运营商承担唯一责任,但对战争等不可抗力造成的核事故不承担赔偿责任,允许加拿大与其他提供赔偿机制的国家达成互惠协议。

《原子能法》,与一般意义上的原子能基本法不同,其立法目的仅限于对核能利用发展的促进,主要为加拿大原子能利用有限公司(AECL)的创建提供法律支持。

《放射性废物法》,该法建立了放射性废物处理体系,要求产生核废物的核设施运营商建立废物管理,研究长期经营管理核燃料废料的方法,经加拿大政府核准后对放射性废物进行处理或处置;该法还确立了放射性废物信托基金制度,要求运营商和 AECL 合作建立信托基金,为放射性废物处理的研发与实施提供资金支持。

《环境影响评价法》,该法是其他法律中与核能领域最为密切相关的联邦法律。该法规定环境部代表联邦政府部门对国有和私有企业进行环境影响评价。

第二层次是管理类文件,包括总督批准发布的条例、政府部门批准的许可证、许可证文件、核安全委员会(CNSC)发布的监管文件。这一层级的法律文件有对《核安全与控制法》说明支撑的法律文件,例如《核安全与控制综合条例》。

第三层次是指导类文件,是为执照持有者提供如何满足核安全委员会法规所设定的指导性文件,内容包括评价技术、相关数据等。指导性文件不具备强制性,可供实际监管工作中参考使用。

6. 韩国

韩国核安全相关法律包含 4 个层次:

第一层次,《原子能法》。作为韩国核能安全领域的基本法,对其他原子能相关法律起到统帅和引领的作用,授权原子能委员会(AEC)和核安全委员会(NSC)为原子能利用促进和核安全监管的主管部门,为核能利用活动管理和监督提供了基本的制度框架。

第二层次,是由总统授权并发布的对《原子能法》进行的详细规定,包括实施步骤和方法及其他必要规定,主要包括《防护与辐射紧急情况法》《核责任法》《核损害赔偿法》《核损害赔偿法修正案》和《环境政策框架协议》等。

第三层次,科学与技术部颁布的原子能法实施条例,包括原子能法实施条例、反应堆技术标准实施条例和放射性废物管理技术标准实施条例,主要规定程序细节、文件格式和技术标准。

第四层次,科学和技术部依据原子能法、实施法令、实施条例发布的文件,包括核安全监管要求、技术标准和安全导则。

9.2.2　监管机构

国外的核安全监管机构有着多年的监管经验,大多由政府或者国家首脑直接领导,具有很强的独立性,而独立性恰恰是核安全监管机构发展中的重要方向。如美国和日本等,为了加强监管的独立性,都经历了监管机构的不断拆分与重组过程,从具有监管与促进发展的双重职能的机构,拆分为监管与促进两类独立机构;法国为了加强监管机构的独立性,出台了核安保与透明法案,成立了更加独立的监管机构;俄罗斯监管机构由俄罗斯联邦政府直接管辖,不受其他部门领导;加拿大的核监管机构,除具有监管职责外,还被赋予了司法权,独立性进一步得到了增强;韩国为了加强监管机构的独立性,将技术科学部下属的监管机构改组为总统直接领导。

1. 美国

起初,美国的核安全监管机构为 1946 年成立的美国原子能委员会(AEC),其职责是促进核能在科学及科技上的和平利用。1954 年美国国会通过了原子能法案修正案,赋予了AEC 具有核能利用管制的职权,即核安全监管的权力。由此可见,AEC 既要实施严格管制、保护公众与环境安全,又要提供激励条件,促进核能产业的发展。这种相互冲突的价值目标,使得 AEC 兼具"裁判员"和"运动员"的双重身份。

AEC 在核安全监管过程中,为了不阻碍核工业的发展,并没有对核设施的管理进行过多的干预与限制,这种监管方式在美国引起了很大的争议。20 世纪 60 年代,在监管辐射标准、反应堆安全、电厂选址以及环境保护等方面,AEC 受到了越来越多监管不严格的指责。因此,1974 年国会通过《能源重组法》,将 AEC 的业务进行了重组,核安全监管业务交由NRC 行使;促进核能利用的业务交由能源研究与发展局(DOE)管辖。

NRC 是美国政府的一个独立机构。独立行使对全美民用核设施和核材料(含燃料)的核安全监管活动,具有政、监分开的特点,其目的是能更好地对工作人员、公众的健康与环境进行保护,并确保国家安全。主要监管范围包括商用核电厂、研究堆、试验堆、核燃料循环设施、医疗学与工业用放射性同位和放射性废物的处理处置及运输等。

NRC 设有 2 个非常设机构、1 个常设机构。2 个非常设机构分别为核安全咨询委员会和核废物咨询委员会。核安全咨询委员会的职责是对核电厂及有关核设施活动进行审评、监督以及就重要核安全问题和相关研究项目提出咨询意见。核废物咨询委员会的职责是对核废物贮存、处置设施及有关安全问题提出咨询意见。常设机构是核安全与执照审议团,主要负责 NRC 在核安全以及核废物安全监督管理活动中的各种关于听证的活动。

2. 法国

2002 年法国政府为加强核安全监管机构的权威和监管力度,决定将原工业部核设施安全局和原卫生部辐射防护部门进行合并,成立核安全与辐射防护总局(DGSNR)。DGSNR主要职责包括制定并实施除军事领域以外的核领域安全相关的政策和措施,并具有代表国家行使核与辐射防护安全监督的权力。DGSNR 由直属单位、地区监督站和技术后援单位组成。技术后援单位包括辐射防护与核安全研究院(IRSN)、常设专家组等机构。

2006 年,为了进一步加强核安全监管,依据核安保与透明法案(简称"TSN 法案"),成立了独立的国家核安全监管机构——法国核安全局(ASN),该局直接对法国议会负责。ASN

独立负责法国境内民用核设施和活动的监管。ASN 下设 11 个地区监督机构和 8 个管理部门。11 个地区监督机构分布在巴黎、里昂、马赛等城市，8 个管理部门分别为核电厂部、核承压设备部、运输与源项部、废料与燃料循环设施部、电离辐射与健康部、环境与应急部、国际关系部和公众交流与沟通部。

3. 日本

福岛核事故之前，日本核监管活动分别由原子能安全委员会和核安全委员会和原子能安全保安院三个部门负责。

原子能安全委员会隶属于内阁办公室，负责核能的研究、开发以及利用相关的工作，但不涉及确保核安全的事宜。

核安全委员会隶属于内阁办公室，负责核能的研究、开发以及利用相关工作中的核安全事宜，下设反应堆安全专业审查会和核燃料安全专业审查会。

原子能安全保安院隶属于经济产业省，负责核电执照、核能发电审查、核事故预防等工作。值得关注的是，经济产业省的职责还包括能源的供给和推进核能的发展，因此经济产业省下的原子能安保院，表面上行使对核设施安全的独立监管，但是它难以摆脱经济产业省的束缚，在安全与发展之间难以选择。

在福岛核事故经验教训后，日本政府为了理顺机制，明确责任，于 2012 年对核监管机构进行了改组，将原来的三个监管部门合并为一个，成立核监管机构（NRA），挂靠在环境省，只负责核安全的监管，不再具有促进核能发展的责任，对核电安全进行独立监管。NRA 由秘书处、核监管部、辐射防护部、地方组织和合作机构组成。其中核监管部设有核监管政策计划司和监管司，辐射防护部设有应急响应与安保司、辐射监测司、辐射防护与保障司。地方组织为一些地方办公室，合作机构主要为日本原子能研究院（JAEA）和国家放射科学研究所（NIRS）。

4. 俄罗斯

俄罗斯的核安全监管由联邦环境、工业和核安全监管局（简称俄罗斯监察局，Rostekhnadzor）负责，成立于 2004 年，隶属于俄罗斯联邦政府。俄罗斯监察局受联邦政府委托制定并执行国家政策和发展规划，制定核与辐射安全监管领域的法令法规（民用核能的利用方面），对核能利用实施全面的核安全监管。

俄罗斯监察局由总部、地区核与辐射安全监督管理部门和技术支持单位及培训中心组成。总部设有 7 个职能部门、2 个核安全监管部门、6 个工业和能源监管部门。地区核与辐射安全监督管理部门包括 6 个地方监督管理局。与此同时，31 家地方工业安全监督局也参与地区核与辐射安全监管工作。俄罗斯在核安全监管领域有 2 个技术支持单位以及 1 个分析实验室。

5. 加拿大

加拿大的核安全监管由 CNSC 负责，成立于 2000 年。CNSC 代表政府管理加拿大核能的开发、生产和应用，并负责对核工业安全的立法和管理，保证加拿大在核能和平利用方面遵守国际承诺和承担国际义务。CNSC 职责主要包括监管加拿大的核或核材料有关活动，负责履行双边或者多边核合作协议和公约的规定国际义务。CNSC 具有管理监督权、准司法权和准立法权，下设 6 个部门，包括法律服务、运行监管部、技术支持部、监管服务部和协作服务部。

核安全委员会对核能利用与安全事务具有管理和监督权,包括核能的发展、生产和使用;放射性物质的持有和使用;核装置与核信息的管理与控制;避免对国防安全产生不合理的风险;向公众传达客观、科学、技术和监管方面的信息以及关于委员会的活动和效果的信息和履行国际承诺等职能。

核安全委员会还具有司法权,可以传唤、询问证人、检查产品、查阅记录。在必要时实施强制执行;核安全委员会享有准立法权,委员会的任何决定或命令可被视为联邦法院或各省高级法院的规则、命令或判决,并与之享有同等效力,并对联邦法院和省高级法院具有约束力。

6. 韩国

韩国的核安全监管由教育科学技术部下属的原子能局和国家核安全委员会(NSC)负责。原子能局,成立于 1959 年,主管核安全监管工作,下辖辐射安全处、核安全应急处和核安全处。为了加强国家对核安全事务的决策与处置能力,韩国于 1997 年成立了国家核安全委员会,重点负责重大核安全政策和事务的国家决策,委员会下设核安全特别委员会和特别调查委员会。

2011 年,韩国政府为加强核安全监管的执行力度,再次整合核安全委员会和原子能局的业务,成立了核安全与安保委员会(NSSC)。该机构直接向总统负责,业务涉及核安全监管、核安保与核不扩散。NSSC 下设核监管局与辐射应急局,核监管局由核安全政策司、核安全司和许可证检查司组成,辐射应急局由辐射安全司、环境辐射安全司、核应急司、核保障与出口管控司组成。

9.3　中国核安全监管

我国政府从核工业发展之始,就十分重视核安全的监管,明确制定了"安全第一"的发展方针,保证工作人员、公众和环境安全免受放射性伤害。经过不断地完善和探索,形成了符合我国国情的核安全法规、机构及许可证制度监管体系。

9.3.1　法律体系

我国核安全法律体系划分为五个层次(图 9.5)。

第一层次,是由全国人民代表大会和全国人民代表大会常务委员会制定的法律。其中,《宪法》第二十六条规定:"国家保护和改善生活环境和生态环境,防治污染和其他公害",为制定核安全法律法规、保护公民健康和生命和环境免受核能利用过程中产生的电离辐射的损害奠定了宪法基础。《放射性污染防治法》旨在核能开发、核技术应用以及伴生矿物资源开发利用中造成的环境污染的防治。即将出台的《核安全法》也属于第一层次。

第二层次,是由国务院发布的国务院条例。如 1986 年颁布的《中华人民共和国民用核设施安全监督管理条例》、1987 颁布的《中华人民共和国核材料管制条例》、1993 颁布的《核电厂核事故应急管理条例》以及 2000 年以后陆续颁布的《放射性同位素与射线装置安全和防护条例》《放射性物品安全运输管理条例》和《放射性废物安全管理条例》等。

第三层次，是由国务院下属各部门制定的规章，包括国务院条例的实施细则和核安全技术要求的行政管理规定。

第四层次，是核安全领域的指导性文件，即核安全导则。核安全导则描述了执行核安全部门规章采取的方法和程序，但不是强制执行的文件。通常，在各个核安全导则中都会说明可以采用与本导则推荐的不同的其他事宜的方法，但必须向国家核安全局证明所采用的方法与核安全本导则具有相等的安全水平。

第五层次，是核安全领域的参考性文件，主要是指采用的国家标准、行业标准以及国际标准等核安全相关技术文件。

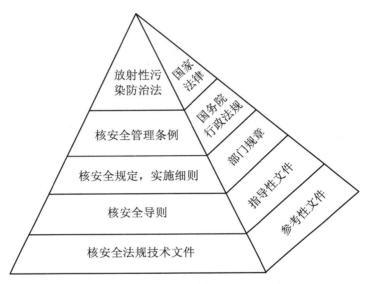

图 9.5 中国核安全法律体系层次图

9.3.2 监管机构

我国核安全监督与管理相关的部门主要包括国家核安全局、国防科技工业局和国家能源局，但各部门的工作与分工各有所侧重。国家核安全局是核安全监督管理部门，国防科技工业局为核材料（燃料）主管部门，国家能源局为核电项目的管理部门。

1. 国家核安全局

国家核安全局隶属于环境保护部，代表国家对全国核电厂行使核安全监督职能。

国家核安全局的基本职责包括：

（1）组织起草、制定有关核设施安全的规章和审查有关核安全的技术标准；

（2）组织审查、评定核设施的安全性能及核电厂营运单位保障安全的能力，负责颁发或吊销核安全许可证件；

（3）负责实施核安全监督；

（4）负责核安全事故的调查和处理；

（5）协同有关部门指导和监督核设施应急计划的制订和实施；

（6）组织开展对核设施安全与管理的科学研究、宣传教育及国际合作；

（7）负责民用核材料的安全监督；

（8）负责民用核承压设备的监督管理；

（9）会同有关部门调解和裁决涉及核安全的纠纷。

国家核安全局总部设在北京，下设 3 个监管司和 6 个核电监督站(图 9.6)，具体职责分别简要介绍如下。

核设施安全监管司负责组织核与辐射安全政策、规划、法律、行政法规、部门规章、制度、标准和规范的制定；负责辐射环境监测和地方环保部门辐射环境管理督察；组织核与辐射事故应急准备和响应，并参与核与辐射相关的恐怖事件的防范和处置工作；负责核与辐射安全从业人员资质管理和相关培训；负责核燃料的管制和核安全设备设计、制造与安装以及无损检验活动的行政许可和监督；组织协调全国核与辐射安全监管业务考核；归口联系核与辐射安全中心、地区核与辐射监督站机构的内部建设和相关业务工作；负责三个核与辐射安全监管司有关工作的综合协调。

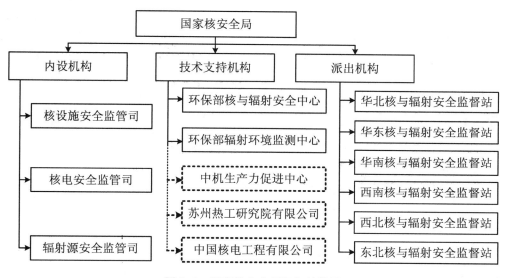

图 9.6　国家核安全局组织结构图

核安全监管司负责电厂、研究型反应堆、临界装置等核设施的核与辐射安全、辐射环境保护的行政许可和监督检查以及相关核设施事件与事故的调查处理等。

辐射安全监管司负责核燃料循环设施、放射性废物处理和处置设施、核设施退役项目、核技术利用项目、铀(钍)矿和伴生放射性矿、电磁辐射装置和设施、放射性物质运输的核安全、辐射安全和辐射环境保护的行政许可和监督检查；负责放射性污染治理的监督管理。负责相关核设施和辐射源事件与事故的调查处理。

全国共设置了 6 个地区监督站，是国家核安全局的派出机构，负责所属辖区的核设施的安全监督。其主要职责包括负责日常核安全检查，组织由站实施的或参加由局实施的例行核安全检查和非例行检查；检查与督促营运单位执行核活动报告制度；评价或参加评价不符合项等核安全相关事件及核设施的安全状况；处理违反核安全管理要求以及许可证规定的事项，其中重大事项应及时向国家核安全局报告等。

此外还有 5 个技术支持单位，包括环保部下属的辐射环境监测中心、环保部核与辐射安全中心以及国内核电集团下属的中机生产力促进中心、苏州热工研究院有限公司和中国核电工程有限公司,其职能是负责技术审评工作,也参与国家核安全局组织的监督检查工作。

2. 国防科工局

国防科工局隶属于工业和信息化部,负责核材料(燃料)许可证的颁发,承担国家核事故应急协调委员会的日常工作等。

国防科工局的局属单位包括 12 个中心:信息中心、新闻宣传中心、老干部活动中心、探月与航天工程中心、核技术支持中心、西南核设施安全中心、军工项目审核中心、军工保密资格审查认证中心、协作配套中心、重大专项工程中心、核应急响应技术支持中心、国家核安保技术中心。其中与核安全有关的为西南核设施安全中心、核应急响应技术支持中心、国家核安保技术中心。

西南核设施安全中心成立于 2008 年。主要职责为组织开展核安全例行专项监督检查,参与日常监督检查,参与事件(故)调查,协助开展核安全审评及退役治理,为局机关提供核安全技术支持。

核应急响应技术支持中心成立于 2010 年。主要负责为国家核应急响应提供技术支持。负责核应急技术标准规范拟定与组织实施、国家核应急响应中心的建设与运行、国家核应急决策支持系统的建设与运行、核应急技术审评与检查、核应急对外技术合作与交流、相关业务咨询与培训等。

国家核安保技术中心成立于 2011 年。主要职责是为国家的核安保、核燃料管制、核进出口管理提供技术支持,并组织开展政府间的相关交流与合作,以及承担中美核安保示范中心的建设和运行。

3. 国家能源局

国家能源局隶属于国家发展改革委员会,负责核电管理,拟定核电发展规划、准入条件、技术标准并组织实施,提出核电布局和重大项目审核意见,组织协调和指导核电科研工作,组织核电厂的核事故应急管理工作等。

国家能源局设 13 个内设机构,包括综合司、法制和体制改革司、发展规划司、能源节约和科技装备司、电力司、核电司、煤炭司、石油天然气司(国家石油储备办公室)、新能源和可再生能源司、市场监管司、电力安全监管司、国际合作司和人事司。其中核电司负责拟订与组织实施核电发展规划、计划和政策等。此外,核电厂的核事故应急管理工作也由核电司负责组织。

9.3.3 许可证制度

我国对核设施的核安全监管实行核安全许可证审评制度。以核电厂运营为例,核电厂在选址、建造、调试、运行和退役等阶段均需取得国家颁发的相应阶段的许可证后,方可进行相应实施活动。

根据我国核安全法规的要求,我国对核电厂许可证管理实行"两步法"管理,即"建造许可证"和"运行许可证"两个阶段。对于核动力厂及研究堆、核燃料循环设施和放射性废物处理处置设施、放射性固体废物贮存及处置、一类放射性物品运输容器的制造,在申请许可证时需要提交不同的文件。

1. 核动力厂及研究堆

对于核动力厂和研究堆,虽然二者核安全许可证的申请流程和要求提交的文件是完全相同的,但对于研究堆许可证申请需提交的文件深度有所降低。许可证申请的流程主要分为选址、建造、装料和运行等阶段,对应各阶段需要分别获得厂址选择审查意见书、建造许可证、首次装料批准书和运行许可证,需要提交的文件如下:

申请厂址选择审查意见书时需要提交:厂址选择意见书申请书和厂址安全分析报告。

申请建造许可证时需要提交:建造许可证申请书、初步安全分析报告和设计与建造阶段的质量保证大纲。

申请首次装料批准书时需要提交:首次装料申请书、最终安全分析报告、调试大纲、操纵人员合格证明、营运单位应急计划、建造进展报告、在役检查大纲、役前检查结果、装料前调试报告、拥有核材料许可证的证明、运行规程清单(运行、实验和应用规程清单)、维修大纲和调试阶段的质量保证大纲。

申请运行许可证时需要提交:运行许可证申请书、最终安全分析报告(修订版)、装料后调试报告和试运行报告和运行阶段的质量保证大纲。

申请流程图见图 9.7,详细描述如下:

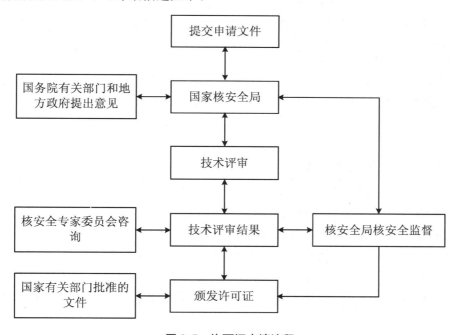

图 9.7　许可证申请流程

申请人向环境保护部(国家核安全局)提交民用核设施许可证申请文件及其执照申请文件。国家核安全局首先进行形式审查,形式审查后如需技术审评,国家核安全局将组织技术支持单位进行技术审评并提出审评问题,申请人对审评问题应及时做出回答、解释或对资料作相应的必要补充或修改。如果对审评提出的技术问题得到落实和基本解决后,技术支持单位编制技术评价报告,上报国家核安全局。必要时国家核安全局向国务院有关部门及核设施所在地省级人民政府征询意见后,组织核安全与环境专家委员会进行审议,形成咨询意见。对符合条件的建设项目,国家核安全局做出批准决定,书面通知申请人,并抄送有关部门;对不符合条件的建设项目,国家核安全局做出不予批准的决定,并书面通知申请人。

2. 核燃料循环设施和放射性废物处理处置设施

依据《中华人民共和国放射性污染防治法》《中华人民共和国民用核设施安全监督管理条例》对于核燃料循环设施和放射性废物处理处置设施核安全许可证件的申请和办理,在选址、建造、装料和运行等阶段分别需要厂址选择审查意见书、建造许可、首次装料(投料)批准和运行许可证。

在申请厂址选择审查意见书时,除了要提交厂址选择意见书申请书和厂址安全分析报告外,还要提交环境影响报告(选址阶段)批准书和项目前期准备工作核准(批准)文件。其他阶段提交的材料同核电厂及研究堆申请许可证时需要提交的文件相同。

3. 放射性固体废物贮存、处置

依据《中华人民共和国放射性污染防治法》第四十六条、《放射性废物安全管理条例》第十二和二十三条以及《放射性固体废物贮存和处置许可管理办法》,对于放射性固体废物贮存、处置许可证的申请,需要提交申请文件公函、放射性固体废物贮存许可证申请表或放射性固体废物处置许可证申请表和其他证明材料。

对于新办情况,申请放射性固体废物贮存许可证的单位,应当向国家核安全局提出书面申请,并填写放射性固体废物贮存许可证申请表,并提交申请表中所列材料。申请领取放射性固体废物处置许可证的单位,应当向国家核安全局提出书面申请,填写放射性固体废物处置许可证申请表,并提交申请表中所列的材料。

当许可证有效期满时,从事放射性固体废物贮存或者处置活动的单位,如果需要继续从事此类活动的,应当于许可证有效期满九十日前,向国家核安全局提出延续申请,并提交下列材料:许可证延续申请文件、许可证有效期内的贮存或者处置活动总结报告和辐射监测报告。

4. 放射性物品运输容器的制造

依据《中华人民共和国放射性污染防治法》和《中华人民共和国放射性物品运输安全管理条例》的规定,对于二类放射性物品运输容器的制造,只需要向国家核安全局备案,不需要申请许可证。但对于一类放射性物品运输容器制造,需要进行许可证的审批流程,需提交的材料主要包括质量保证大纲、质量保证大纲程序目录清单以及物项采购和分包控制、设计修改与变更控制、工艺试验与评定控制、特种工艺人员管理、产品试验控制程序和不符合项控制等程序。此外,还需提交申请单位的基本情况及主要工作业绩、制造能力的有关说明和检验与试验能力等说明材料。

9.4 核安全监管有效性

世界上主要核技术发达国家,通过立法为核安全监管提供法理依据,并根据本国国情设置相应的监管机构执行核安全监管活动。但核安全监管,不一定都是有效的核安全监管,这就提出了一个"核安全监管有效性"的问题,针对这一问题,伴随着监管活动的开展,世界范围内都在不断地摸索,并不断完善法规体系和监管程序,改进监管方式,提高监管能力。本节将对这一问题进行讨论,并希望引起读者的重视和思考。

9.4.1 概念与意义

所谓的"核安全监管有效性"是指监管活动取得的实际成果与监管工作预期目标相比较的程度。如果监管成果完成或超出了预期目标,则认为监管是有效的;反之,则表示监管工作仍有改进和提升的空间。提出这一概念的重要意义主要体现在以下几个方面:

(1) 能够衡量对公众和环境的保护程度。监管的根本任务和基本目标在于保护公众和环境免受辐射的危害。通过采取一系列的测量技术手段,对公众与核设施周围的个人的生理、心理及生态环境变化进行分析,并采取适当的判据,判断实际监管取得的成果和预期目标的差距,进而确定监管的有效性。

(2) 能够限制或避免不安全核能利用的发展。监管始终伴随着核能利用活动的开展而实施。有效的监管可以及早发现和解决安全隐患问题,可以对存在不安全因素的活动采用技术手段或行政力量做出预判和干预,进而限制和避免不安全的发展。

(3) 能够平衡"必要监管"和"过度监管"。由于目标和立场不同,监管者和监管对象对安全的理解存在差异,对安全的要求也不相同。某些监管措施,从监管者的角度是必要的,但从被监管者的角度则认为是过度的。只有双方对"必要监管"和"过度监管"达成共识,才能有利于核能的安全发展,而又不降低监管对象对核能利用的积极性。

9.4.2 监管有效性影响因素

从 20 世纪 80 年代起,国际社会已经就"如何做到监管的有效"这一问题开展了深入的探讨和研究,并取得了一些重要的成果和实践经验,为深入分析监管有效性的影响提供了重要的参考价值。监管的有效性不仅取决于监管机构本身的内在因素,还受很多外部因素的影响。

不断审视和加强监管的有效性应当是监管机构执行核安全监管的核心任务,也是监管机构内部的主要职能之一。监管机构内部影响因素如下:

(1) 监管法规制定的有效性。监管法律和规则是监管机构的行动依据,可以保证监管机构和工作人员采用统一的规范和标准开展监管工作,避免监管的随意性。监管机构应当不断地对监管法规的有效性进行审查,并提出完善法规或监管文件的具体建议。

(2) 监管机构合理的执行规范、目标与策略。监管机构的任务和使命一般是国家赋予的,但具体的执行工作由监管机构确定,如制定规则、进行检查和安全性评估等。因此监管机构要制定可行的执行规范、行动目标与实施策略,以最大程度地提高监管的有效性。

(3) 监管机构权力要求的组织结构与协调能力。政府或立法机构虽然为监管机构的活动提供了立法基础,但是监管机构要设置符合其权利与义务的组织机构,并在实施过程中能够有效发挥各层级机构的职能。各层级间应有明确的分工及协调机制,这样能够保证监管机构内部、监管对象和公众进行更好的沟通联系。

(4) 监管工作人员的素质与能力。具体体现在以下两个方面:一是所承担职责的能力和素质,需能胜任现阶段的工作要求;二是学习能力,这是应对复杂问题与技术进步的要求。简单地说就是要用合适的人执行监管活动。

影响监管有效性的外部因素主要包括：

（1）国家的政策方向。不能期望核工业界以自律的方式加强对人和环境的保护，这种监管一定不能受核能发展的制约和挟制，这就要求从国家层面通过立法手段，划清监管机构和核能发展与规划机构的职能界限，保持核安全监管机构具有足够的独立性。

（2）核能新技术的应用与发展。近年来，快中子堆和聚变堆等先进核能的发展给核安全监管带来前所未有的挑战，由于没有长期的实践经验总结和积累，所以没有合适的监管工具或手段去验证应用新技术的监管方式和监管要求是否合理有效，只能通过理论验证和边实践边改进的方式来确认监管的有效性。

（3）持证者的成本。持证者是落实监管要求的主体，是核安全的首要责任者。为了满足监管要求，持证者必然要付出一定的成本。这部分成本的增加，会影响持证者执行监管要求、改进安全的积极性，进而影响监管的有效性，因此在政策制定的过程中要考虑持证者执行政策的成本，避免监管给核设施营运单位造成不必要的负担。

9.4.3 提高监管有效性的措施

实现监管的有效性意义重大。首先，有效的监管才能达到保护公众和环境的目标。其次，有效的监管可以及早发现和解决安全问题，可以对不安全的趋势做出预判和干预，进而限制和避免不安全的发展。再次，有效的监管才能说明组织内部具有完善的质量管理系统、足够的专业监管人员和良好的安全文化素养。

如何提高监管的有效性，是目前国际上核能和平利用的一项重要难题。当前我国核能与核技术利用事业进入了快速发展阶段，面对新形势、新任务、新要求以及核能发展的经验和教训，建议在以下几个方面进行改善：

（1）强化监管机构的独立性建设，充分依靠机制提高监管效能。强化统筹协调，落实简政放权，将监管队伍规模、能力的提升切实转化为监管效益，提高管理效率。我国已经形成了由国家核安全局对核安全进行独立统一监管的格局，但由于历史原因，在某些具体领域还存在与其他部门职能相交叉的现象，这可能会影响到监管的独立性。

（2）增强监管有效性目标的设定与评估。政府和立法者要为监管机构提供法律基础，明确其任务和使命，保障其独立性和可支配的资源，监管机构要设定适当且合理可行的政策目标和策略，监管体系的各层级应定期地对监管任务完成情况和监管有效性的实现情况进行评估，并建立有效的评价制度。

（3）平衡监管有效性和效率的关系。监管有效性是指"做正确的事"，是监管的目标；而监管效率是指"用正确的方法做事"，是衡量监管有效性的手段。前者体现在监管机构的核心行动中，后者体现在监管机构的工作成果和工作机制中。目前采用了"基于性能"和"知风险"的方法进行核安全监管，取代了传统的基于确定论的监管方法，可以更加科学地认识到安全问题，并能合理地安排监管工作的优先顺序和调配资源。这种监管方式已成为国际上改善核安全监管有效性和效率的一种发展趋势。

（4）确保法规有效性。对现行法规进行审查，以便确定是否达到了预期的效果。每项法规都会有预期的目标和效果，实施后又会产生一个实际的结果，将两者进行比较，如果实际结果达到了预期的目标和效果，则说明法规是有效的；如果两者之间有差距，则需对监管文件进行审查。

参 考 文 献

［1］　沈钢. 国际原子能机构核安全工作综述及几点工作建议［J］. 核安全, 2013, 12（A01）: 88-94.

［2］　栾海燕, 曾超, 殷德健, 等. 关于加强我国核安全监管机构与国际组织合作的建议: 经合组织核能署专篇［J］. 核安全, 2016, 15（1）: 48-54.

［3］　刘画洁. 我国核安全立法研究［D］. 上海: 复旦大学, 2013.

［4］　孙中海. 中国核安全监管体制研究［D］. 济南: 山东大学, 2013.

［5］　谢青霞, 花明. 信息公开与核安全: 以法国《核透明与安全法》（TSN）为视角［J］. 华北电力大学学报（社会科学版）, 2014（1）: 58-62.

［6］　樊赞, 张弛, 杨丽丽, 等. 法国核法律体系研究［J］. 国外核动力, 2013（1）: 45-48.

［7］　熊文彬, 朱杰, 王韶伟, 等. 俄罗斯核电安全监管体系及启示［J］. 辐射防护通讯, 2012, 32（4）: 23-28.

［8］　刘渊. 韩国核安全监管体系发展概况［J］. 中国核工业, 2014（3）: 29-31.

［9］　张弛, 宋大虎, 刘黎明, 等. 加拿大核立法研究［J］. 核安全, 2013（3）: 57-61.

［10］　李宗明. 从日本福岛核事故审视核安全的政府、法律和监管框架［J］. 核安全, 2012（2）: 1-8.

［11］　孟德, 安洪振. 日本核安全监管新政透析［J］. 中国核工业, 2013（8）: 36-39.

［12］　刘华. 中国核安全监管的发展历程［J］. 纵横, 2016（6）: 38-43.

［13］　李干杰, 周士荣. 中国核电安全性与核安全监管策略［J］. 现代电力, 2006, 23（5）: 11-15.

［14］　注册核安全工程师岗位培训丛书编委会. 核安全相关法律法规［M］. 北京: 经济管理出版社, 2013.

［15］　郁祖盛. 中国与美国核电厂许可证管理程序的比较［J］. 核安全, 2006（3）: 33-38.

［16］　法律出版法规定出版中心. 中华人民共和国法典 中华人民共和国民用核设施安全监督管理条例［M］. 北京: 法律出版社, 2003.

［17］　杨丽丽, 齐媛, 张玮, 等. 核安全监管有效性基本要素研究［J］. 辐射防护, 2016（6）: 358-363.

［18］　范育茂. 核安全监管机构内部安全文化建设初探［J］. 核安全, 2013, S1: 123-126.

［19］　郭承站. 我国核与辐射安全监管形势分析及对策探讨［J］. 环境保护, 2015（7）: 17-20.

［20］　李干杰. 科学谋划 协调推进 全面实现核与辐射安全监管现代化［J］. 环境保护, 2015（7）: 10-15.

第 10 章　风险认知与公众接受

由于核事故潜在的放射性危害，可能会对社会、经济和政治造成影响，甚至引发社会恐慌，因此风险认知与公众接受问题一直同核能发展相伴生。几十年来公众对于核能风险的认知一直影响着核能发展速度，尤其在日本福岛核事故发生后，风险意识的觉醒使得人们更为关注风险认知与公众接受相关问题的研究。我国也在《中华人民共和国核安全法（草案）》中对信息公开与公众接受进行专门篇章要求和论述。

本章回顾公众对于核能认识历程，分析风险认知影响因素，探讨公众风险沟通途径，并对未来相关研究热点问题进行梳理和展望。

10.1　谈核色变与邻避效应

10.1.1　原罪——核武器发轫

提起"核"，公众首先会想起"放射性"；而提起"放射性"，公众的第一反应就是癌症和基因变异。这一定式思维的形成其实是经历了一个过程，其中多种因素发挥了作用（并不完全是科学方面的）。1885 年伦琴发现了 X 射线，1896 年贝克勒尔发现了天然放射性，人类立即就观察到放射性可能会对身体产生影响——贝克勒尔因长时间随身携带一试管镭的化合物，胸部出现了溃疡。1899 年第一例用 X 光消除脸部肿瘤的病例见诸报道。此后几十年间，人们对放射性的认知是两面性的：一方面，由于放射性强大的能量，很多人认为服用镭可以使身体变"热"从而强身健体，含有镭的"保健品"（图 10.1）风靡全球。另一方面，人们也逐渐意识到了放射性对人体有长期影响。当时有很多往仪器表盘上刷荧光粉（含有镭）的工人因经常用舌头舔沾有荧光粉的毛刷而得了口腔肿瘤，同时也发现 X 光的大量使用也与癌症的发病呈正相关。

人类对于核能的首次应用是来自于核武器，可以说核能发轫之初即带着"原罪"，这无疑增加了公众对于核能和放射性的恐惧。1945 年投放在广岛和长崎的两颗原子弹的核爆，使得人类首次认识到了核的巨大威力（图 10.2），其造成的影响依然存在。而核武器战略威慑概念的提出很大程度上也是基于对日本核爆之后"末日"影像的极力渲染。第二次世界大战结束后，冷战格局逐渐形成，美苏阵营都大力发展核军备。出于"核威胁""核讹诈"等政治目的的需要，新闻媒体大幅报道放射性的破坏力以及核污染的长期影响，这些渲染"成功地"完成了使公众的心理从"辐射保健品"到"谈核色变"的转变。

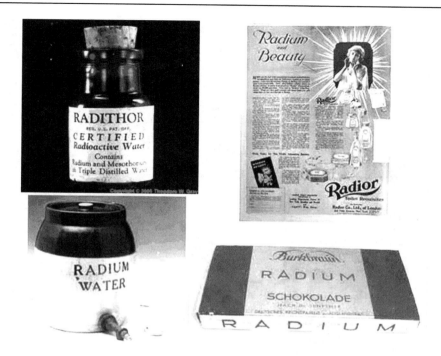

图 10.1　含镭的"保健品"

图 10.2　原子弹爆炸后的广岛

10.1.2　救赎——三次核事故

　　虽然之后核能的和平利用有了长足进展,然而核能在自我"救赎"道路上也障碍重重。

　　1979 年,美国三哩岛核电厂发生了堆芯部分熔毁事故,这是人类历史上第一次在民用领域中发生的核事故,直接损失达 10 亿美元,间接损失估计超过 20 亿美元,但由于反应堆有几道安全屏障,没有直接人员伤亡。周围大块地区只是被短寿命同位素污染,所以疏散的居民很快就返回。核电厂附近 80 千米内的 200 万人,由于事故引起放射性增高,平均每人受到照射为 0.015 mSv,这个数值仅相当于一次 X 光胸透(0.1 mSv)受到辐射的几十分之一。然而作为历史上第一次核事故,在媒体的推波助澜下,三哩岛核事故造成极大震动,加深了民众对核能的恐慌,在世界范围内形成了第一次反核高潮,可以说是核电产业的一次灾难。其中最具说明力的是当时的总统卡特视察事故现场的一张照片(图10.3)。

图10.3　时任美国总统卡特视察三哩岛事故现场

本是一次非常好的危机公关,可以向公众传递"此次事故不会造成危害"的信息,但卡特脚上的鞋套却给公众带来了"连总统也担心核污染"的印象。一张照片胜过千言万语,虽然说事故本身没有造成很大影响,但社会心理彻底倒向了与核极端对立的立场。迫于压力,美国NRC紧急叫停核电产业的发展,在此后的30年里美国没有再建一座新的核电厂。拥有7座核电厂,提供全国发电总量50%的瑞典,在1980年对放弃核电举行了一次全国公投,计划关闭所有核电厂。

1986年,苏联乌克兰的切尔诺核电站第四号机组发生了爆炸,切尔诺贝利核事故是一次真正意义上的灾难,大量的放射性物质由大气传播,扩散到整个欧洲。至今切尔诺贝利核事故不仅是普里皮亚季小镇(距离切尔诺核电站3公里)挥之不去的梦魇(图10.4),也对苏联和欧洲国家、美国及其他西方国家核能发展产生重要影响。苏联在事故发生时核电装机容量在全球排名第三,拥有42座反应堆,约31 000 MW。然而其核能在能源中所占比重并不高,仅有10.6%,全球排名第19位。尽管发展核能的信心和热情受到切尔诺贝利核事故的影响,但是苏联仍然在能源政策上保持着较强惯性,比如在1986~1990年的五年计划中,仍然提到核电在能源中占比将翻倍,达到20%。而且切尔诺贝利核电厂的1/2/3号机组在事故后继续运行了许多年。这在很大程度上是由于苏联能源分布的不均衡所致,其主要工业区分布在西部,而有机燃料能源主要分布在东部。由于放射性尘埃逐渐飘散至欧洲,欧洲各国也分别重新审视核能与核安全,不少发达国家核电发展计划急剧压缩,有的国家中止了核电机组的新建造计划。荷兰议会通过一项决议暂停关于两座反应堆的选址决定直到切尔诺贝利核事故详细分析报告完成;南斯拉夫民主投票决定重新评价Prevlaka核电厂计划;瑞典再次声明未来中止核能发展的规划;奥地利决定禁止核能发展;西德成立了新的监管部门加强对于核安全的监管;芬兰推迟核电的订购计划;意大利于1990年开始拆除第四座核电厂,从此进入"无核"国家行列;瑞士也出现了反对核能的请愿活动等。对于美国及其他西方国家而言,事故所释放的放射性并未给本国带来较大影响,但是公众对核电的质疑和担忧仍然难以消除。美国政府虽数次希望重新振兴核能,但由于难以与当地公众达成一致意见,直接导致了一些计划项目的失败。日本芦滨核电计划一直被搁置的理由是"这个计划没有得到当地居民的同意和支持,因此难以执行"。

图 10.4　寂静的普里皮亚季"鬼城"

切尔诺贝利核事故是核能和平利用历史上最严重的一次核事故,这次事故的影响是极大的,但核事故的直接死亡人数为 30 人,远远没有像一些报道所说的那样有几十万人死亡,大量的畸形胎儿和变异生物出现。这些说法或者没有科学证据,或者没有经过科学的方法处理分析,只是充当了反核运动的"催化剂"。然而正是因为公众心理对核的极端负面的认知,造成了这些夸大的、甚至没有科学依据的说法广泛流传。

2011 年 3 月 11 日,日本发生里氏 9.0 级大地震随即引发海啸,导致福岛核电发生了严重的核事故。核事故、核泄漏、核辐射和核危机等成为全世界新闻媒体的关键词,世界人民对福岛核事故表现出极大关注和担忧,引发了世界范围内的社会恐慌,中国、日本、美国和法国等国家出现了抢购碘盐和碘片的现象。福岛核事故给世界核电的发展带来了最严重的打击。日本、德国等国家民众发起了反核游行,各国开始重新审视本国的核电发展战略。作为事故发生国,日本政府当即决定重新审视本国的能源政策,减少对核电的依赖,并且逐步关停全国 50 座反应堆。近几年,日本政府在争议中重启了部分符合新安全标准反应堆,但是由于反应堆周围居民和地方政府的反对,许多反应堆重启被迫中断或者搁置。可见,日本重启反应堆之路漫漫长远。以德国为代表的国家对本国的核电政策做出重大调整,部分国家决定放弃使用核电;另一部分考虑首次引入核电或者恢复搁置核电计划的国家,则宣布取消或者延期。德国核电发电量约占全国总电力 23%,决定停止发展核电,并宣布在 2022 年前关闭国内所有核电厂;瑞士表示将逐步关闭现有的 5 座核电厂,不再重建或更新核电厂,能源供应逐步转变为依赖可再生能源;意大利通过公投彻底否定了核电计划,成为继德国和瑞士后又一个宣布弃核的国家。但是以法国、美国、英国和印度为代表大部分国家仍主张继续发展核能,并计划维持或大幅增加核电占比。福岛核事故后,美国各界广泛关注本国核电安全问题,舆论呼吁美国暂时放缓核电发展步伐,但是美国把核能作为清洁能源发展的定位没有变,仍将致力于发展核能。法国是核电发电占比全球最高的国家,约为 80% 左右,法国正式颁布的能源法已经确定将核能作为该国电力的主要来源。

福岛核事故对我国核电发展的影响是巨大的。我国与日本位置临近,加之信息传播速度快,我国公民也陷入"核恐慌"。为此,中国暂缓"十三五"规划关于积极发展核能源的计划,国务院当即颁布四项决定:立即组织对我国核设施进行全面安全检查;切实加强正在运行核电设施的安全管理;全面审查在建核电厂;严格审批新上核电项目。随后,国内所有核电项目全部暂停审批,直到 2012 年《核电安全规划(2011~2020 年)》和《核电中长期发展规划(2011~2020 年)》出台,我国才重启审批核电项目,部分核电重新开工建设。但由于公众的反对,内陆核电重启至今尚无明确时间表。可见,公众对于核的态度、接受程度影响着整个核电产业的发展。

综上所述,核事故给世界核电蒙上了阴影,核电发展明显减缓(图 10.5),核恐慌在全世界蔓延,风险认知与公众接受仍然是核电发展的最大阻碍。

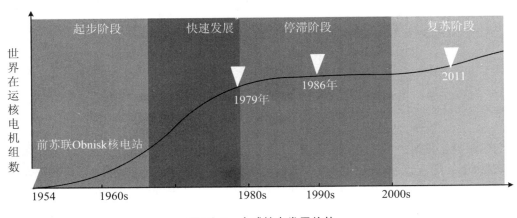

图 10.5　全球核电发展趋势

10.1.3　利弊权衡——邻避效应

邻避效应(Not-In-My-Back-Yard,NIMBY),是指居民或者当地单位因担心建设项目(如垃圾场、核电厂等项目)对身体健康、环境质量和资产价值等带来诸多负面影响,从而激发厌恶心理,导致采取强烈的、甚至是高度情绪化的集体反对甚至抗争行为。

经过六十多年的发展,人类已经逐渐习惯与核能共生,并意识到核能在能源供给、环境保护以及节能减排方面的重要价值,但是邻避效应仍是普遍现象。核电项目是重大工程项目,对经济发展有着重要促进作用,但其可能带来的风险却由周边居民承担,这往往容易引发矛盾。而且在利弊权衡下,人们逐渐做出了邻避的判断,核电是有利的,可以建但是请不要建在我家附近。

江西彭泽核电站与安徽省望江县仅一江之隔,距望江县城约 10 km 而距彭泽县城约 22 km,2011 年 6 月发生安徽望江民众抗议彭泽核电厂项目建设事件,这是典型的邻避效应。邻避项目能够促进当地经济发展,但也会对房价、特色产业等造成影响。政府虽然采取了相关措施进行补偿,但由于缺乏协商机制以及决策考虑不周,存在补偿方式单一、补偿额度不足和补偿效益短期化等问题。望江居民的抗议说明了若对于非项目选址地但却受到项目影响地区的民众补偿力度不足,将会引发群众不满,造成群体性事件。此外,邻避项目的实际收益群体和风险承担群体往往不一致,长此以往,实际承担风险的部分居民会形成落差心态与丧失感,并随时间的增加而逐渐强化,最终造成群体性事件。江西彭泽核电事件中,彭泽县享有项目建设带来的税收,然而望江县收益甚微。

　　近年来,我国核能发生的邻避效应事件还有:2013 年 7 月,广东江门发生抗议核燃料工业区项目建设事件;2016 年 8 月,江苏连云港发生数千名市民走上街头反对"核循环"项目落户当地,这几个项目均已暂停搁置。邻避效应无疑是核能发展面临的又一重要挑战。

10.2　风险认知

10.2.1　风险度量

　　谈核色变的社会恐慌,无疑是公众对核风险认知不足引起的。由此可见核安全问题不仅是"技术问题",同时也是"社会问题"。

　　众所周知,PSA 方法是对于风险的一种系统化、定量化描述和分析。尽管该方法自提出伊始便受到争议,但仍然是目前唯一能够归一化、定量化风险的技术,而且在几十年的工程应用中也充分证明了其价值。但是相比于技术专家客观和理性的角度,公众对核电风险的认知显得更为主观和感性,严重地依赖于其本身的知识、价值观、经历和心理等多方面因素。美国风险沟通专家 Peter Sandman 在 20 世纪 80 年代提出了"风险(Risk)＝危害(Hazard)＋愤怒(Outrage)"的算式,用来验证在危机处理过程中以科学计算出的风险与大众认定的风险之间的差异,被视为公众风险认知研究领域的革命性突破。

　　Sandman 教授将"危害"定义为科学家所谓的风险;"愤怒"则是公众面对风险时所做出的反应,"愤怒"也包括恐惧、怀疑、悲伤等负面情绪,即风险等于实质危险加上心理恐慌。简言之,"危害"是风险的技术组成部分,即事故发生概率与后果的乘积;"愤怒"是风险的非技术组成部分,是风险对公众造成的"不满"程度的反映。事实上,在"危害"(潜在损害可能有多大)和"愤怒"(可能使得人们有多焦虑)之间,关联性其实很小。愤怒是公众风险认知的主要决定因素:当人们焦虑时,他们倾向于认为自己处于风险当中;当人们不焦虑时,则倾向于相信自己已远离风险。

　　关于这一点,1967 年英国的 Farmer 在阐述定量的风险评价时也曾指出,相比于发生概率很低但后果很严重的事故,公众更倾向于接受发生概率高而后果相对较小的事故,哪怕在技术专家的眼里,这两类事故概率与后果的乘积相等。比如说:1975 年,美国的 Rasmussen 教授领导的工作小组花费几年时间用去 400 万美元,分析了核电厂事故的可能性(即 WASH—1400 报告),认为反应堆"熔化"事件的可能性不会比一个流星打中一个大城市的机会高,因此美国人死于核事故的概率比死于汽车车祸的概率小 7.6 万倍。尽管如此,公众依然对于汽车每年造成 149 万人的死亡情况不足为奇,却对切尔诺贝利核事故造成约 30 人死亡(三哩岛核事故与福岛核事故均无直接造成人员死亡)产生无边无际的恐慌。核电的反对者们把三大核事故视作核电危险的最佳实例,尽管技术专家一再解释说发生核事故的概率微乎其微,但公众依然坚持自己的信念。

　　之前的反应堆风险评价中,学者过于强调了技术风险评估,而忽略了风险认知方面研究。对于公众而言,他们对风险的认知有他们自己的模式、假设和主观估计策略,而且这种模式与科学家们采用的模式有很大的差异。公众对核电的风险认知在很大程度上受风险的主观特征的影响。因此,面对核电风险问题,除了要进行客观的风险评估外,了解和探讨公众对风险主观层面的问题更为重要。

著名心理学家 Paul Slovic 在 1987 年提出的心理测量范式是风险认知研究中最有影响的方法。他把风险认知影响因素分为两大类(如图 10.6):一类因素是风险的恐怖程度(忧虑性维度),包括风险的可控性、后果的灾难性、致命性和是否影响后代等,如图 10.6 中的横坐标;另一类因素是风险的可知性程度(熟悉性维度),包括后果是否可察觉、健康效应是否延迟和受害人群体是否确定等,如图 10.6 中的纵坐标。

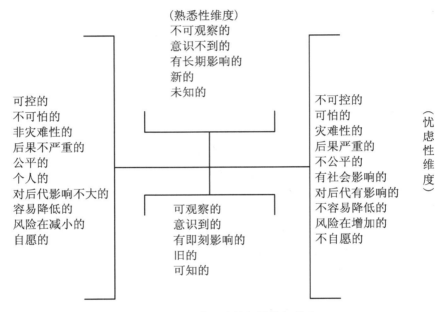

图 10.6　影响风险特征的特征维度

Slovic 等人采用问卷调查的方式,在问卷中使用了 90 个风险类别,包括家用气体炉、家用电器、微波炉和自行车,也包括一些活动,如采蘑菇和滑滑板等。问卷要求对这些风险源进行四种类型的评价:① 感知到的死亡风险评价,在 0～100 之间选择;② 感知到的收益评价,在 0～100 之间选择;③ 要求被调查者进行风险调整;④ 在 18 项风险特征上进行评价,18 项风险特征是在 1978 年的 9 项风险特征(图 10.7)的基础上增加的,其余风险特征包括:"灾祸能够被阻止吗?""如果发生了灾祸,损害能够得到控制吗?""有多少人面临这样的危险,危险会危及子孙后代吗?""危险的存在使你承担风险了吗?""收益在处于风险人群中的分配公正吗?""危险会引起全球的大灾难吗?""当损害发生时,该过程可观察到吗?""风险是在上升还是在下降?""风险能被轻易降低吗?"。

他们把 90 种风险按在 18 项风险特征上所得的平均分在未知风险和恐惧风险构成的坐标空间上标出位置(图 10.8),从中可明显地看出,在公众的眼里,核电属于恐惧风险因子和未知风险因子均较高的技术。这与 WASH—1400 报告中给出的核电与其他自然或人类活动相比是相当安全的结论几乎截然相反。

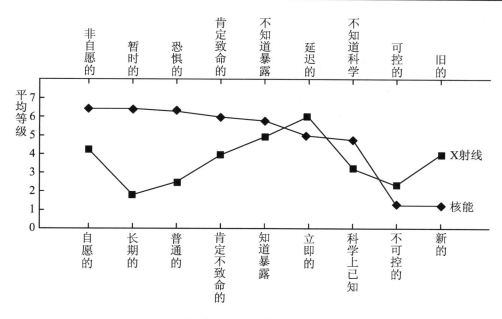

图 10.7 核能和 X 射线在风险特征上的差异

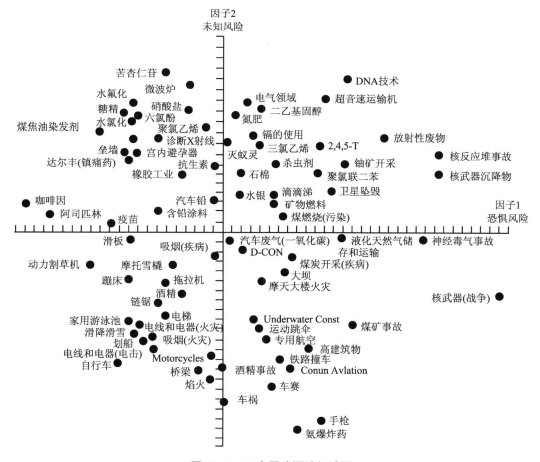

图 10.8 90 个风险源认知地图

美国阿瑞根大学的研究人员,调查了人们对核电和其他类型的发电站的看法,结果表明,和其他类型的发电站相比,公众心目中的核电风险具有以下几个特征——不自愿、灾难性、恐怖、致命性、未知、滞后和不可控制。核电风险的这些负向主观特征,使其风险水平往往被公众高估。同样的调查结果来源于《2011年中国社会心态研究报告》。2009年11月到2010年1月,王俊秀对北京、南京、重庆和厦门四个城市的600名大学生、600名市民进行问卷调查,得到有效问卷1 144份。受访者对69个风险源的危险程度大小进行评价,危险性评价分为七个等级,从最低的"绝对没有危险"到"几乎没有危险""轻微危险""中等危险""较高危险""很高危险",再到最高的"极高危险"。表10.1显示危险性评价平均分最高的10个风险源。

表 10.1 危险性排序最高的前 10 个风险源

	样本数	平均数	标准差	风险类型
核泄漏	1 139	5.23	2.224	祸患事故风险
毒气泄漏	1 141	5.11	1.808	祸患事故风险
战争	1 143	5.06	2.213	社会性风险
燃气爆炸	1 139	5.00	1.915	祸患事故风险
核武器	1 138	4.94	2.247	社会性风险
传染病流行	1 139	4.90	1.475	祸患事故风险
恐怖袭击	1 141	4.78	2.022	社会性风险
地震	1 138	4.76	1.725	自然灾害风险
癌症	1 139	4.76	1.975	祸患事故风险
交通事故	1 140	4.74	1.482	祸患事故风险

排在前10位的风险源平均数从4.74到5.23,都在"较高危险"水平上,最危险的是核泄漏和毒气泄漏。这10个风险源中只有地震一项属于自然灾害风险,其他则分别属于祸患事故风险和社会性风险。一般来说,这些风险都具有很强的致命性,除了癌症、交通事故在同一时间可能仅发生在个体身上,其他风险都是具有大规模杀伤性的,这些风险对于普通民众来说是不可预测的、不可控制的、完全处于被动状态。

如上所述,专家和公众对核风险的认知模式是不同的,就好比两个说着不同语言的人在交流。在向公众解释单纯的技术风险时,专家常觉得是"对牛弹琴",出现"专家清楚、群众糊涂"的局面。造成此种困境的原因之一,在于早期核主要应用于军事领域,出于保密等要求,一般都不为人知,加之比较隐蔽,因此公众对其了解甚少。核的神秘化使核领域充斥着过多公众不易理解的一系列措辞、行为、代号和术语。要解决这一问题,唯有在双方对话中间创造一种共同的风险尺度和语言环境,以分享彼此对风险的理解,亦即与公众就风险进行客观而坦诚的沟通。

10.2.2 影响因素

风险认知影响因素,由于研究理论视角和方法不同,所得结论也不尽相同。目前研究认为风险认知受到道德规范、收益感知、风险感知、利益相关、社会信任、科学素养以及人口统计学特征等影响。

　　Yazdanpanah 等基于计划行为理论,发现道德规范、态度及感知行为控制是影响公众核能接受度的重要因素,同时主观规范和自我认同的作用并不显著。Song 等认为风险感知会降低公众接受度。Sjoberg 等利用利益相关方法,比较不同地区、不同利益群体对于公众接受度的差异。Yim 和 Vagenov 等提出核安全教育能对公众接受度具有积极效应;而 Klerch 和 Sweeney 等的研究却认为知识的多寡对于科技的接受程度并无关系。William Gamson 分析 1945 年到 1989 年间媒体对核电的宣传材料从而研究媒体报道对公众核能认知的影响,解释了三哩岛核事故前美国公众的核能接受度逐步下降、公众反对在周围建核电厂等现象。Hans Peters 在切尔诺贝利核事故后两年内,在德国针对三批随机抽取的不同受访者进行了调查研究,研究表明受访者在事故发生的两年之内,对于食物健康与否是影响可接受度的重要因素。Man-Sung Yim 总结了公众核能教育、公众核能态度的形成及改变与公众核能风险认知三者之间的关系及相关理论,并研究发现教育能够改变公众的价值观,教育所传递出的信息应满足精确、全面、抓住要点这三个特点。Young-Sung Choi 研究了性别、受教育程度和信息获取途径等外部因素对韩国公众核能接受度的影响,建立了相应的模型,得出核能公众接受性由利益感知和风险认知决定。Ellen Peters 等人认为情感与世界观是决定人们接受核能与否的决定因素,他们认为世界观将影响人们对核能的情感认知,进而影响人们的决策,最终体现在人们对核能的接受性上。Vivianne Visschers 构建核电公众接受度的影响因素模型,设置风险认知、利益感知、社会信任度和情感因素为影响因素,得出核电公众接受度受风险认知和气候变化的影响,但是公众对核电利益感知起主要决定作用,能积极影响核能的公众接受度,情感影响和社会信任度对公众接受度有着非常重要的影响。同时 Visschers 还研究了福岛核事故前后公众的核能接受度,针对同一批受访者进行了调查,提出利益感知是影响核能公众接受度的关键因素,并且发现事故前的利益感知与信任度对事故后的利益感知与信任度有较大影响(图 10.9),说明公众对核能的最初印象影响核能公众接受度。

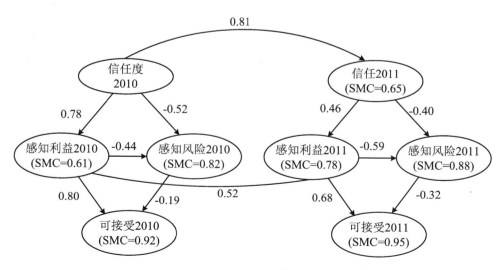

图 10.9　核能公众接受度影响因素结构方程模型

时振刚研究了核能公众接受度的诸多影响因素,除了知识结构差异以外,个体偏好、风险特征、社会文化背景、可监督性和信任度等因素都会影响公众对核能的态度。田愉研究了公众核电风险认知的影响因素,认为核事故的发生是最重要的因素,媒体报道对公众核电风险认知有深远的影响,此外时间的影响、对核电厂的熟悉和了解程度影响公众的核电风险认知。郭跃发现核电可接受度的主要影响因素为技术因素、个体因素与制度环境因素,科学家与公众对核能的接受度差异不仅源于个体本身,也源于技术与制度因素的差异。余宁乐对核电厂周围公众的认知度进行调查研究,发现公众对核电的关注度与其距离呈正"U"型关系,且存在夸大核电危害和无视核电危害的两种倾向,可见核电知识宣传普及对提高核电的公众接受度起着至关重要的作用。陆玮结合岭澳核电厂、大亚湾核电厂长期以来在公众接受度方面的实践,发现核电公众接受度主要受核事故、公众对核电关注度、公众主观性和非理性评价影响,得出熟悉性、可参与性、可控制度、信任度对核电公众接受度至关重要,倡议核电发展一定要树立主动公关意识、多渠道广泛宣传,同时加强自身形象建设,建立危机预警管理系统。毕军研究发现了对我国核电厂(田湾核电厂)附近居民对核电态度和接受度明显受到了福岛核事故的影响,核事故使得居民的核电风险认知有显著提高,政府需要通过有效的沟通和交流来促进人们对核电的正确了解和判断,避免社会恐慌。

以上论述可以发现近期特别是日本福岛核事故后,风险认知研究成为重要热点领域,然而关于风险认知与公众接受度影响因素方面尚无统一理论和认识,有些研究观点甚至存在冲突,但是无疑可以看出相关方面研究是非常有价值的,而且是目前关注的热点问题。

10.2.3 调控手段

政府和社会并非只能被动地跟随风险认知,而是可以通过一些调控手段主动去影响公众的风险认知过程,从而提高核能的公众接受度。主要调控手段包括:

1. 技术进步

技术的进步无疑能够深刻影响公众风险认知。研发革新型核能系统,确保核电的安全性,只有保证核电厂不出影响公众的事故,公众才能相信核电是安全的。革新型核能系统较之于现在的商用核电技术,在安全性、经济性、废物产生量少以及防核扩散方面具有显著的优势,革新型系统对固有安全性的利用显著提升了安全性。革新型核能概念采用最新核能安全标准,具备更完善的事故预防和缓解措施,从设计上消除放射性物质大量释放的可能性。专家认为,革新型核能系统是未来核能重要发展方向,也是缓解核安全问题的主要途径。

2. 利益补偿

风险和收益是并存的。为规避"邻避效应",可以采取一些利益补偿手段,比如核保险、核赔偿等。对于研究领域而言,需要重视发展公共商品非市场价值评估。非市场价值是指无法通过市场交易机制实现而又客观存在的价值,这部分价值游离于市场以外,与人们是否使用它没有直接关系,是无法通过市场交易信息加以评价的。核设施是一种公共商品,此类公共商品定价不能完全通过市场来实现,而需要通过其他经济学模型和手段进行评估。目前经济学针对一般性公共商品已经发展包括条件价值评估(Contingent Valuation Method)等方法进行定价,但是较之于一般性公共商品如公园、水资源等,核设施具有特殊性(例如能够给地方经济发展带来巨大推动),需要发展更为合理经济学定价模型,以便定量评价接受补偿意愿 WTA(Willingness To Accept,附近居民愿意接受多少政府补偿以将核设施修建在居住地附近)和消费者支付意愿 WTP(Willingness To Pay,附近居民愿意支付多少成本将核设施选择在其他地址修建)。若缺少相关经济学定价技术,所谓核保险和核赔偿的实现,只能停留在原则层面。

3. 风险沟通

由于核电的特殊性,公众获得的核电方面的信息还是非常有限。按照 Amos Tversky 等人关于风险认知的研究结果,当人们缺乏明晰的背景信息、未形成固定的观点时,很容易被一些表面信息所左右。公众的直观判断,容易受到外界环境影响,具有主观和非理性的特征。公众大多无法分辨从网络等渠道所获信息的真实性和可靠性,一旦发生核事故,信息会在各种媒体上进行爆炸式的传播,这使得其中的负面信息很容易被强化和放大,从而在公众心中形成对核电的恐惧和抵触情绪。

消除公众对核电的疑惑和畏惧心理,需要提高核安全信息的透明性,做好舆情引导。随着新媒体和自媒体的出现,任何信息都会迅速传播,让公众真假难辨。对核电厂及核安全信息,公众更敏感、更不容易分清真假,所以更需要加强舆论引导。核电厂一方面要及时发布信息,使公众能够得到完整、客观的信息;另一方面要针对虚假信息进行评价、反驳,使公众获得正确的认识。相关政府部门和企业还可以通过设立电话热线、开设专门网站,随时解答公众提出的问题,解疑释惑。

10.3　风险沟通与"塔西陀陷阱"

如前所述,风险沟通是风险认知重要调控手段之一。风险沟通不到位,会加剧公众对核电风险的对抗和抵制,甚至引发激进的群体性事件,因此,科学有效的风险沟通显得尤为重要。一旦沟通不畅,就容易陷入"塔西陀陷阱"。

风险沟通是伴随着风险到来而产生的,社会中充满着风险和矛盾冲突,而政府部门、专家和公众由于知识背景和目的不同,对风险的感知也有所不同,甚至有时截然相反,因而加强不同团体之间信息交流与合作,减少分歧和误解不容忽视。风险沟通是一项就人们关心的健康、安全、保安或环境话题所进行的语言或文字交流的互动过程。风险沟通不在于一个组织在说什么,更在于一个组织做什么;风险沟通是对话,而不仅仅是通知。它旨在通过影响公众对风险的认知,进而影响公众的行为。心理学家认为,它本质上是一种通过沟通对公众心理产生影响的过程。

核电发展初期,由于核的神秘性,公众对核的认知知之甚少,核工业界考虑到公众对核电的担忧,在经验法则的基础上,确定了偏远选址的原则;为了打消公众对反应堆安全的疑虑,产生了利用安全壳的工程安全措施来弥补厂址选择上的不利条件。在此期间,公众并未对核电产生严重的质疑,因此公众沟通几乎为零。三哩岛事故终结了美国的第一核纪元,成为美国核电发展史上的一个分水岭,极大打击了公众对核电安全的信心,也彻底改变了政府对核电的态度,在各种因素的作用下,美国核电建设几乎戛然而止,由此拉开了核电公众风险沟通的序幕。切尔诺贝利核事故给全世界核电致命一击,之前被三哩岛核事故动摇的公众信心至此已摇摇欲坠,切尔诺贝利核事故更是将公众风险沟通推向风口浪尖。

随着社会的发展,公众对核能及其安全性日益关注,在核能发展的相关决策和具体实践中,公众的影响力越来越大。为了提高公众对核能的接受性,降低发生事故时对公众的心理影响,核能管理机构(或组织)开始关注与公众的沟通和对话。IAEA 在《启动核电计划的考虑因素》中写道:在做出启动核电计划决定之前,应以公开和透明的方式与公众和邻国交流引入核电的考虑因素;在做出决策后建设核电厂的筹备工作阶段,应确保所有利益相关方参与和支持核计划;应做好公共宣传工作,为了成功地引入核电计划,必须使公众充分了解采用核电的基本依据,核电厂的选址计划以及为确定遵守国家法律、国家标准和公约正在做出的安排。建议在做出最后决定之前,制定公众磋商计划,与当地社区、领导人、政治家、非政府组织和其他民间社会利益相关者沟通。

美国 NRC 于 2004 年制定了《有效的风险沟通——NRC 外部风险沟通的导则》,该导则指出:虽然我们有最先进的风险理念、最好的技术和顶级的专家,但是如果没有有效的风险沟通,我们将失败。NRC 认为,核能发展需要与各方保持对话,获得利益相关者的支持;在战略上,应当与各方建立起战略合作伙伴关系,制定长期的沟通计划并一起努力,应当致力于一起解决问题,对风险分析的优势和局限性应达成共识,应保持信息的一致性,应寻求机构内部和外部交流的合适方法。

核能发展至今,核能领域的风险沟通经历从“几乎无公众沟通”到“把公众沟通推向风口浪尖”的过程。即便如此,由于核技术的独特性和公众对核能的“愤怒”,核能领域里有效的风险沟通之路依旧任重而道远。

近年来,公众环境保护意识和环境权益意识逐渐增强,一些涉及生态环境和健康安全的中大型项目在推进过程中遭遇反对声音。许多核电项目即使技术先进、环保措施到位、选址符合要求,因为公众抵制而搁置,让一些政府部门陷入“你说什么我都不信,你做什么我都反对”的“塔西佗陷阱”(图 10.10)。“塔西佗陷阱”指的是当公权力遭遇公信力危机时,无论发表什么言论,颁布什么政策,社会都会给以其负面评价。当一个组织失去公信力时,无论他们说真话还是说假话,都会被认为是在说假话。“塔西佗陷阱”现象的背后是民众权利意识的觉醒,是社会对工业项目先入为主的不信任感,折射的是政府公信力下降的窘境。当政府公信力不足,公众就会对政府的政策实施产生质疑,长此以往,国家治理和社会治理成本将不堪重负。

图 10.10　“塔西佗陷阱”

　　2013 年 7 月 4 日，广东江门政府向社会发布了一份社会稳定风险评估公示，征集拟在当地建设中核集团核燃料项目的公众意见，公示期为十天。不料激发公众强烈反对，7 月 12 日近千名群众高喊"誓死反核""要生命，不要 GDP"等口号，在市政府门口"集体散步"，直到 7 月 13 日，市政府以红头文件的方式正式宣布取消核燃料项目，事件方才得以平息。从"稳评"公示发布到项目终止，只有短短不到十天的时间，使得投资约 370 亿元的国家重大建设项目戛然而止，直接经济损失上亿元，政府公信力受到影响。近年来涉核事件的频繁爆发对社会稳定和核能健康发展有着重要影响，提高政府公信力迫在眉睫。

　　目前政府、运营单位和设计院构成中国核能产业的"铁三角"，政府和核工业界主导着政策制定和核能发展，公众在其中往往比较被动。特别是福岛核事故发生之后，"核电安全"成为公众的关注热点，核设施的"邻避效应"愈发明显。不能忽视当前"铁三角"之外社会公众的存在，公众的态度对核能政策有较大影响，公众参与机制亟需完善，政府、工业界和公众应重构未来核能发展的"新铁三角"。

　　2015 年 8 月中国科学院核能安全技术研究所开展一项社会调查，在 2 600 余份的有效调查问卷中，66% 的受访者认为核能信息未被充分告知。由此可见，过去的"铁三角"与公众之间存在着巨大的鸿沟，有必要引入"第三方"评价机构，使其成为"铁三角"与公众之间的润滑剂，加强公众与"铁三角"的沟通，从而提升"铁三角"的公信力。

　　中国科学院核能安全技术研究所调查还显示，在与社会沟通信任度方面，工业界仅有不超过 15% 的信任度，排名在政府、国际核能组织、非政府组织和科学家之后，此结果与 OECD 的调查结果类似，工业界的信任度均属较低水平，因此，工业界亟须通过"第三方"提高其社会公信力。此外，调查显示有 72% 的公众支持新建核电厂，但是只有不到 36% 的公众支持在家乡建设，核电"邻避效应"显著。政府和公众之间由于视角不同、标准不一，存在对立，需要第三方提供连接政府和公众的沟通桥梁。

　　在政府、工业界和公众之间，我们迫切需要"背靠核能，面向公众"的"第三方"，其具体如下特点：利益无关，不受各方利益左右；观点独立，不受各方压力；科学专业，以技术主导；持续广泛，面向核能的方方面面。"第三方"不仅能够作为政府的技术后援和智库，而能够担当起工业界和公众之间的认知桥梁，还能增强当地政府和工业界的公信力。

10.4　未来研究热点

　　核能的发展离不开三个必要条件：一是技术发展成熟，二是政府支持，三是被公众接受。核能最终是要应用于社会的，被社会公众接受是核能得以持续稳定发展的最基本条件。我国风险认知与公众接受研究领域方兴未艾，需要重点在以下方面予以关注。

　　（1）风险认知测度方法研究。关于风险认知研究的总体情况是：国外研究比国内研究量多、范围广，内容也相对前沿。我国风险认知的研究以往是一个小众研究，直到非典的爆发才促使风险认知研究迅速发展，越来越多的学者开始关注这个领域。核电的风险认知研究与核能的快速发展趋势相比，颇显不足，现有的研究内容显然是滞后的。以风险认知的概念与内涵为基础，构建适用于核能风险认知的测量量表，并从理论和实践两个方面进行论证，为后续公众接受度研究建立好理论基础。

（2）社交媒体变化对于风险认知过程影响研究。公众对核电"陌生"和"恐惧"很大程度上源于媒体的舆论导向。查阅不少社会媒体关于核电领域的相关报道，不难发现核辐射、核泄漏、核事故等负面词汇充斥其中且出现频率较高。有些新闻事实经一些媒体"过滤"和"放大"之后，很容易对公众产生极其负面的影响。连云港核循环项目就是因为谣言在社交媒体扩散，蛊惑群众，最终导致项目搁置。社交媒体盛行的网络时代，微信、微博已成为我们生活的一部分，研究社交媒体变化对于风险认知过程影响将显得尤为重要。

（3）公众接受度影响因素研究。在我国能源中长期战略规划中，核能扮演着关键的角色。但是由于公众对核能安全、核废料安全及其对环境与人类健康影响的关注等因素，公众对核能的接受度仍然十分复杂且不明确。随着江门、连云港等大型能源项目搁置，公众对核能的接受度已成为影响我国核能发展的关键环节。研究影响核能公众接受度的因素，并提出相应的政策措施，有利于推进核能事业的可持续发展。

参 考 文 献

［1］ Potter W C, Kerner L. Soviet decision-making for Chernobyl: an assessment of U-krainian leadership performance[J]. Studies in Comparative Communism, 1988, 21 (2): 203-220.

［2］ Renn O. Public Responses to the Chernobyl Accident[J]. Journal of Environmental Psychology, 1990(10), 151-167.

［3］ Monbiot G. The unpalatable truth is that the anti-nuclear lobby has misled us all. [EB/OL] www. theguardian. com/commenttisfree/2011/apr/05/anti-nuclear-lobby-misled-world.

［4］ 陈方强，王青松. 新时期我国继续发展核电的必要性[J]. 能源技术经济, 2012, 24(6): 1-6.

［5］ 国务院办公厅. 温家宝主持会议听取应对日本核泄漏有关情况汇报[EB/OL]. www. gov. cn/ldhd/2011-03/16/content_1826025. htm.

［6］ 李宏伟，吴佩. 我国核能行业邻避效应及治理路径研究[J]. 环境保护, 2015(21): 48-51.

［7］ 吴宜灿. 革新型核能系统安全研究的回顾与探讨[J]. 中国科学院院刊, 2016(5): 567-573.

［8］ Sandman P. Responding to Community Outrage: Strategies for Effective Risk Communica-tion[M]. American Industrial Hygiene Association, 1993.

［9］ 杨波. 公众核电风险的认知过程及对公众核电宣传的启示[J]. 核安全, 2013(1): 55-59.

［10］ 郑蕊. 环境问题中的风险认知与风险沟通[R].

［11］ Slovic P. Perception of Risk[J]. Science, 1987, 236: 280-285.

［12］ Fischhoff P, Slovic P, Lichtenstein S, et al. How safe is safe enough? A psychometric study of attitudes towards technological risks and benefits[J]. Policy Sciences,

1978,9(2):127-152.

[13]　杨宜音,王俊秀. 当代中国社会心态研究[M]. 北京:社会科学文献出版社,2013.

[14]　斯洛维奇. 事实和恐惧:理解感知到的风险[M]//斯洛维奇. 风险的感知. 赵延东,等,
　　　译. 北京:北京出版社,2007.

[15]　王俊秀,杨宜音. 社会心态蓝皮书:2011 年中国社会心态研究报告[M]. 北京:社会科
　　　学文献出版社,2011.

[16]　U. S. NRC. Effective Risk Communication: the Nuclear Regulatory Commission's Guide-
　　　lines for External Risk Communication,NUREG/BR-0308[R]. 2004.

[17]　IAEA. 启动核电计划的考虑因素[C]. 北京:国际原子能机构,2008.

[18]　Organisation for Economic Co-Operation and Development Environment Directorate.
　　　OECD guidance document on risk communication for chemical risk management
　　　[R]. 2010.

[19]　范育茂. 核反应堆安全演化简史[M]. 北京:中国原子能出版社,2016.

[20]　朱文斌,张明,刘松华,等. 影响公众对核电接受度的因素分析[J]. 能源经济技术,
　　　2010(4):47-50.

[21]　陈润羊. 核电公众接受性研究展望[J]. 华北电力大学学报(社会科学版),2015(3):
　　　27-32.

[22]　李锦彬,房超,曹建主. 核能公众接受性研究进展及发展趋势[J]. 核安全,2014,13
　　　(3):17-22.

[23]　时振刚,薛澜. 核能风险接受性研究[J]. 核科学与工程,2002,22(3):193-198.

[24]　郭跃,汝鹏,苏竣. 科学家与公众对核能技术接受度的比较分析:以日本福岛核泄漏事
　　　故为例[J]. 科学学与科学技术管理,2012,33(2):153-158.

[25]　田愉,胡志强. 核事故、公众态度与风险沟通[J]. 自然辩证法研究,2012(7):62-67.

[26]　余宁乐,李宁宁,杨广泽. 核电厂周围人群核电认知研究[J]. 辐射与安全,2009,12
　　　(4).

[27]　陆玮,唐炎钊,杨维志,等. 核电的公众接受性诊断及对策研究:广东核电公众接受度
　　　实证研究[J]. 科技进步与对策,2003(9):21-23.

[28]　Huang L,Zhou Y,Han Y T,et al. Effect of the Fukushima nuclear accident on the
　　　risk perception of residents near a nuclear power plant in China[J]. Proceedings of
　　　the National Academy of Sciences of the United States of America,2013,110:19742-
　　　19747.

[29]　Gamson W A,Modigliani A. Media discourse and public opinion on nuclear power:A
　　　constructionist approach[J]. American Journal of Sociology,1989,95(1):1-37.

[30]　Peters H P,Albrecht G,Hennen L,et al. "Chernobyl"and the nuclear power issue in
　　　West German public opinion[J]. Journal of Environmental Psychology,1990,10(2):
　　　121-134.

[31]　Yim M S,Vaganov P A. Effects of education on nuclear risk perception and attitude:
　　　Theory[J]. Progress in nuclear energy,2003,42(2):221-235.

[32]　Choi Y S,Kim J S,Lee B W. Public's perception and judgment on nuclear power[J].
　　　Annals of Nuclear Energy,2000,27(4):295-309.

[33] Peters E,Slovic P. The role of affect and worldviews as orienting dispositions in the perception and acceptance of nuclear Power[J]. Journal of Applied Social Psychology,1996,26(16):1427-1453.

[34] Vivianne H M,Carmen K,Michael S. Climate change benefits and energy supply as determinants of acceptance of nuclear power station:Investigating an explanatory model [J]. Energy Policy,2011(39).

[35] Visschers H M,Siegrist M. How a nuclear power plant accident influences acceptance of nuclear power:Results of a longitudinal study before and after the Fukushima Disaster[J]. Risk Analysis,2013,33(2):333-347.

[36] 雷翠萍,孙全富,苏旭. 风险沟通在核能发展中应用[J]. 中国职业医学,2011,38(2):164-169.

[37] 范育茂. 核与辐射风险的认知与沟通[J]. 核安全,2011(3):39-44.

[38] 袁丰鑫,邹树梁. 后福岛时代核电的公众接受度分析[J]. 中国集体经济,2014(4):87-88.

[39] 陈徐坤. 浅谈核能的安全性和公众接受性[J]. 绿叶,2015(4):30-35.

[40] He G Z,Mol P J,Zhang L,et al. Public participation and trust in nuclear power development in China[J]. Renewable and Sustainable Energy Review,2013,23:1-11.

[41] Wu Y C. Public acceptance of constructing coastal/inland power plants in post-Fukushima China[J]. Energy Policy,2017,101:484-491.

第 11 章　核安全发展趋势与展望

　　自世界上第一座反应堆芝加哥 1 号建设以来,核能获得了大规模应用,在反应堆设计、运行、退役与放射性废物管理、核应急等方面逐步建立了一套比较完善的监管体系与标准。但是,由于核能系统存在反应性控制、热量排出和放射性包容等安全问题,受到了广泛关注。特别是三哩岛核事故、切尔诺贝利核事故和福岛核事故的发生,迫使人类在对核安全的理解和核电厂安全设计上不断地反思,提出了新的安全理念、安全要求和安全方法。

　　本章简要介绍福岛事故发生后国内外近年来在核安全目标、核设施设计与运行、核安全分析与评价方法、监管与风险认知等方面的发展现状和面临问题,并初步探讨核安全发展的革新思路。

11.1　发展现状与挑战

1. 核安全目标

　　福岛核事故后,在核电厂安全设计中提出了合理可达尽量高(AHARA)的安全理念,即核电厂在达到法规要求的安全水平基础上,应采取一切合理可达到的现实有效的措施,使核电厂达到更高的安全水平。各个国家、组织提出调整核电厂的"纵深防御"体系来达到更高的安全目标,即在保持原来五个层次基本框架不变的情况下,把第四层次细分成两部分,用来应对设计扩展工况,同时加强第五层次用以应对剩余风险。

　　然而,"纵深防御"作为核安全基本原则,还存在这一系列问题:① 纵深防御各层次保护屏障可能会因共因故障而出现漏洞,最后可能导致放射性物质泄漏;② 即使基于纵深防御原则设计的核设施也有可能存在潜在系统漏洞,且不易被运行和管理人员所察觉,导致安全盲点,进而导致运营者识别风险并进行干预的时间窗口大为缩减;③ 无限制加强纵深防御会使设计不堪重负,使核电厂更加复杂化,甚至可能陷进"复杂系统→复杂安全问题→为解决这些安全问题设置新的复杂系统→系统更复杂"的怪圈,堕入"推舟于陆也,劳而无功"的困境。

　　此外,随着核能系统的不断发展,单个厂址内多个反应堆和多种类型堆型并存等现象大量存在。针对单堆的安全目标如何同时考虑到目前的核电厂和未来的核电厂,如何考虑多个核电厂的安全,如何把不同功率水平对风险的影响和相对于其他方式产生电能的风险等因素考虑在内,这都是安全目标面临的重大挑战。

2. 核设施设计与运行

　　福岛核事故后,国际上对核电厂工况分类进行了调整,在超设计基准事故中增加了设计扩展工况和剩余风险的安全要求,进一步提高核电厂安全水平、加强核电厂预防和缓解严重事故的能力、实现实际消除大量放射性物质释放的安全目标。根据最新的纵深防御体系,核电厂设计中需设置专设安全设施用于应对设计基准事故,设置附加安全设施用于应对设计扩展工况,设置补充安全措施用于极端工况下的工程抢险和减轻剩余风险的后果。其中附加安全设施包括严重事故快速卸压阀等,补充安全措施包括安全壳过滤排放措施、应急计划、移动备用电源、移动泵和贮水池等。然而,这些新设置的安全设施或安全措施一方面可能导致建造成本的增加,另一方面可能会带来更为复杂的安全问题。

根据福岛核事故的经验教训,各运行和在建核电厂相继开展了核安全检查,根据核电厂的自然条件对外部灾害应对能力进行改进,同时加强了对核电厂的运行监测和控制,特别是乏燃料池监测、氢气浓度监测与控制和辐射环境监测等方面。此外,福岛事故后,人因工程、大型事故的应急管理和后续处理等也受到了广泛关注。

3. 核安全分析与评价方法

核安全分析确定论和概率论是两种常用的安全分析与评价方法。其中,确定论方法是利用已有长期运行经验逐步"堆砌"而成的,是一种实证主义的方式,被广泛应用于压水堆安全分析中,并基于其形成了一套基本通用的设计基准、保守假设和验收准则。概率论方法采用系统可靠性评价技术与概率风险分析相结合的方法,对复杂系统的各种可能事故进行全面分析,对这些事故发生概率以及后果进行综合评估,被广泛用于设计评估与改进、运行指导和故障诊断、维修策略制定等方面,并逐步发展为安全评价和安全决策的重要工具。

这两种方法虽然已经比较成熟,但仍存在一些局限性:① 确定论方法中包含各种不确定性因素(例如其单一故障准则的要求就不是完全合理的),而概率论方法虽然可以有效开展人的行为分析、相关性和共模失效分析,但由于模型存在较多简化以及数据缺乏等问题,还需要进一步深入研究;② 目前的方法体系难以用于评价核电厂多堆风险等复杂问题;③ 革新型核能系统具有与压水堆完全不同的设计特点,已有的压水堆设计基准、保守假设和验收准则等对革新型核能系统并不完全适用,同时,由于缺少相应的运行数据与实验数据支撑,基于目前的方法体系难以对革新型核能系统进行综合全面的安全评估。

4. 监管与风险认知

在吸取福岛核事故的教训上,核安全监管工作越来越被各国和相关国际组织重视,很多国家已经完成或正在开展其监管体制的审核及修正,并在不断改进其安全体制和监管体系。尽管各国政府和组织不断地加强核设施监管力度,改善监管手段以保证核电安全,但相比于核电厂发生概率很低但后果严重的事故,公众更倾向于接受发生概率高而后果相对较小的事故,相比于技术专家客观和理性的角度,公众对风险的认知显得更为感性和情绪化,严重依赖于其知识、价值观、个人经历和心理因素等。目前关于风险认知和公众接受相关的研究成方兴未艾之势。

11.2 革新思路探讨

上述的核安全问题与挑战逐步引起了大量关注和研究,提出大量改进思路,其中具有代表性的是"理念革新""技术革新""方法革新"和"措施革新"四项革新建议。本节对四项革新进行简要介绍。

1. 理念革新,安全目标从技术重返社会

回顾核安全目标的演进历程,可以发现其经历了从社会到技术的发展。核安全目标从最开始就是保护人类和环境,着眼于社会风险,因此不应以"堆芯毁坏频率""放射性物质早期大量释放概率"等技术上的中间准则作为核安全目标的唯一考量,核安全目标应从技术重回社会。目前国内外已有了一些初步实践,如 2002 年第四代核能系统论坛建议在第四代堆的安全目标中消除场外应急的需求,2007 年国际原子能机构在提出的"技术中立"中建议采用社会风险作为指标,2011 年我国核安全规划中也提出了"从设计上实际消除大规模放射性释放的可能性"的要求。虽然这些探索在具体实践上仍未达成共识,但将核安全的社会性作为安全目标的重要组成的思路是一致的,也是未来的发展方向。

为此,需要对革新型核能系统安全进行理念革新,即人类对核能的安全期望来源于社会,发展于技术,最终服务于社会,安全目标要从技术重返社会。

2. 技术革新,摆脱纵深防御无限复杂化

面对纵深防御无限复杂化的问题,解决途径主要有两条:

(1) 采用非能动技术,简化设计。非能动技术,实质上是利用自然法则给设计"瘦身",依靠重力、自然对流、蒸发和冷凝等自然现象,简化设计,减少人为干预,降低人因失误风险,在提高安全性同时节省成本。

(2) 通过采用革新型反应堆技术,善用反应堆自身安全特性。以铅基反应堆为例,铅或铅铋具有高沸点、高密度、化学性质不活泼、对 I、Cs 滞留能力强等特点,从而带来可常压运行、安全裕量大、无 LOCA 事故、堆芯熔融后漂浮可冷却、无氢爆和放射性释放小等安全优势。利用安全特性本身就可加强纵深防御中的重要环节,同时可减少额外的、不必要的防御手段。此外,革新型反应堆采用先进的设计理念,实现安全的"built-in, not added on"。"added on"作为传统的做法,指早期的核电厂采用系统安全分析工具对相对成熟的设计进行安全评价,然后通过增加额外的设计进行修补。而"built-in"则是指安全评价在早期介入设计,及早发现设计漏洞,提出并开发新的安全规程和设计改进,早"发现"早"治疗"。

为此,需要进行技术革新,即不能无限制复杂化纵深防御来解决安全问题,而是采用革新型反应堆技术从根源上解决安全问题。

3. 方法革新,系统化安全评价方法

基于压水堆实证主义形成的安全评价方法,在革新型核能系统上已不再适用。因此,已有一些研究试图通过补充理论化的方式形成新的方法体系,代表成果有:技术中立框架、风险指引绩效依赖(Risk-informed Performance-based)执照申请方法、技术中立安全需求等。同时,GIF 在总结全世界经验的基础上,提出了理论化而非经验化的、适用于革新型反应堆的 ISAM(Integrated Safety Assessment Methodology),集成了多角度的见解,旨在早期指导设计。

为此,先进反应堆的安全评价应进行方法革新,即不能只采用类似压水堆的实证主义,必须重视理论引导,采用系统化评价体系。

4. 措施革新,建立并发挥"第三方"作用

在政府、工业界和公众之间迫切需要"背靠核能,面向公众"的"第三方"。"第三方"具备如下特点:利益无关,不受各方利益左右;观点独立,不受外界压力影响;科学专业,有强大的技术后援力量;持续广泛,能够服务于核安全的方方面面。"第三方"不仅能够作为政府的技术后援和智库,而且还能够担当起工业界和公众之间的认知桥梁,增强工业界的公信力。

为此,需要对整个安全构架进行措施革新,随着对安全目标的关注重新回到社会,在政府、工业界和社会之间应建立"第三方"并通过其发挥桥梁和纽带作用。

随着社会、经济、环境及科学技术的发展,人们对核安全的认识也不断深入,核安全的理念、方法、技术及措施也在将不断变革,核安全革新思路也将是核安全相关研究学者与核设施运行管理人员不断思考和探索的问题。

参 考 文 献

[1] Wu Y C,FDS Team. Conceptual design activities of FDS series fusion power plants in China [J]. Fusion Engineering and Design,2006,81: 2713-2718.

[2] Wu Y C,Jiang J Q,Wang M H,et al. A fusion-driven subcritical system concept based on viable technologies[J]. Nuclear Fusion,2011,51 (10): 532-542.

[3] 吴宜灿. 福岛核电站事故的影响与思考[J]. 中国科学院院刊,2011(3):271-277.

[4] Proposal for a technology-neutral safety approach for new reactor designs[R/OL]. IAEA-TECDOC-1570,2007. www. iaea. org/inpro/.

[5] Keller W,Modarres M. A historical overview of probabilistic risk assessment development and its use in the nuclear power industry: a tribute to the late professor Norman Carl Rasmussen[J]. Reliability Engineering and System Safety,2005,89: 271-285.

[6] 柴国旱. 后福岛时代对我国核电安全理念及要求的重新审视与思考[J]. 环境保护,2015,43(7): 21-24.

[7] 汤博. 第二代改进型核电厂安全水平的综合评估[J]. 核安全,2007(4): 1-26.

[8] Regulation of advanced nuclear power plants: Statement of Policy[R/OL]. 51FR24643,1986. www. nrc. gov.

[9] Wu Y C,Bai Y Q,Song Y,et al. Development strategy and conceptual design of China lead-based research reactor[J]. Annals Nuclear Energy,2016,87: 511-516.

[10] Alemberti A,Frogheri M L,Hermsmeter S,et al. Lead-cooled fast reactor (LFR) risk and safety assessment[R/OL]. white paper,2014. www. gen-4. org.

[11] Basis for the safety approach for design and assessment of generation Ⅳ nuclear systems[R/OL]. Revision 1,2008. www. gen-4. org.

[12] Wu Y C,FDS Team. Conceptual design of the China fusion power plant FDS-Ⅱ[J]. Fusion Engineering and Design,2008,83 (10-12): 1683-1689.

[13] 吴宜灿. 革新型核能系统安全研究的回顾与探讨[J]. 中国科学院院刊,2016(5): 567-573.